# 新版生物反応工学

山根　恒夫
中野　秀雄
加藤　雅士
岩崎　雄吾
河原崎泰昌
志水　元亨

産業図書

# は じ め に

## (バイオに興味のある若い諸君へ)

生物反応工学（bioreaction engineering）は工業的な生化学プロセスや生物プロセスを想定した酵素反応工学や微生物・細胞の培養工学をまとめた学問領域であり，「生物工学（バイオテクノロジー，biotechnology）」の重要な部分です．本書は，従来の生物反応工学に微生物利用学の基礎と，遺伝子工学，タンパク質工学，代謝工学・合成生物学などの新領域を加えて新版生物反応工学とし，大学の学部レベルで生物工学に興味のある学生向けの教科書として編纂しました．

生物工学については，どのような学問領域をカバーするかについて色々考えがありますが，本書は**広い意味での「バイオによるものづくり」**（工業バイオテクノロジー）（すなわち，より良いものをより効率よく選び，より効率よくバイオでつくる）のための基礎学の１つと考えてその内容を６章に分けて記述しました．

バイオテクノロジー（biotechnology）は今世紀の基盤的テクノロジーとして今後大発展が期待されていますが，実社会での適用分野の観点からそれを眺めると，１）工業バイオテクノロジー（industrial biotechnology），２）農業バイオテクノロジー（agricultural biotechnology），３）医療バイオテクノロジー（medical biotechnology），４）環境バイオテクノロジー（environmental biotechnology），の４分野に分類されるでしょう．このうち，本書で扱う生物工学は工業バイオテクノロジーと最も密接に係わります．工業バイオテクノロジーは，端的に言いますと，「生産物製造を目的として，生物由来の因子を用いて物質を加工するため，科学と工学の原理を応用すること」です．この定義において，生産物としては，食料，飼料，医薬品，（生）化学物質，金属，などであり，医薬品には，抗生物質，生理活性物質，ワクチン，抗体，動・植物細胞などがあります．生物由来の因子には，酵素，微生物，動・植物細胞などがあります．科学はいわゆるバイオサイエンス（bioscience）ですが，この中には生物化学，生物学，構造生物学，遺伝学，免疫学，微生物学，分子生物学，生理学など多数の学問分野があります．「バイオによるものづくり」のためには，これらの基礎科学の学習は必須です．しかし，それだけでは十分ではありません．工学の学習が必要です．基礎となる工学としては，生物化学工学（biochemical engineering）（別名，bioprocess engineering）が挙げられるでしょう．この学問分野は第二次世界大戦の戦後，抗生物質やアミノ酸の大量生産の時に花開いたもので，化学工学の学問体系を直接的に主として微生物工業に適用した内容で，現在では古典的になりました．一方，1980年代以降には，分子レベルで遺伝子，酵素，代謝を改変できるようになってきており，それらは遺伝子工学（genetic engineering），タンパク質工学（protein engineering），抗体工学（antibody engineering），代謝工学（metabolic engineering）などとよばれてきました．さらに近年ゲノム編集技術の発展や，高速シーケンサーの実用化に伴い，微生物にとどまらず，様々な生物の遺伝子，タンパク質，代謝パスなどを自由に設計し，それを生物のゲノムに入れたりすることができるようになりました．それらの分野を皆ひっくるめた合成生物学（synthetic biology），あるいは合成生物工学（synthetic bioengineering）とよばれる，新たな研究領域が，現在猛烈な勢いで発展しつつあります．これらすべては，バイオ分子工学（biomolecular engineering）と言えるでしょう．

工業バイオテクノロジーの発展は科学としてのバイオサイエンスと工学としてのバイオエンジニアリングに支えられています．両者は車の両輪のようなものです．また，日本ではしばしば混同されていますが，テクノロジーとエンジニアリングは本来別の学問的アプローチであり，それらの違いは明確に認識されなければなりません．エンジニアリングはテクノロジーを体系化した方法論であり，一般化した手法の学問であり，時代を越えて生き続ける普遍性を持ちます．内容は抽象的です．抽象的な一般化した汎用性ある手法という性質からその表現にはしばしば数学が使用されます．しかし，数学的表現がエンジニアリングの必須要件ではなく，より重要なのは「**工学的センス（エンジニアリングセンス，engineering sense）**」です．この言葉は，その手法のもつ定量性，汎用性，予測性および収量，収率，生産性，効率，経済性（コスト），合理性，さらに，性能，設計と操作，動的挙動と最適性，などをひっくるめた考え方です．このことはバイオプロセス工学にもバイオ分子工学にもあてはまります．バイオ分子工学では，数学表現は現時点では少ないですが，工学的センスは随所にみられます．

実験室で「バイオによるものづくり」の可能性が示されても，それを実用化・商業化するためには，とてつもなく高いハードルをいくつも越えねばなりません．その時，頼りになるのが生物工学と工学的センスです．

バイオを学ぶ学生諸君が，本書を学習することによって，生物工学と工学的センスを修得できれば，著者一同の大いなる喜びです．

2016年9月

山根恒夫
中野秀雄
加藤雅士
岩崎雄吾
河原崎泰昌
志水元亨

# まえがき

## （本書を教科書あるいは参考書として使用される先生方へ）

本書の前身は「生物反応工学」で，その初版は1980年に出版されたので，ほぼ36年前となります．その内容は，酵素反応と微生物反応（醗酵）と生物的廃水処理の３プロセスを反応工学的観点から統一的に整理したものでした．第２版からはページ数の制約のため生物的廃水処理プロセスの記述は省き，酵素反応と微生物反応の２プロセスに限定して第３版（2002年に第１刷，2016年に第７刷を出版）まで進みました．旧版の生物反応工学は一貫して古典的な生物化学工学に沿った内容であり，遺伝子工学や代謝工学はそれらの考え方を述べたに過ぎませんでした．

旧版の生物反応工学は，いくつかの大学で教科書として使用され，また，実際のバイオプロセス開発研究に携わる企業の技術者には愛読されてきました．しかし，大学の学部レベルの生物工学の教科書としては，難しすぎるという感想をいただいていました．

また，生物工学やバイオテクノロジーの分野では，古典的なバイオプロセス工学（bioprocess engineering）に加えて，近年分子レベルの生物工学すなわちバイオ分子工学（biomolecular engineering）（遺伝子工学，代謝工学と合成生物学，タンパク質工学，抗体工学など）の進展が著しく，大学の学部レベルの教育でも講義の重点はその方面に置かれるようになっています．現在のトレンドを考えると，旧版の生物反応工学の内容では不十分となってきました．

このようないくつかの背景を考慮して，また，旧版の生物反応工学との連続性，継続性を保つ意味で生物反応工学という名前は残して，本書は「新版生物反応工学」として，内容を一新しました．

学部レベルの科目「生物工学」で何を教えるかについては色々な考えがありましょうが，本書では工業的バイオテクノロジーのための工学に限定して考えています．すなわち，広い意味の「バイオによるものづくり」（より良いものをより効率よく選び，より効率よくバイオでつくる）のための基礎学としての工学です．このような学問上のスタンスは旧版の「生物反応工学」以来一貫し不変であります．

本書の特徴は次のようです．

1）学部レベルの生物工学（bioengineering）の教科書とし，基礎的かつ重要な知識を記述しました．学生が興味を抱くように，トピックス欄を設けました．

2）酵素反応と微生物反応に対するバイオプロセス工学は，学部レベルの教育にあわせて，基礎的かつ重要な内容のみに絞りました．

3）遺伝子工学（genetic engineering），代謝工学（metabolic engineering）と合成生物学（synthetic biology），タンパク質工学（protein engineering）は，独立した章とし，それぞれ，現在大学で実際これらの科目を学部で講義している現役の先生方が執筆しました．
4）（微）生物や生物的素材を扱う産業では，新奇有用物質生産菌および生産能力の高い優秀な（微）生物を効率よく自然界からスクリーニング（探索）することや，目的に沿った変異株や組換え体を膨大な母集団から効率よく単離することなどは，極めて重要な技術であります．このことは，微生物ばかりでなく，最近急速に発展している動物細胞（抗体産生細胞やES細胞やiPS細胞）の分野においても高品質で安定した細胞を効率よくスクリーニングすることが最重要課題となっています．変異タンパク質のスクリーニングも然りです．そこで，あらたに，微生物利用学の基礎として，スクリーニング技術の方法論を最初の章として独立に取り上げました．一般に，応用微生物学では種々の醗酵の各論が主な内容でありますが，本書では各論は取り上げないで，スクリーニング技術の汎用性ある方法論を主として記述しました．
5）バイオ工学の最新の教科書として，新しい技術，すなわちメタゲノム・スクリーニング（metagenome screening）やクリスパー/キャスナイン（CRISPR/Cas9）によるゲノム編集技術（genome editing）やシングル・ユース・バイオリアクター（single use bioreactor）や次世代シーケエンサー（next-generation sequencer）など，も積極的に記述しました．

本書の大きな目的は，バイオを学ぶ学生に工学的センス（エンジニアリングセンス）を涵養させることであります．半期15回で総ての章を講義するのは無理かも知れませんが，各章はほぼ独立しているので，担当される先生の考えで，重点的に講義する章を選択していただければ良いでしょう．

なお，本書の多くの原図はカラーです．講義では，それらの原図と場合によっては動画を使っています．教科書として使用される先生方にはそれらの原図（PowerPoint）と原表を焼いたCDを無償で配布しますので，中野にご連絡下さい．

本書を出版するにあたり，産業図書㈱の社長飯塚尚彦氏および同社編集部の松山絵里子さんにいろいろお世話になりました．記して心よりの謝意を表します．

2016年9月

山根恒夫
中野秀雄
加藤雅士
岩崎雄吾
河原崎泰昌
志水元亨

# 目　　次

第 1 章

# 微生物利用学の基礎

志水元亨，加藤雅士

# 1.1 微生物の分類と有用微生物

## 1.1.1 微生物の分類

微生物とは肉眼ではみることができず，顕微鏡などを用いることによって観察することができる微小ではあるが生命を維持し増殖する生物の総称である．したがって，学術的分類に即した名称ではなく，微生物にはアーキア（archaea，かつては古細菌類とよばれた），細菌（bacterium（単数形），bacteria（複数形）），真核微生物（eukaryotic micro organism 菌類（fungus（単数形），fungi（複数形）酵母（yeast），カビ（mold），キノコなど），藻類，原生動物を含む），ウイルス（virus）が含まれる．ただし，ウイルスは，タンパク質の殻と核酸から構成され，他の生物の細胞を利用して自己を複製させており，生命の最小単位である細胞を有さないことから非生物とされ，一般には微生物とは見なされないが，便宜的に微生物学で取り扱うことが多く，本書でもバクテリオファージ（bacteriophage）を取り上げている．

微生物の分類として，古くは原核生物（prokaryote）と真核生物（eukaryote）の細胞構造上の違いに基づいてWhittakerにより提唱された五界説による分類体系がある．これによれば，細菌類およびラン藻類（blue algae 当時まだアーキアは知られていない）からなる原核生物をモネラ界および真核生物を菌界，植物界，原生生物界，動物界に分け，合計5界の体系に分類した（生物五界説）．従来，特に原核生物の分類は細胞の形態，分離条件，グラム染色（Gram staining）などの染色法などによって行われていたが，このような表現型のみでは系統樹上の正確な上下関係を説明できなかった．その後，Woeseによる六界説を経て，1990年，WoeseによってリボソームRNA（ribosomal RNA，rRNA）の分子系統に基づいて生物界の分類が大きく変更された．様々な遺伝子（gene）の塩基配列を基にした系統分類が分子生物学の発展とともに行われてきたが，その中でも特にすべての生物種に存在するリボソームの小サブユニットを構成するRNA（原核生物では16S rRNA，真核生物では18S rRNA）遺伝子の一次構造に基づく系統分類は極めて有効であった．この方法に従えば，生物は3つの大きなドメイン（domain，系統），①原核生物である細菌，②原核生物であるアーキア，および③真核生物に分けられる（図1.1）．①の細菌ドメインには，細菌，放線菌，ラン藻が含まれている．②のアーキアドメインには，始原菌や後生細菌とも呼ばれていたアーキアが含まれる．これらはエーテル型脂質からな

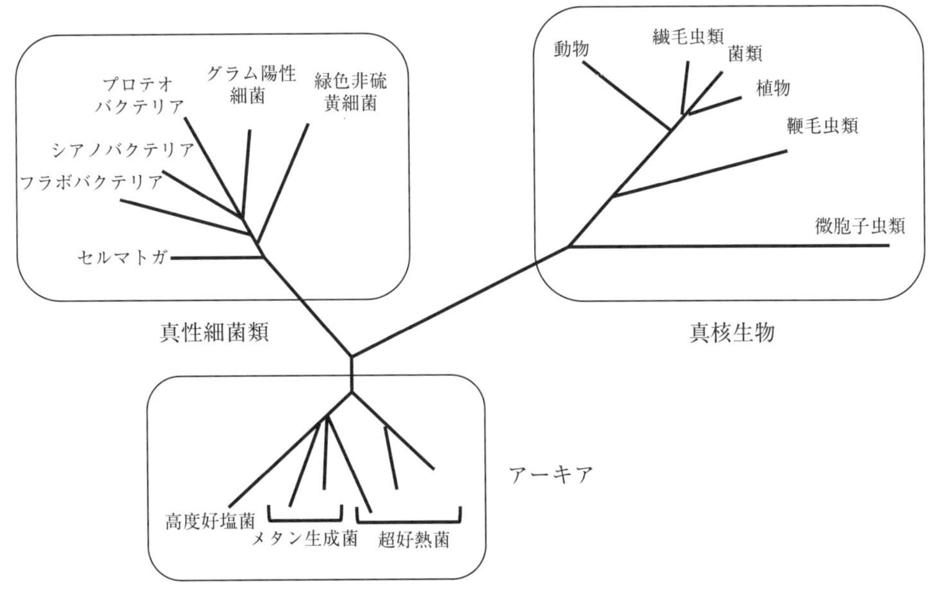


**図1.1**　リボソーム RNA の配列に基づく生物の分類.

る細胞膜（細胞質膜，cytoplasmic membrane）を有する生物群で，高温，高塩，強酸など極めて過酷な環境下で生息する原核生物より構成される．①，②のドメインの微生物は，原核細胞である点で共通しているが，膜脂質の構成，細胞壁組成，リボソームの構造，RNA ポリメラーゼの構造などに違いがある．③の真核生物ドメインには，動物，植物，原生動物，菌類などが含まれている．これらは真核細胞構造をもつ点で共通しているが，既存の分類に当てはまらない微生物群が発見されており，真核微生物の分類は諸説が混在している状態である．

しかし，いずれにしても，微生物は3つのドメインのいずれにも含まれており，多様性に富んだ研究対象であることには間違いない．

一般の生物と同様に，微生物の命名についても，学術的な世界共通の名称である学名（specific name）が用いられる．学名はラテン語として表記され，二名法（binominal nomenclature）を用いて，大文字ではじまる属名と小文字ではじまる種名から構成される．命名には規則があり，それぞれの生物分野の命名規約により定められている．細菌およびアーキアは国際細菌命名規約（International Code of Nomenclature of Bacteria）に準じて，菌類，藻類は国際植物命名規約（International Code of Botanical Nomenclature）に準じて命名される．変種，亜種に関しては三名法（trinominal nomenclature）を用いて，種名の次に変種名または亜種名を入れる．また，菌株が公的な微生物保存機関などで管理・保存されている標準株（type culture）である場合は，二名法，三名法で名付けられた名前の次にその機関の略号と登録番号を記載する．

例）*Saccharomyces cerevisiae* IFO 0309
　　*Aspergillus oryzae* ATCC 42149

日本でよく用いられている微生物に関しては，学名の他に，麹菌（*Aspergillus oryzae*），青カビ（*Penicillium* 属のカビ），アカパンカビ（*Neurospora crassa*），パン酵母（*Saccharomyces cerevisiae*），大腸菌（*Esherichia coli*），枯草菌（*Bacillus subtilis*），乳酸菌（*Lactobacillus* 属などの細菌），酢酸菌（*Acinetobacter* 属の細菌）などの常用名を使用する場合もあることから，学名と常用名のどちらも理解する必要がある．

## 1.1.2 微生物利用学上重要な微生物

微生物は，約80％の水と残りがタンパク質，糖（多糖を含む），脂質，核酸，ビタミンおよび無機物などの物質から成っている．これらの成分は種によって，または，同じ種でも培養条件，増殖速度などで若干変動するが，すべての微生物でほぼ同様の組成である．一方，微生物の形態は種によって様々で多彩である．

細菌（バクテリア）の多くは10 $\mu$m 以下（一般的には幅が0.5～1.0 $\mu$m，長さが3 $\mu$m 程度のものが多い）の単細胞生物であり，1個の細胞は$10^{-12}$ g くらいの重量である．しかし，中には光学顕微鏡でかろうじて見ることができる0.1～0.2 $\mu$m ほどの小さなものから，長さが50 $\mu$m 以上になるものもある．大部分は図1.2で示すように2分裂によって増殖するが，多重分裂や出芽によるものもあり，分裂様式は多彩である．一般細菌は形態から球菌（coccus），円筒型の桿菌（rod），糸状細菌（filamentous bacterium），らせん菌（spirillum）に大別される（図1.3(a–d)）．球菌には単球菌，双球菌，レンサ球菌，四連球菌，八連球菌，ブドウ球菌などがある（図1.3(a，e–i)）．桿菌には球菌と見分けがつきにくい球桿菌や短桿菌，炭疽菌のように長さが10 $\mu$m を超える大桿菌，短いコンマ状の形態をとるコン

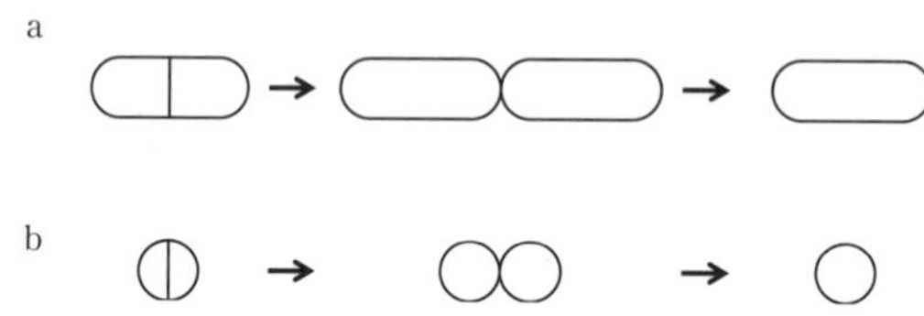


**図1.2** 微生物の細胞分裂による増殖．a. 桿菌の分裂様式，b. 球菌の分裂様式

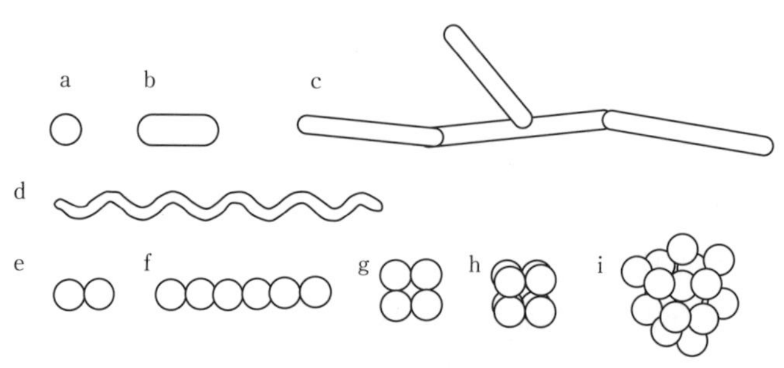


**図1.3** 微生物の基本形態．a 球菌（単球菌） b 桿菌 c 糸状細菌 d らせん菌 e 双球菌 f レンサ球菌 g 四連球菌 h 八連球菌 i ブドウ球菌

マ状桿菌などなどがある．桿菌のような細長い細胞がらせん状になっているものは，らせん菌と総称される．菌によって，糸状や球状どちらの形態もとるような多形性を有するものもある．また，細菌はグラム染色によって染色されるグラム陽性菌（Gram-positive bacteria）と染色されないグラム陰性菌（Gram-negative bacteria）に大別される．これは，グラム陽性菌が分厚いペプチドグリカン層から成る細胞表層構造をもつことに基づいている．細菌には運動性のあるものとないものがあり，運動性を有するものの大部分は運動器官として鞭毛（flagella）をもっており，その数と着生部位により極毛と周毛に分けられている．極毛はさらに単毛，両毛，束毛に分けられる．また，細菌には芽胞（spore）を形成するものがあり，これらは有芽胞細菌と呼ばれている．芽胞は栄養や温度などの生育条件が悪くなると細菌細胞内に形成される．これらは休眠状態にあり，熱，乾燥，薬品，放射線に対して高い耐久性を有するため，殺菌，滅菌を行う際に問題を引き起こす場合がある．

放線菌は，分類上は真性細菌ドメイン中の放線菌門に属している．形態的には，細胞が細長い菌糸状に増殖し分生胞子を形成する点でカビに類似しているが，細胞の大きさはカビよりはるかに小さくその幅は1 $\mu$m 以下である．現在は16S rRNA 遺伝子の塩基配列による分子系統学に基づき分類が行われているため，一部の桿菌や球菌も放線菌に含まれており，菌糸形成という形態のみで分類することは困難となっている．

ラン藻（シアノバクテリア，cyanobacteria）は植物と同様に光合成を行うため，藻類として扱われてきたが，形態，生化学的特徴および分子遺伝学的情報から原核生物であることが明らかになっており，現在は細菌命名規約のもと，細菌として取り扱われている．ラン藻は光合成を行うが，葉緑体を有しておらず，光合成の場としてチラコイド（thylakoid）を持つ．ラン藻の形態は多様であり，球形，楕円形，円筒形の細胞が単独で浮遊するもの，群体的に集合したもの，細胞が糸状にならんだものなどがある．一部には休眠細胞（アキネート，akinete），連鎖体，異質細胞（ヘテロシスト，heterocyst），内生胞子，外生胞子などの細胞の分化が見られるものもある．細胞の大きさも多岐にわたる．

アーキアは，一時期まで一般の細菌として分類されてきた原核生物のなかで，16S rRNA の塩基配列が他の原核生物と系統的に全く異なる一群である．アーキアには，メタン生成菌（methanogenic bacteria），高度好塩菌（extreme halophile），高度好酸菌（extreme acidophile），好熱菌（thermophile）など極限環境から単離されるものも多く，原始の地球に近い環境に生息するとの意味から当初，古細菌と名づけられた．アーキアの大きさは，0.5～数 $\mu$m であり細菌と区別することは難しいが，細胞膜中の脂質や細胞壁の構造など生化学的特徴は多くの点で細菌と異なる．

酵母（yeast）はビール，日本酒，ワインなどの酒類の醸造，アルコールの製造，パン，味噌，醤油の製造などに利用される重要な真核微生物である．酵母の形態は，単細胞であるが，偽菌糸を形成して糸状になるものもある．大きさは幅1～5 $\mu$m，長さ5～30 $\mu$m であるが生育条件により変動し，形状は卵形，球形，糸状などと菌株により異なる（図1.4）．

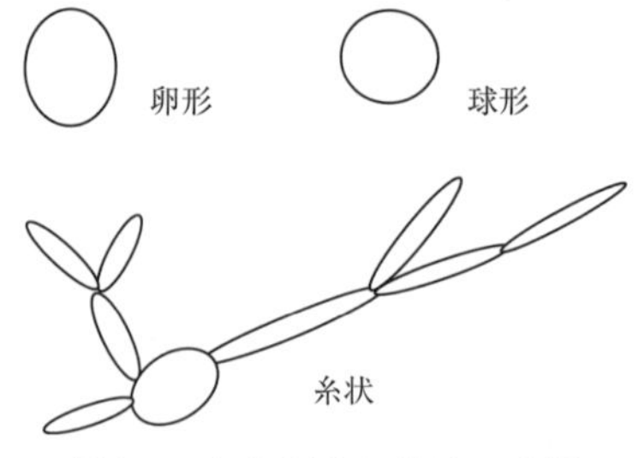


図1.4 さまざまな酵母の形態

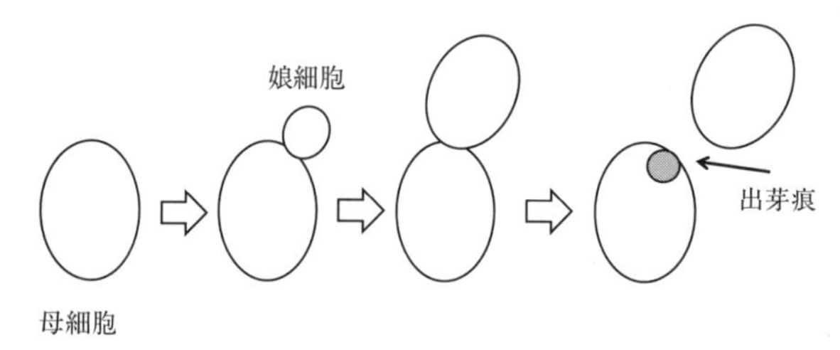


図1.5 出芽酵母の分裂様式

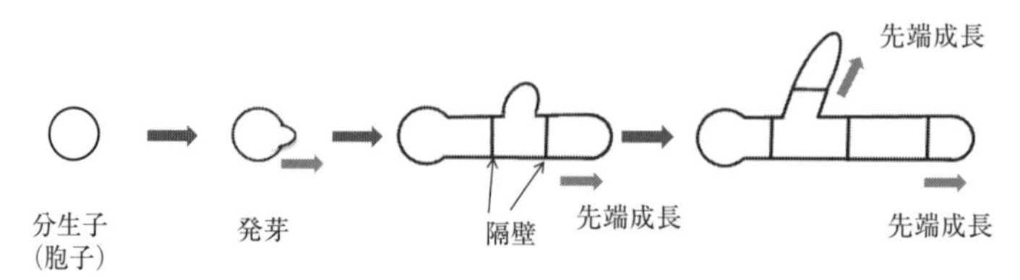


図1.6 カビの先端成長

増殖は，図1.5に示すように出芽（budding）により行われる（出芽酵母）．芽を出している細胞を母細胞（mother cell），出芽した細胞を娘細胞（daughter cell）とよび，出芽後には出芽痕（bud scar）が残る．生育環境が悪くなると，酵母の種類によっては細胞中に子嚢胞子（ascospore）が形成される．好適な環境になると胞子は発芽（germination）し出芽によって増殖する．また，細菌のように分裂によって増殖する酵母（分裂酵母，fission yeast）もある．

カビ（mold）は，菌糸（hyphae）と呼ばれる幅10～50 $\mu$m の細長い管状の枝分かれした細胞から構成され，光合成を行わず，胞子を形成して増殖する真核微生物の総称であり，微生物の中では最も進化した部類である．糸状に分岐した菌糸の集合体である菌糸体（mycelium）からなっているので糸状菌とも呼ばれている．細胞には，隔壁（septum）とよばれる仕切りのあるものとないものがある．多くのカビは複雑な生活サイクルを有し，有性および無性胞子を形成し増殖する．増殖の形態は，液体培養や固体培養で異なる．固体培養では，固体表面で菌糸が網目状にからみ合い，そこから分岐した菌糸が上に伸び，その先端に胞子を着生し，中には子実体（fruiting body）を形成するものもある．液体培養では，菌糸のみが枝分かれしながら先端生長し（図1.6），振盪速度の強弱により，繊維状，フロック状，ペレット状など様々な形態をとる．

キノコは一見微生物とは考えにくいが，カビや酵母と同じ菌類に属する（子嚢菌類（Ascomycetes）と担子菌類（Basidiomycetes）とに属するものがある）．食用となるキノコの部分はこれらの菌類の子実体と呼ばれる構造体であり，この中にそれぞれ，子嚢胞子や担子胞子が形成される．胞子は発芽すると菌糸体を形成し，有性生殖（sexual reproduction）の過程を経て，適した条件になると再び子実体を形成する．

微細藻類（microalgae）は，単細胞から多細胞まで様々のものがあり，複雑な生活サイクルを有するものも存在する．多くのものは葉緑体をもち光合成を行う．細菌であるラン藻から，真核生物で単細胞生物である珪藻，黄緑藻，渦鞭毛藻および多細胞からなる緑藻，紅藻，褐藻など進化的に大きく異なるものを含む．

真核生物と原核生物細胞の内部構造は大きく異なる．真核生物の細胞内部には，核膜に囲まれた遺伝情報であるDNAを含む細胞核をはじめ，ミトコンドリア（mitochondria），ゴルジ体（Golgi apparatus）や葉緑体（chloroplast）など細胞小器官（オルガネラ，organelle）が存在している．原核生物では，オルガネラは存在せずDNAはむき出しのまま細胞内を浮遊している．細菌（放線菌およびラン藻を含む）およびアーキアは原核生物であり，それ以外の微生物は真核生物である．

### 1.1.3　微生物の利用

微生物の利用方法の一つに農業への利用がある．土壌中に生息する*Azotobacter*属細菌などの窒素固定菌（nitrogen fixing bacteria）は窒素ガスを固定し，*Nitrobacter*属細菌などの硝化細菌（nitrifying bacteria）がアンモニア態窒素を硝酸態窒素に変換することで，農作物の生育に影響を及ぼす．また，農作物の生産性を上げるために，様々な微生物が生産する抗生物質（antibiotic）を農薬として使用してきた．最近では，病原菌や害虫から農作物を守るために化学農薬ではなく，様々な微生物をそのまま利用する微生物農薬（microbial pesticide）なども開発されている．

農産物加工への微生物利用として，清酒，ビール，ワインなどの醸造酒，焼酎，ウイスキー，ブランデーなどの蒸留酒，味噌，醤油，酢などの調味料，チーズ，ヨーグルト，納豆，鰹節，漬け物，くさやなどの発酵食品製造に，麹菌などの糸状菌（カビ）や酵母，乳酸菌や酢酸菌をはじめとする細菌類など多岐にわたる微生物が利用されている．

微生物は大量に培養することが可能であり，タンパク質やアミノ酸を多く含むことから，食料や飼料として期待される．酵母，キノコ，微細藻類（クロレラやユーグレナ）が食用や栄養補助剤などとして利用されている．

微生物は生育の過程で様々な代謝産物を細胞内外に生産する．特に重要な微生物による代謝産物の利用例を以下に示す．主に溶剤などに用いられる代謝産物（metabolic product）をつくるものとして，酵母などによるアルコール生産，*Clostridium*属細菌によるアセトン，ブタノール生産などが知られている．現在，有機溶剤の多くは飲料用のアルコールを除き石油を原料に生産されているが，最近になって，二酸化炭素の増加など環境への配慮から微生物を利用した溶剤などの生産が見直されている．微生物による有機酸の生産も数多く行われており，酢酸菌による酢酸の生産，乳酸菌による乳酸の生産，*Aspergillus nigar* や *Gluconobacter* 属細菌によるイタコン酸の生産などがあり食品，医薬品，工業薬品などに用いられている（表1.1a）．*Corynebacterium glutamicum* によるグルタミン酸生産が確立したのを契機に，微生物によるすべての必須アミノ酸の生産が可能となった．さらに，アミノ酸生合成（amino acid biosynthesis）の抑制制御系（inhibitory regulation system）の解除や遺伝子工学的に育種（breeding）した微生物による発酵生産の最適化によって，アミノ酸の生産量が増大した．また，様々な微生物によって，呈味性ヌクレオチドや核酸関連物質が生産されている．1928年にフレミングが青カビの生産するペニシリン（penicillin）を発見して以来，放線菌などの微生物から多数の抗生物質が生産，実用化され，発酵産業だけでなく医学の発展に多大な貢献をした．現在も，多様な微生物から新たな抗生物質が発見され続けている．ビタミンCをはじめとするビタミン類，副腎皮質ホルモン（adrenal cortex hormone）などのステロイド（steroid），ジベレリンをはじめとする植物ホルモン（plant hormone）など様々な生理活性物質も微生物により生産されている（表1.1b）．

1898年に高峰譲吉博士が黄麹菌 *Aspergillus oryzae* からタカジアスターゼを製造したことは微生物による酵素製剤生産の最初の例である．これ以後，多種多様な微生物由来の酵素製剤が生産，実用化されている（表1.2）．微生物は動物や植物に比べて低コストで短時間かつ大量に培養できること，酵素の種類が多岐にわたることなどにより，酵素製剤の製造が活発に行われている．さらに，遺伝子組換え技術によって，目的の酵素の大量生産も容易に行うことが可能となった．主としてカビ（一部に好アルカリ性細菌）により生産されるセルラーゼは，植物の細胞壁を分解して内容物を取り出しやすくするため，デンプンの製造，ダイズタンパク質の抽出，海藻からの寒天の製造，消化剤，飼料添加剤，および最近では，洗剤への添加や植物バイオマスからのバイオエタノール生産などに用いられる．様々な微生物が生産するタンパク質分解酵素，プロテアーゼは消化剤，消炎剤，パンの製造，アルコール飲料の混濁除去，味噌および醤油の製造，食肉の軟化，調味液の製造，

**表1.1a**　微生物による有用物質生産（その1）：有機酸

| 有機酸 | 菌　種 | 用　途 |
|---|---|---|
| 乳酸 | 乳酸菌，*Rhizopus* 属糸状菌 | 食品添加物，生分解性プラスチックの原料など |
| ピルビン酸 | *Torulopsis* 属酵母 | L-ドーパの原料など |
| クエン酸 | *Aspergillus niger* | 食品添加物，洗浄剤，防錆剤など |
| イタコン酸 | *Aspergillus terreus* | 樹脂の原料など |
| 酢酸 | 酢酸菌 | 食酢 |
| グルコン酸 | *Gluconobacter* 属細菌など | 食品添加物 |
| 5-ケトグルコン酸 | *Gluconobacter* 属細菌 | ビタミンCの原料 |

表1.1b 微生物による有用物質生産（その2）：有機酸以外の各種有用物質

| 分　類 | 品　名 |
|---|---|
| 発酵食品 | 味噌，醤油，食酢，納豆，鰹節，漬け物，くさや，魚醤，馴れずし，ヨーグルト，チーズ，乳酸菌飲料など |
| 酒類 | 清酒，焼酎，ビール，ワイン，ウイスキー，ブランデーなど |
| 菌体を利用するもの | パン酵母，ビール酵母，乳酸菌，ビフィズス菌，クロレラ，スピルリナ，ユーグレナ（ミドリムシ），キノコ類など |
| アミノ酸 | グルタミン酸，リジン，スレオニン，フェニルアラニン，アルギニン，トリプトファンなど |
| 呈味性核酸関連物質 | イノシン酸，グアニル酸，キサンチル酸など |
| 抗生物質等 | ペニシリン，ストレプトマイシン，セファロスポリン，クロラムフェニコール，カナマイシン，ミカファンギン（抗真菌），エバーメクチン（寄生虫感染症治療薬）など |
| 抗生物質以外の医薬・農薬 | スタチン（高脂血症薬），タクロリスムス（免疫抑制剤，アトピー性皮膚炎治療薬），ビタミン類，ジベレリン，$\delta$-アミノレブリン酸，アスタキサンチンなど |
| ホルモン等 | インスリン，成長ホルモン，ステロイドホルモン，インターフェロン，インターロイキンなど |
| 化成品 | アクリルアミド，生分解性プラスチック (PHBH) |
| エネルギー | バイオガス（メタン），水素ガス |

表1.2 微生物由来の酵素製剤の例

| 用　途 | 酵　素 | 菌　種 |
|---|---|---|
| 医薬品（消炎酵素） | プロテアーゼ | *Serratia* 属細菌 |
| 医薬品（乳糖不耐症治療薬） | $\beta$-ガラクトシダーゼ | *Aspergillus oryzae* |
| 虫歯予防歯磨剤 | デキストラナーゼ | *Chaetomium* 属カビ |
| デンプン加工 | $\alpha$-アミラーゼ | *Bacillus stearothermophilus* |
| グルコース製造 | グルコアミラーゼ | *Aspergillus niger* |
| 食品加工・飼料添加 | セルラーゼ | *Trichoderma viride* |
| 洗剤用酵素 | セルラーゼ | *Thermomyces lanuginosus* |
| 食品加工用酵素 | リパーゼ | *Candida* 属酵母 |
| 油脂加工 | リパーゼ | *Rhizopus oryzae* |
| チーズ生産 | 凝乳酵素 | *Rhizopus pusillus* |
| 食品加工（タンパク質の架橋） | トランスグルタミナーゼ | *Streptomyces mobaraensis* |
| デンプン加工・糖酸製造・診断薬 | グルコースオキシダーゼ | *Acremonium* 属カビ |

洗剤への添加など広く利用されている．

様々な微生物を利用して環境汚染物質を分解，除去し環境浄化を行う生物学的処理技術が確立されている．排水，汚水中の有機物などの浄化法として，下水処理場などで広く用いられている好気性微生物群を利用した活性汚泥法による環境浄化があり，*Zoogloea* 属細菌などが重要な働きをしている．また，嫌気・好気処理法による排水中のリン酸除去およびアンモニア態窒素の窒素ガスへの変換にも多様な微生物が利用されている．ヒトや野生生物の内分泌作用を撹乱し，生殖機能阻害や悪性腫瘍形成などを引き起こす内分泌撹乱物質であるポリ塩化ビフェニル（PCB，polychlorinated biphenyl）やダイオキシン（dioxin）などの環境ホルモン（endocrine-disrupting chemicals）の微生物による分解，除去が試みられている．

現在使用されているプラスチックは，石油を原料として生産されており，低コストで軽く，丈夫で腐らないため様々な用途で大量に使用されている．しかし，石油は有限の化石資源であり，その特徴から環境に流出したプラスチックが環境や生態系を破壊している．このような理由から，近年は環境負荷の低い再生可能な植物有機資源を材料とするバイオプラスチック（bioplastic）が利用されてはじめている．また，乳酸菌により発酵生産させた乳酸を原料として重合させたポリ乳酸（polylactic acid）は，土壌中に生息する細菌類によって分解されることから，生分解性プラスチック（biodegradable plastic）として様々な用途で使用されている．細菌のエネルギー貯蔵物質として細胞内に顆粒状に蓄積されるポリ（3-ヒドロキシ酪酸）（polyhydroxybutyrate）などは菌体から分離，精製され生分解性プラスチックの原料に用いられている．

1973年に開発された組換えDNA技術（recombinant DNA technology）によって，種の壁を越えて，高等生物の遺伝子を微生物に組み込むことで，高等生物のタンパク質が生産可能となり，遺伝子の高度利用による酵素生産や目的物質の発酵生産が行われるようになった．ヒトのインシュリン（insulin）を作る遺伝子を大腸菌に組み込み，その大腸菌を培養することで，インシュリンを安価かつ大量に生産することが可能となった．現在，大腸菌だけでなく多数の細菌，真核微生物を宿主とした多数のベクター系（vector system）も開発され，食品，製薬，化学産業などで利用されている．

# 1.2
# 有用微生物のスクリーニング

## 1.2.1　有用微生物のスクリーニング

(1)　スクリーニングの基本

自然界には，我々が想像もつかない特性を有する多種多様な（微）生物が存在し，同じ反応を触媒する酵素でも生物種によっては構造や性質が大きく異なっているため，目的の性質をもつ酵素やそれらによって生成する有用物質（抗生物質など）などを自然界からスクリーニング（screening，探索）する（多くの場合はその化合物や酵素を生産する微生物をスクリーニングすることからはじまる）ことは極めて有効な手段である．現在，微生物を利用した酵素，有用物質などのスクリーニングは，自然界からある目的に適した優れた能力を有する微生物を分離し，場合によってはその能力を高めるため変異処理を施し，より優れた能力を持つ変異株を作製し利用している．自然界からの微生物の分離にあたっては，ある目的に適する微生物の生理学的特徴を推測し，適当なサンプル採取場所を選択すること，微生物を分離するための培養に用いる培地組成，温度や pH などの生育条件を考慮することが重要になる．これまで利用されている微生物の多くは土壌から分離されており，現在でもサンプルの採取場所として，土壌が最も一般的である．通常 1 g の土壌中には$10^7$～$10^8$の微生物が存在する推定されているが，その分布は栄養分が多いか少ないか，pH が酸性かアルカリ性かなど採取した土壌の条件によっても異なる．海水や河川水なども有用微生物の分離によく用いられており，サンプル採取場所によって異なるが，直接顕微鏡で観察すると，$10^3$～$10^5$/mL ほどの微生物が存在する．サンプル採取場所や培養条件にもよるが，サンプル中に存在する微生物のうち一般的な固体培地上で生育できる微生物の割合は 1 ～0.1％程度といわれている．これは，以下に示すような環境要因が微生物の増殖に影響を及ぼしているためと考えられる．

他の生物に比べて，微生物は－20～100℃程度までの広い温度範囲で生育可能であり，生育に最適な温度により分類されている（図1.7）．10～50℃程度で生育する中温菌（mesophile）が多く知られているが，生育の適温が10℃以下の低温菌（psychrophile）や50℃以上の好熱菌，さらには80℃以上の高度好熱菌（extreme thermophile）なども発見されている．通常の細菌や真菌類は常温菌のものが多く生育の至適温度は20～40℃程度である．好熱菌は，温泉，発酵した堆肥，熱水噴出口などから数多く見つかっている．高温

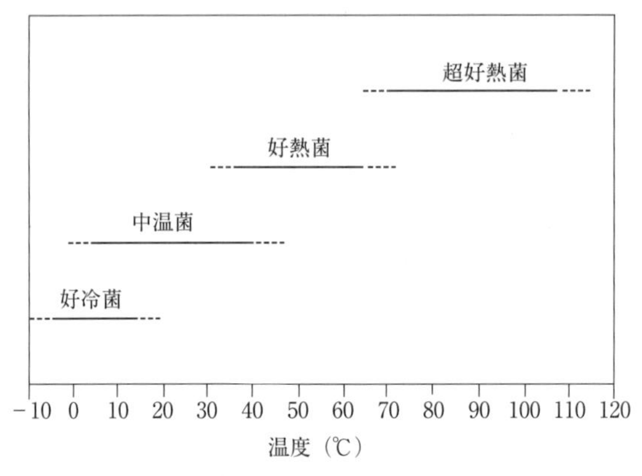


**図1.7**　生育温度による微生物の分類

になるとタンパク質の不可逆的変性が起こりやすくなるが，好熱菌は高温な条件でも安定なタンパク質を生産している．研究や産業に用いる酵素の種類によっては，好熱菌のDNAポリメラーゼ（DNA polymerase）など，高熱に対して安定であるものが望まれることも多いため，そのような酵素を生産する微生物を分離する際は，高温な環境から微生物をスクリーニングする場合もある．

微生物が生育するのに適したpH（至適pH，optimal pH）は，種によって様々である．酸性領域に至適pHをもつ好酸性菌，アルカリ領域に至適pHをもつ好アルカリ性菌，中性付近に至適pHをもつ中性菌に分類される．一般に多くの細菌はpH6.5～7.5の中性領域に生育の至適pHをもつ．しかし，例外もあり，酢酸菌や乳酸菌などはpH3.5でも生育できる．酵母やカビはpH4.5～6.0の弱酸性領域に至適pHをもつものが多い．また，pH10～11付近に生育の至適pHをもつ好アルカリ性細菌も分離されている．洗剤に添加されているプロテアーゼ，アミラーゼ，セルラーゼはアルカリ性細菌由来のものが利用されている．微生物の生育可能なpHは大きく異なるが，それぞれの微生物の細胞膜に存在するプロトンポンプによって，細胞内pHは中性に維持されている．

培養に0.2 M以上の食塩を要求する微生物を好塩菌とよぶ．好塩菌は食塩の要求量により低度好塩菌（slight halophile，0.2～0.5 M），中度好塩菌（moderate halophile，0.5～2.5 M），高度好塩菌（extreme halophile，2.5～5.2 M）に分けられている．低度好塩菌の多くは海洋微生物であり，中度好塩菌は醤油やもろみ，塩田などから分離されている．高度好塩菌は飽和食塩水で生育可能であり，塩田，塩湖などから分離されている．このような環境から好塩菌を分離することは，高い塩濃度に耐性をもつ酵素のスクリーニングに適しているかもしれない．

微生物が増殖するには，細胞の構成やエネルギーの産生に必要なすべての物質（栄養素，nutrient）を，環境中から取り込みさらに合成しなければならない．微生物の生育に必要な栄養源は，炭素源（carbon source），窒素源（nitrogen source），エネルギー源（energy source），無機塩類，微量栄養素（micronutrient，ビタミンなど）があるが，種によって

表1.3　エネルギー獲得様式と炭素源による微生物の分類

| 微生物のタイプ | エネルギー獲得様式 | エネルギー源 | 炭素源 | 微生物の種類 |
|---|---|---|---|---|
| 光合成独立栄養微生物 | 光合成 | 光 | 二酸化炭素 | 藻類，シアノバクテリア，紅色硫黄細菌，緑色硫黄細菌など |
| 光合成従属栄養微生物 | 光合成，有機化合物の酸化 | 光，有機化合物 | 主として二酸化炭素 | 紅色非硫黄細菌など |
| 化学合成独立栄養微生物 | 無機化合物の酸化 | 無機化合物 | 二酸化炭素 | 硝化細菌など |
| 化学合成従属栄養微生物 | 有機化合物の酸化 | 有機化合物 | 有機化合物 | 細菌のほとんど，菌類など |

炭素源，窒素源などになる物質の種類および必要量が大きく異なる．表1.3に示すように，必要とする栄養要求性（nutritional requirement あるいは auxotrophy）とエネルギー源によって微生物を分類している．エネルギー源に関しては，光を利用することが可能な光合成微生物（phototrophic microbe）と化学物質を利用する化学合成微生物（chemotrophic microbe）に大別される．また，$CO_2$を主要な炭素源として利用（炭素固定）できるものを独立栄養微生物（autotrophic microbe），有機炭素源に依存するものを従属栄養微生物（heterotrophic microbe）という．ただ，光合成を行いながら同時に有機化合物も利用するような，独立栄養と従属栄養を併用するものも多数存在するため，分類は厳密なものではない．従属栄養菌の培養によく使用される炭素源にはグルコースやデンプンなどがある．

窒素源は，核酸およびアミノ酸とその重合体であるタンパク質の合成に不可欠である．大気中の分子状窒素（$N_2$）は窒素固定菌によってのみ利用される．アンモニウム塩，硝酸塩，亜硝酸塩などは無機窒素源としてよく利用される．有機窒素源としては，尿素，各種アミノ酸，タンパク質などがあるが，培養する微生物の種類によって様々である．一部の微生物には，特定のアミノ酸を合成できないアミノ酸要求性のものも知られている．

微生物の生育に必要な無機塩類（mineral）としては，P，S，Mg，K が比較的多量に培地に添加する必要があり，そのほかに微量元素（trace element）が必要である（表1.4）．いくつかの微量元素は，井水や水道水に十分量含まれているため，別に添加する必要はない．通常ジャガイモ培地など天然培地を用いる場合は，その中に存在する無機塩で十分であり，別に添加する必要はないが，合成培地では，$KH_2PO_4$，$K_2HPO_4$，$MgSO_4$，$CaCl_2$，$FeSO_4$などの無機塩類を加えることが多い．

炭素源，窒素源，無機塩類のほかに，いくつかの種ではビタミン類，プリン・ピリミジン塩基類などを培地に添加しないと生育しない場合がある．例えば，酵母やカビの生育には，パントテン酸，イノシトール，ビオチンなどの添加が必要な場合がある．また，乳酸菌の多くはビタミン B 群を要求する．ただし，培地に酵母エキス（yeast extract）などを用いる場合，それらが含まれているため，別に添加の必要はない．

これらのことを考慮して，ある目的に適すると推定される場所からサンプルを採取し，

表1.4 微生物の生育に必要な栄養元素

| 栄養元素の種類 | 元素名ならびに増殖因子名 |
|---|---|
| 主要栄養元素* | 炭素（C），窒素（N），酸素（O），水素（H） |
| 無機塩類 | リン（P），硫黄（S），マグネシウム（Mg），カリウム（K），ナトリウム（Na），カルシウム（Ca），鉄（Fe） |
| 微生物の生育に必要とされる微量金属元素** | クロム（Cr），コバルト（Co），銅（Cu），マンガン（Mn），モリブデン（Mo），ニッケル（Ni），セレン（Se），タングステン（W），バナジウム（V），亜鉛（Zn） |
| その他の増殖因子*** | *p*-アミノ安息香酸，葉酸，ビオチン，コバラミン，リポ酸，ニコチン酸，パントテン酸，リボフラビン，チアミン，ピリドキサミン，キノン，アミノ酸類，プリン，ピリミジン |

* 酸素と水素については生体を構成するのに重要な元素ではあるが，通常，栄養素として議論されることはない．

** 他の培地成分から混入するため，必ずしも全ての元素を培地に添加する必要は無い．

*** 生合成系を有さない微生物の場合，必要に応じて培地に添加する．

いろいろなエネルギー源，炭素源，窒素源，無機塩類などを含む条件で培養することで多種多様な微生物の分離が可能になると考えられる．ターゲットとなる微生物の大まかな分類が推定できているのであれば，ある程度決まった条件での培養が可能である．

(2) スクリーニングにおけるアッセイ法の重要性

目的の性質をもつ酵素やそれらによって生成される有用物質（抗生物質など）を生産する微生物をスクリーニングする場合，サンプル採取場所や培地の栄養源の選択と同様に，目的の生理活性をもつ微生物を分離するための培地の組成などの培養条件および目的の活性を有す酵素や有用物質を生産しているか調べるための検定法（アッセイ法，assay）が最も重要である．

微生物が増殖できるかできないかを指標に培養条件を設定することで，目的の機能を持つ微生物をスクリーニングすることは，極めて有効な方法である．一方，微生物が目的の薬理活性などをもつ有用物質を生産しているかスクリーニングする場合，どのように検定するか（アッセイ方法）が重要となる．採取した各サンプルなどから，適当な培地で平板培養することで，種々の菌を分離する（図1.8）．それぞれの菌を液体培地で振とう培養後，培養ろ液または菌体からの抽出液を調製し，目的とするアッセイ系に供することで，目的の生理活性をもつ物質を生産する菌をスクリーニングする．

古くから，抗菌物質のスクリーニングでは，しばしばペーパーディスク法（disk diffusion method）によりアッセイする．ある菌を培養後，培養ろ液または菌体からの抽出液を調製し，それらを直径5–10 mmの円形のろ紙に染み込ませ，検定菌（酵母，大腸菌など目的にあわせて選択する）を接種した寒天培地上に置き培養する．ある菌が抗菌物質を生産していた場合，円形ろ紙の周囲では検定菌の生育が阻止されて透明な阻止円（ハロー，inhibition zone）が形成される（図1.9）．また，この阻止円の大きさで抗菌力の強さも判定できる．

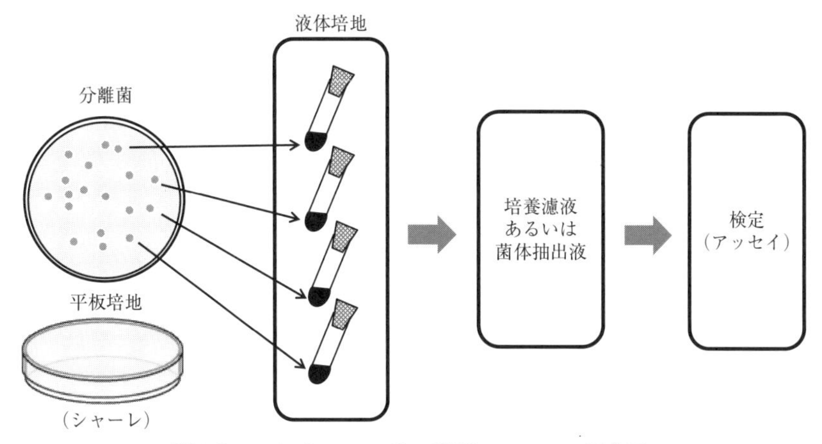


**図1.8**　スクリーニングの手順についての概念図

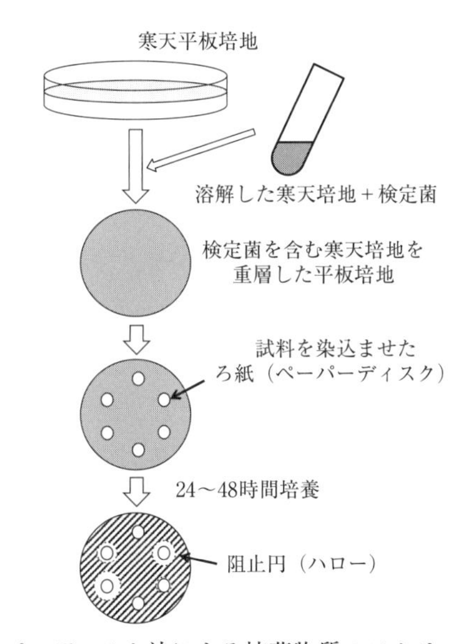


**図1.9**　ペーパーディスク法による抗菌物質のスクリーニングの手順.

ある受容体や酵素の阻害物質をスクリーニングするには，マルチウェルプレートなどを用いて活性をハイスループット（high-throughput）に測定する方法が適している．プレートリーダーを用いて，酵素活性を呈色または蛍光強度で検出できるようなアッセイ系をあらかじめ構築することで，多数の菌から培養ろ液または菌体からの抽出液を調製後アッセイ系に添加し酵素阻害剤活性を測定することで，ある菌が酵素阻害物質を生産しているか簡便に検定できる．最近では，スクリーニングにロボットなどを導入し，数千から数万のサンプルを自動でスクリーニングするハイスループットなスクリーニングが行われている．

### (3)　集積培養法

培養方法としては，目的の微生物が生育し，それ以外の微生物が増殖しにくい条件で培養することが重要となる．この方法を，集積培養（enrichment culture）と呼んでいる．例えば，ある化学物質を培地に加えることで，特定の微生物の生育を抑えることができる．クリスタルバイオレット（crystal violet）を培地に添加すれば，大腸菌の生育を抑えることができる．アンピシリン（ampicillin）やカナマイシン（kanamycin）などの抗生物質を培地に加えることで，多くの細菌類の増殖が抑制できるため，酵母やカビの分離が行いやすくなる．また，耐熱性をもつ微生物を分離する場合は，サンプルを80℃で10分程度加熱処理することによって，多くの微生物の生育が抑制されるために，例えば耐熱性の有胞子を形成する *Bacillus* 属細菌や好熱菌の分離が行いやすくなる．塩濃度の高い培地を用いることで，好塩菌が分離可能である．

特定の基質のみを栄養源として培地に加えることで，目的の微生物をスクリーニングすることができる．例えば，アルカリ性で活性をもつセルラーゼを生産する微生物をスクリーニングしたい場合，炭素源をセルロースのみとし，pH をアルカリ性にした培地に試料（土壌など）を添加して集積培養することで，目的の酵素を生産する微生物が分離できる．さらに，何度か炭素源をセルロースのみとし，pH をアルカリ性にした培地にて培養を繰り返すことで，すなわち，微生物のセルロース資化能を指標とした選択圧をかけることで，セルロース資化性菌を高い純度で集めることができる．また，特定の基質の濃度を変えることで，基質に対する利用能が高い菌なども分離できる．通常，選択液体培地で数回培養を繰り返した後，固体の選択培地上に塗布し目的の微生物のコロニーを分離する方法が一般的である．

**〈トピック1.1〉　集積培養を利用した花からの野生酵母の分離**

近年，酒類やパンの製造を目的として，花や果実などから醸造に適した酵母（*Saccharomyces cerevisiae*）を分離する試みがなされている．しかしながら，自然環境中で *S. cerevisiae* が希少であることから，*S. cerevisiae* を分離することは非常に労力のかかる作業である．このような場合に効力を発揮するのが集積培養である．ここでは，安田・北本の方法[†1]にしたがった野生酵母の分離例を紹介する．培地にはイーストニトロゲンベース0.67%（w/v），ラフィノース1%（w/v），エタノール8%（v/v），クロラムフェニコール0.05%（w/v）となるようにし，フィルター滅菌を行った（オートクレーブ不可）．250 ml メディウム瓶に100 ml の培地を入れ，滅菌ピンセットを用いて培地に浸る量まで試料を採取し，30℃で約10日間静置培養した．白濁や白色沈殿が見られた培養液の一部を採り，平板培地上でシングルコロニー化を行った．菌株の同定には，プライマー NL-1（5'-GCATATCAATAAGCGGAGGAAAAG-3'）および NL-4（5'-GGTCCGTGTTTCAAGACGG-3'）を用いた PCR を行い，26S リボソーマル DNA の D1/D2領域を増幅した．塩基配列決定後，BLAST 等のプログラムで既存配列との比較を行い，*S. cerevisiae* を分離した．筆者らもこの方法により，約250の花のサンプルから，カーネーションを始めとする5種類の花より *S. cerevisiae* を分離することに成功し，新たな日本酒の開発に貢献している。[†2]

†1　安田庄子，北本則行，花からの *Saccharomyces cerevisiae* の選択的分離と遺伝的多様性，Nippon Shokuhin Kagaku Kaishi 68(9), 433-439 (2011).
†2　三井俊，加藤雅士ら，カーネーションから分離した酵母を利用した純米酒の開発，あいち産業科学技術センター2013年度研究報告書，p.84-87 (2013).

### (4)　馴養培養法

集積培養のほかによく知られた培養方法としては，馴養培養（acclimatization culture）がある．難分解性の物質や細胞に毒性のある物質あるいはその両方の特性をもつ物質を分解できる微生物をスクリーニングするような場合，はじめはそれらの濃度を低くした培地で生育させ，徐々にそれらの濃度の高い培地で長時間培養することで，それらの分解酵素や毒性を低減させるために機能するタンパク質などを次第に誘導し活性化させることができるため，目的の機能を持つ微生物が分離できる方法である．また，培養温度を40℃にして培養後，45℃，55℃と温度を上昇させていくことで，排水中の有機物を分解処理する際に利用できる比較的高温耐性をもつ微生物なども分離することが可能である．この方法で，様々な塩素化化合物などの環境汚染物質分解菌やある特性を持つ好熱菌（由来の酵素）などが分離された．

### (5)　スクリーニングにおける注意点

目的の化学物質または酵素などを生産する有望な微生物が得られたならば，まずそれらが新規のものであるか既知のものであるかを確認する必要がある．抗菌物質などである場合は，複数の検定菌に対する生育阻止に必要な抗菌物質の最少濃度を調べることで，抗菌スペクトル（antibacterial spectrum）を比較する．最終的には，各種クロマトグラフィーを用いて目的物質を精製し，質量分析による分子量の測定およびNMR（核磁気共鳴，nuclear magnetic resonance）による構造決定を行い新規のものかどうか判定する．

酵素やタンパク質の場合でも同様に，各種クロマトグラフィーを用いて目的の酵素を精製後，プロテインシークエンサー(protein sequencer)や質量分析装置(mass spectroscope)を用いてアミノ酸配列の決定を行い，新規のものかどうか判定する．さらに，得られたアミノ酸配列からプライマー（primer）を作製し，遺伝子のクローニング（cloning）を行い，得られた遺伝子を大腸菌などに導入することで，目的の酵素を大量に生産することができる．

現在，微生物を利用した酵素，有用物質などの生産は，1種類の微生物を使用する純粋培養（pure culture）で行われることが一般的である．目的の化学物質の生産に複数の微生物による変換反応が必要な場合は，別々に培養することが多い．しかし，最近では，一種類の微生物のみで培養した場合では生産されないが，複数種の微生物を共に培養すると生産されるような有用物質なども見出されている．科学者が優れたスクリーニング法を考案することで，これまで想像もできないような機能を持つ微生物が現在も分離され続けている．

さらに，微生物を培養せずに目的とする酵素遺伝子を取得する方法も開発されてきている．環境中の99％以上の微生物は現在の技術で培養することが出来ない．つまり，現在得られている微生物由来の有用物質は，環境中の１％未満の微生物に対する研究成果に由来する．培養できない微生物も対象とすれば，遥かに多種多様な有用物質が得られるとの期待から開発された技術が，メタゲノムスクリーニング（metagenome screening）である（第４章4.7.3参照）．メタゲノムは「様々な複合微生物ゲノムの集合体」を意味するが，一般に，土壌や海水などの環境サンプル全体から抽出した微生物ゲノム（microbial genome）の集合体を指す．メタゲノムを出発材料として遺伝子ライブラリー（gene library）を構築し，遺伝子配列や遺伝子産物の機能に基づくスクリーニングを行なうことで，目的の遺伝子を取得しようとするものである．実際に，様々な新規有用遺伝子が取得され，今後の産業利用が期待されている．

### 1.2.2　微生物の育種（目的とする変異株の取得）

ある目的の機能を持つ有用微生物の機能強化（育種）方法として，前述した馴養培養のように目的酵素などを徐々に誘導し活性化させることで，目的の機能を強化する方法のほかに，(1)遺伝子組換え技術により特定の遺伝子を導入する，(2)紫外線や薬品による突然変異（mutation）を誘発する，(3)細胞融合（cell fusion）するなどして目的の機能を強化した微生物を育種している．

遺伝子組換え技術によって，特定の遺伝子の高度利用による酵素生産および目的物質の発酵生産が可能になった．スクリーニングで見出した微生物から，目的の機能をもつ酵素または目的物質の生合成に関わる酵素をコードする遺伝子を同定できれば，構成的または誘導的に高発現する遺伝子プロモーターに連結し形質転換することで，それらの酵素や目的物質の生産量を増加させることができる．また，それらの遺伝子を大腸菌などに組み込み，その大腸菌を培養することで，目的酵素または目的物質を安価かつ大量に生産することが可能となる．現在，大腸菌だけでなく多数の細菌，真核微生物を宿主とした多様なベクター系も開発されており，目的にあった微生物を選択できる．

(1)　変異の導入法

古くから，紫外線や薬品などで処理することによって，物理・化学的にDNAの塩基配列の突然変異を誘発させることは，目的の機能を高めた微生物を生み出す有効な手段である．変異原（mutagen）としてよく用いられるものとして，放射線や紫外線があり，放射線の中ではガンマ線が最も強力である．突然変異を誘発させる化学物質は数多く知られているが，ニトロソアミン（nitrosoamine）やニトロソグアニジン（nitrosoguanidine）が広く用いられている．これらによって，DNA分子中のグアニンがメチル化されることで，塩基分子間の水素結合が阻害され，突然変異が誘発される．これらは，突然変異の頻度を高める効果をもつが，ある目的にあった特定の変異のみを引き起こすわけではなく，ランダムで変異を起こすため，目的の機能が強化された株であるかさらに検討する必要がある．一般に，変異処理を行った多数の株から，一株ずつアッセイし，目的の機能が強化された株を選別する操作が必要となる．

⑵ 栄養要求性変異株

また，変異処理を行った結果，アミノ酸など生育に必須な化合物の代謝に関わる遺伝子に変異が生じることがある．増殖に特定の化合物を必要とするようになった菌株を栄養要求性変異株（auxotrophic mutant）と呼ぶ．栄養要求性変異株は，目的物質の生産量を大きく上昇させる場合がある．例として，コリネ型細菌（coryneform group of bacteria）によるリジンの発酵生産がよく知られている．一般に，アミノ酸の生合成は，代謝産物であるアミノ酸によってフィードバック阻害（feedback inhibition）を受けるため，あるアミノ酸が大量に生産されないように調節されている．しかしながら，コリネ型細菌によるリジンの高生産株では，リジンの生産をフィードバック阻害する遺伝子に変異が生じたことで，大量のリジン生産が可能になった．図1.10に示すように，アスパラギン酸$\beta$-セミアルデヒドからホモセリンの生合成を触媒するホモセリンデヒドロゲナーゼ活性はスレオニンによって阻害される．ホモセリンデヒドロゲナーゼを欠損したコリネ型細菌の変異株は，ホモセリンまたはスレオニンとメチオニンを合成できないため，これらに対して栄養要求性を示す栄養要求性変異株として取得できる．また，図に示すように，リジン合成の中間体でもあるアスパラギン酸$\beta$-セミアルデヒドの合成にかかわるアスパルトキナーゼは，リジンとスレオニンにより協奏フィードバック阻害（concerted feedback inhibition）を受けるが，この変異株をホモセリン，もしくはスレオニンとメチオニンの両方を制限して培養す

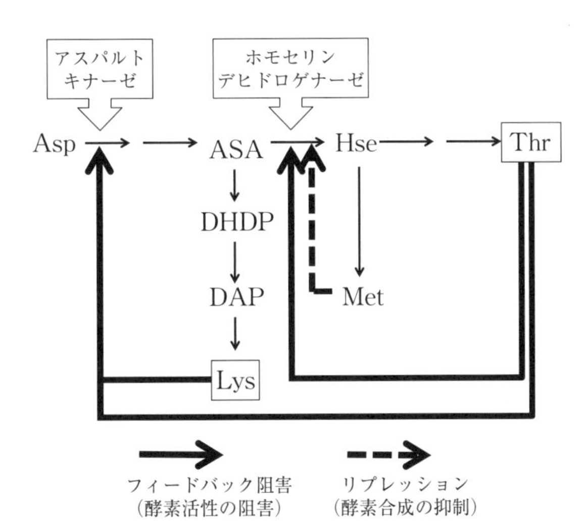


**図1.10** コリネ型細菌におけるリジン生合成の制御．Asp: L-アスパラギン酸，ASA: アスパラギン酸セミアルデヒド，DHDP: ジヒドロジピコリン酸，DAP: L-ジアミノピメリン酸，Lys: L-リジン，Hse: L-ホモセリン，Met: L-メチオニン，THr: L-スレオニン

ると菌体中のスレオニンの量が著しく減少し欠乏した状態となるため，アスパルトキナーゼへの協奏阻害が働かなくなり，リジンの生合成が阻害されず大量のリジンが生産可能になった．この発見がリジンの発酵生産のブレイクスルーとなり，その後の量産につながっている．このような栄養要求性変異株を用いることで，特定の化合物の生産量を増加させることができる．

### (3)　アナログ耐性変異株

アナログ耐性変異株（analog-resistant mutant）は，ある代謝系においてフィードバック阻害を引き起こす最終代謝産物に類似した物質（アナログ，analog）が存在しても生育できる株のことである．培地にアナログを添加して微生物を培養すると，生育に必要な代謝系の一部がアナログによってフィードバック阻害を受けるため，生育に必要な代謝物を生産できずに増殖が抑えられるが，アナログ耐性変異株ではアナログによるフィードバック阻害を受けないため増殖可能である．具体例として，L-リジン耐性変異株を例に説明する．L-リジンのアナログである *S*-(2-アミノエチル)-L-システイン（AEC）は，菌の生育を阻害するが，培地中にL-リジンを加えることで生育が可能になる（図1.11）．これは，L-リジンと同様に，AECがフィードバック阻害を起こし，L-リジンの生合成を抑制した結果，細胞内でL-リジンの欠乏を引き起こしたことで増殖が停止するためである．しかし，AEC存在下でL-リジンを添加しなくても生育可能なL-リジンアナログ耐性変異株の場合，AECによるフィードバック阻害が解除されているため，この株はL-リジンによるフィードバック阻害も受けず，結果としてL-リジンを大量に生産する株であることが期待できる．このようなアナログ耐性を指標にしたアミノ酸生産株の育種は，ほとんどすべてのアミノ酸高生産菌の育種に応用されている．また，類似の手法は清酒酵母の香気成分の生産量の強化にも利用されている．

リジン　　*S*-(2-アミノエチル)-L-システイン（AEC）

| 菌株 | リジンアナログ添加培地 | リジンによるフィードバック阻害 | リジン生産 |
|---|---|---|---|
| 野生株 | 生育不良 | 阻害あり | 通常生産 |
| リジンアナログ耐性変異株 | 生育可能 | 阻害なし | 大量生産 |

**図1.11**　リジンアナログ耐性変異株によるリジンの大量生産

**〈トピック1.2〉　清酒酵母の香気成分の強化**

清酒の良い香りとされるフルーツに似た香りの吟醸香は酵母によって生産される．ここでもアナログ耐性変異株の取得に似た手法が用いられている．Ichikawa らにより開発された方法を紹介する．[†] 吟醸香をもたらす代表的な物質にカプロン酸エチル（ethyl caproate）と酢酸イソアミル（isoamyl acetate）の２種類のエステルがある．このうち，カプロン酸エチルの前駆体であるカプロン酸の高生産株は抗菌剤セルレニンの耐性株の取得で得られる．セルレニンは *Cephalosporium caerulens* が生産する抗菌剤であり（トピック1.2の図），厳密な意味ではアナログではないが，おそらくはその脂肪酸の生合成中間体に類似した構造により，脂肪酸合成酵素（fatty acid synthase）による$\beta$-ケトアシル-ACP 合成を阻害する．セルレニン耐性変異株を取得すると，高い頻度で脂肪酸合成酵素遺伝子 FAS2に変異が起こり，250番目のグリシンがセリンに変異する．この変異株を培養してみると，カプロン酸を多量に生産するようになる一方で，長鎖脂肪酸の含有量が低下することが分かっている．このような方法により，現在，多くの酵母が育種され，香りのよい日本酒の生産に役立っている．読者の諸君にも是非，米からできた日本酒が果実のような香りを放つ吟醸酒の不思議を体験してもらいたい．ただし，飲酒は二十歳から．

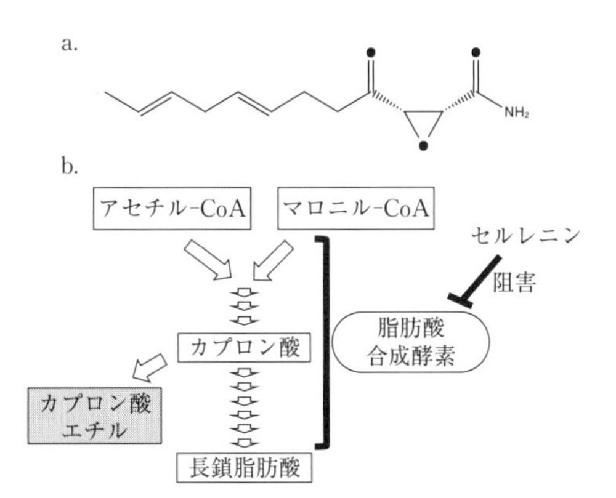


**トピック1.2の図**　a. セルレニンの化学構造　b. 脂肪酸合成とカプロン酸エチル合成の関係の概念図．セルレニンは脂肪酸合成酵素の働きを阻害する．セルレニン耐性変異株は長鎖脂肪酸の含有量が減り，カプロン酸の含有量が増え，結果的にカプロン酸エチルが高生産されるようになる．

† Ichikawa E, Hosokawa N, Hata Y, Abe Y, Suginami K, Imayasu S. Breeding of Sake Yeast with Improved Ethyl Caproate Productivity. *Agric. Biol. Chem.* 55(8), 2153-2154 (1991).

### (4)　その他の育種技術

目的の機能をもつが，増殖が遅い微生物の細胞と，よく利用されている増殖能が高い微生物の細胞同士を細胞融合させることで，目的の機能をもつ酵素などをより効率的に生産できる微生物が創出できる．細胞融合には，微生物の細胞壁を酵素などで除去したプロトプラスト（protoplast）を用いる場合が一般的である．

遺伝子組換え技術の発展によって，目的の機能をもつ遺伝子の導入が可能となったが，上述した育種法を目的にあわせて使い分ける，または，併用することでより目的にあった微生物を創出することができるかもしれない．

### (5) 有用菌株および育種株の保存法

スクリーニングや育種などにより分離した有用な微生物は，長時間保存に適さない環境におかれると，その形態や性質が変化し，場合によっては死滅する．そのため，菌株の保存は学術的意義および応用上の観点からも重要となる．菌株を保存する際は，変異を起こさせないかつ純粋な状態で長期にわたって保存できる状態を維持することが望まれる．

最も一般的な菌の保存法の一つとして，継代培養（subculture）が挙げられる．菌株の生育に適した培地組成の寒天培地（agar medium）を用いて，試験管内で斜面培養（slant culture）など行い，菌が培地上に十分生育した後，温度5～10℃，湿度50％程度の暗所下で保存する．一般に，数週間から数ヶ月ごとに新しい培地に植え継ぐ必要がある．欠点として，プラスミドの脱落や変異も起こりやすく菌の性質が変化することもある．

固体培地で十分生育させた菌体上に滅菌した流動パラフィン（liquid paraffin）を流し込むことで，酸素の供給を制限して微生物の代謝を抑えるとともに，培地の水分の蒸発を防ぐことで安定に菌を保存する方法がある．

凍結することで菌の生命活動を停止させたまま，－20℃以下のフリーザーなどで長時間保存させる凍結保存法（freeze storage technique）も広く用いられている．この際，大腸菌などはグリセロール（15～50％程度）を加えて冷凍し，－80℃のフリーザーで保存する（グリセロールストック，glycerol stock）ことで，半永久的に保存できる．液体窒素で凍結したまま－196℃で保存する方法などもある．さらに，凍結した菌株を，真空ポンプなどを用いて減圧下で乾燥させ，密封して保存する方法などもある．

# 1.3 微生物の代謝

## 1.3.1　微生物の物質代謝

(1)　微生物のエネルギー代謝

生物の細胞内外で行われるすべての物質変換過程を代謝と呼ぶ．代謝は，生命活動に必要なエネルギーを生産するエネルギー代謝（異化（catabolism）と光合成（photosynthesis））と，主に単純な物質から複雑な生体構成分子をつくる生合成（同化（anabolism））の２つに大別される．生体構成分子の骨格をつくる炭素は，有機物（糖，アミノ酸など）または無機物（二酸化炭素）から供給される．代謝にはエネルギー源が必要であり，生物はエネルギー源として，光，化学物質のいずれかを利用している．利用するエネルギー源と主要な炭素源の違いから，微生物は化学合成従属栄養微生物，化学合成独立栄養微生物，光合成従属栄養微生物，光合成独立栄養微生物の４種類におおまかに分類されている（表1.3参照）．

このように，生物は，エネルギー源と主要炭素源によって，それらを利用するために多様な代謝系を発達させている．しかし，外界からのエネルギー源を利用し，高エネルギー化合物であるATP（アデノシン三リン酸，adenosine triphosphate）に変換する点は，すべての生物で共通している．これは，生物のエネルギー代謝と生体構成分子の生合成がATPを介して共役していることを意味している（図1.12）．

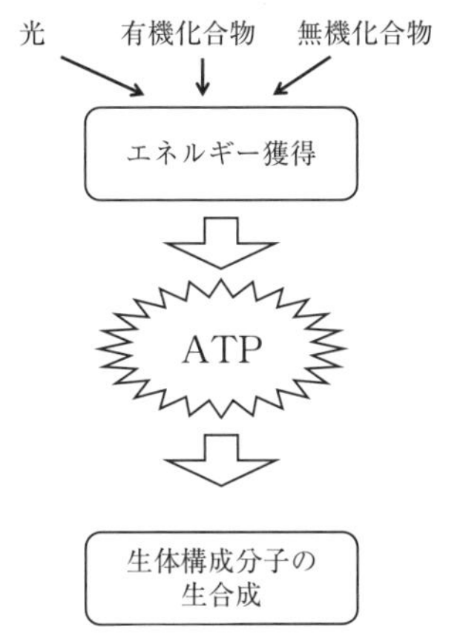


**図1.12**　生物のエネルギー代謝，生体構成分子の生合成とATP.

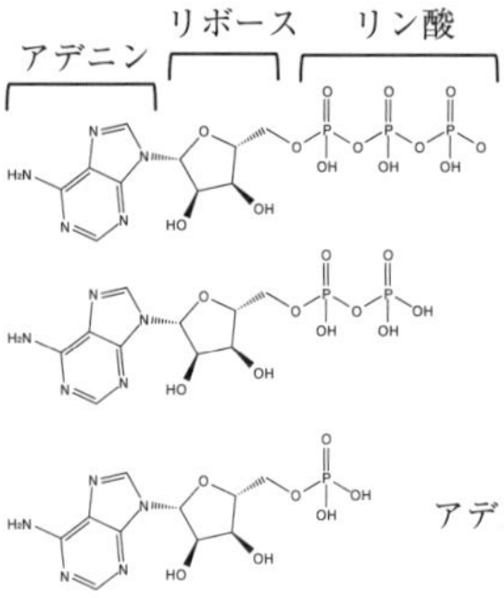

アデニン　リボース　リン酸

アデノシン三リン酸（ATP）

アデノシン二リン酸（ADP）

アデノシン一リン酸（AMP）

**図1.13**　アデノシンとそのリン酸化物の構造

細胞内に存在する種々の高エネルギー化合物のなかで，代謝において最も重要な化合物であるATPは，プリン塩基であるアデニンにリボースが*N*-グリコシド結合したアデノシンを基本構造とし，リボースの5'-OH基にリン酸エステル結合によってリン酸が結合し（AMP，adenosine monophosphate），さらにリン酸2分子が連続して結合した構造をしている（図1.13）．ATP中に存在する2つの高エネルギーリン酸結合では，加水分解による標準自由エネルギー変化（$\Delta G^{0\prime}$）は，ATPがADPに変換された場合，−7.3 kcal/molである．細胞内では，ATPから種々の代謝物へとリン酸基を転移する形で代謝反応が進行する．酵素反応では，ATPの加水分解と共役することによって，酵素なしでは熱力学的に起こりにくい反応が進行する．

細胞内の代謝では，ピリジンヌクレオチドも重要な化合物である．これらは，細胞内で起こる様々な酸化還元反応において，電子受容体および電子供与体として機能する．酸化還元反応に関わる代表的なピリジンヌクレオチドとして，電子受容体である$NAD^+$（ニコチンアミドアデニンジヌクレオチド，nicotinamide adenine dinucleotide）と$NADP^+$（ニコチンアミドアデニンジヌクレオチドリン酸，nicotinamide adenine dinucleotide phosphate）がある．また，それぞれの還元型であるNADHとNADPHが電子供与体として働く（図1.14）．酸化型ピリジンヌクレオチドは水素と電子を1つずつ受け取って還元型となるため，$NAD(P)^+$ 1分子で2つの電子を運ぶことができる．

### (2)　代謝機構としての呼吸と発酵

フランス人のパスツールによって，酵母が無酸素条件下で増殖することがはじめて示された．このような嫌気的代謝によるエネルギー取得機構を発酵と呼ぶ．これに対して，代謝過程において，酸素を化学物質の酸化剤として利用する好気的代謝を呼吸（respiration，好気呼吸または酸素呼吸）と呼ぶ．生物によっては，酸素の代わりに硝酸，硫酸などの無機化合物を用いて呼吸を行うものも存在している．この呼吸様式を嫌気呼吸（anaerobic respiration）と呼ぶ．

発酵では，有機物が水素供与体および水素受容体となって酸化還元反応が起こる．また，

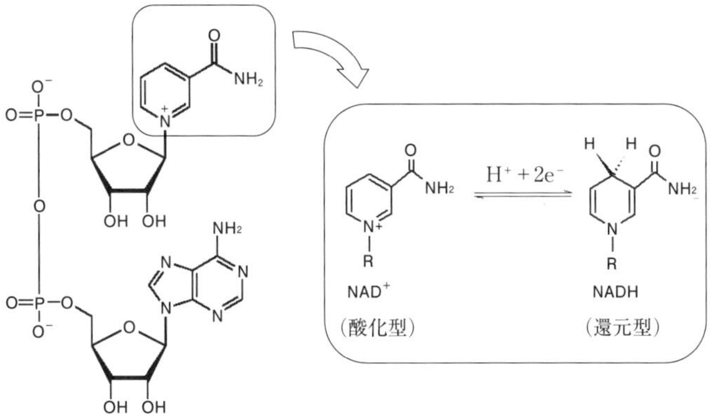

$NAD^+$（ニコチンアミドアデニンジヌクレオチド）

**図1.14**　ニコチンアミドアデニンジヌクレオチドの構造と酸化還元.

その過程で高エネルギーの有機リン酸エステルをもつ化合物が生成し，このリン酸基がADPに渡されることでATPが生成する．このようなATPの生成機構を基質レベルのリン酸化と呼ぶ．好気呼吸では，酸素に，嫌気呼吸では無機物に水素（または電子）を渡すことでATPが生成する．グルコース1分子を基質にしたときの好気呼吸と発酵の標準自由エネルギー変化は次式のように示される.

| | | |
|---|---|---|
| 好気呼吸 | $C_6H_{12}O_6 + 6O_2 \rightarrow 6CO_2 + 6H_2O$ | $\Delta G^{0\prime} = -2{,}873.4\ \mathrm{kJ/mol}$ |
| アルコール発酵 | $C_6H_{12}O_6 \rightarrow 2C_2H_5OH + 2CO_2$ | $\Delta G^{0\prime} = -239\ \mathrm{kJ/mol}$ |
| 乳酸発酵 | $C_6H_{12}O_6 \rightarrow 2CH_3CHOHCOOH$ | $\Delta G^{0\prime} = -196\ \mathrm{kJ/mol}$ |

アルコール発酵や乳酸発酵と比較すると，好気呼吸では1分子のグルコースが水と二酸化炭素まで完全酸化されるため，大きな標準自由エネルギー変化が生じる．これに対して，アルコール発酵（alcohol fermentation）や乳酸発酵（lactic acid fermentation）では発酵産物であるエタノールや乳酸にエネルギーが残存した状態になっているため，好気呼吸と比べて10%以下の標準自由エネルギー変化しか生じない．このため，好気呼吸ではグルコース1分子から38分子のATPが生じるのに対して，アルコール発酵や乳酸発酵で生じるATPは2分子だけである.

### (3)　グルコースの異化代謝

#### (a)　解糖系によるグルコースの代謝

解糖系（glycolysis）は，発酵と好気呼吸どちらでも共通しているグルコース1分子から2分子のピルビン酸を生成する代謝過程である（図1.15）．この経路は微生物から動植物に至るまで，生物界に広く分布している．解糖系は，2分子のATPが消費される前半を準備期，4分子のATPと2分子のNADHが生成する後半の報酬期に分けられる.

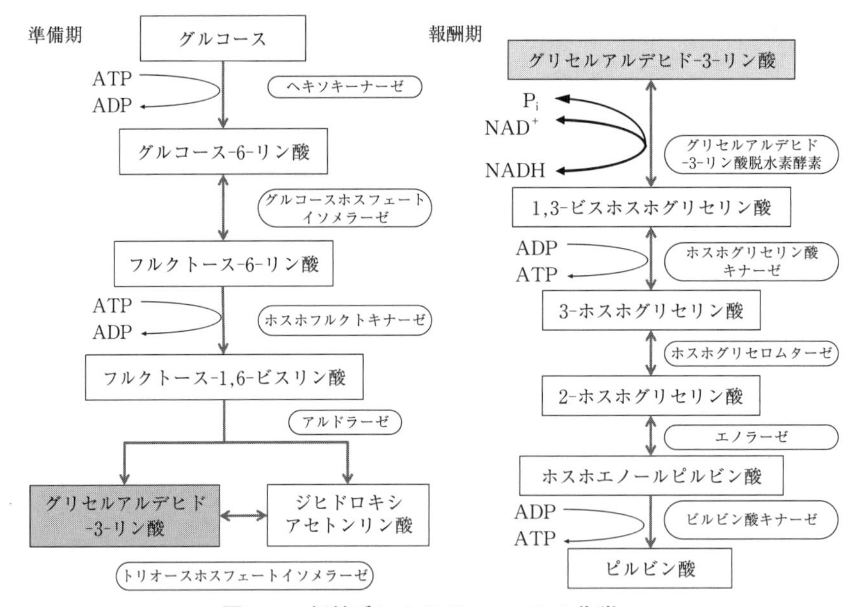


**図1.15**　解糖系によるグルコースの代謝.

準備期では，1分子のグルコースはリン酸化反応を2回受けることでフルクトース-1,6-ビスリン酸となり，アルドラーゼによって開裂されグリセルアルデヒド-3-リン酸とジヒドロキシアセトンリン酸へ変換される．これら2種の反応産物はイソメラーゼによって平衡状態となっている．この反応過程で2分子のATPが消費される．報酬期では，グリセルアルデヒド-3-リン酸はグリセルアルデヒド-3-リン酸デヒドロゲナーゼによって1,3-ビスホスホグリセリン酸へと変換される．この際，$NAD^+$が還元されてNADHを生じるとともに，グリセルアルデヒド-3-リン酸の酸化によって生じたカルボキシル基に無機リン酸由来のリン酸基が付与される．この反応によって，アルデヒドのカルボン酸への酸化によって発生するエネルギーの大部分が，高エネルギー結合であるリン酸エステル結合として保存されることになる．生じた1,3-ビスホスホグリセリン酸はホスホグリセレートキナーゼによって3-ホスホグリセリン酸に変換されるのに伴って，リン酸基がADPからATPへ移行する．これが基質レベルのリン酸化である．さらに，2つの反応を経由して高エネルギーリン酸エステル結合を有するホスホエノールピルビン酸が生成し，ピルビン酸キナーゼによる反応に伴いピルビン酸とATPが生じる．最終的に，報酬期では，1分子のグリセルアルデヒド-3-リン酸からピルビン酸への酸化に伴って，2分子のATPと1分子のNADHが生成する．解糖系を経ることで，グルコース1分子から準備期で2分子のATPが消費され，2分子のグリセルアルデヒド-3-リン酸が生成することから，解糖系全体として，2分子のATPとNADHがそれぞれ生じることになる．

ピリジンヌクレオチドであるNAD(H) は細胞内で起こる様々な酸化還元反応において，電子受容体（electron acceptor）および電子供与体（electron donor）として機能しているが，グルコース，アミノ酸やATPなどに比べて，細胞内において存在量が少ない．この

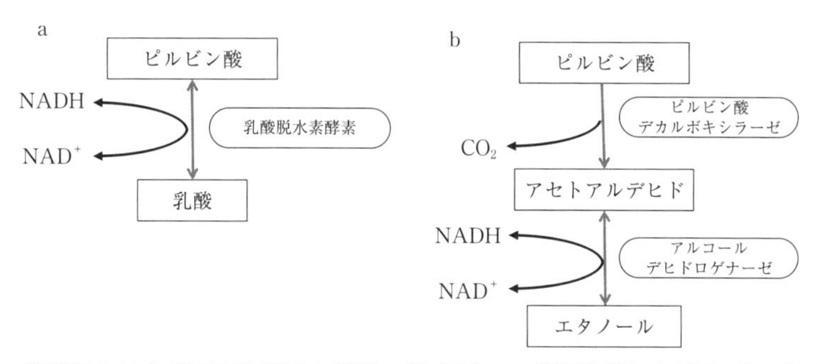


**図1.16** 発酵における NADH 還元の過程の模式図. a. 乳酸発酵におけるピルビン酸から乳酸への代謝, b. アルコール発酵におけるピルビン酸からエタノールへの代謝

ため, $NAD^+$または NADH のどちらかに偏ってしまうと代謝が行われず, エネルギー生産や細胞の構成物質の生合成が停止してしまい細胞の増殖が起こらなくなる. 解糖系で生成した NADH の $NAD^+$への再生は, 同じく解糖系で生成したピルビン酸またはそれ以降の代謝で生じる物質を還元することによって行われる. 乳酸発酵では, 乳酸デヒロドゲナーゼによりピルビン酸が乳酸に還元されると同時に, NADH が $NAD^+$へ変換される (図1.16a). アルコール発酵では, ピルビン酸はピルビン酸デカルボキシラーゼによってアセトアルデヒドに変換された後, アルコールデヒドロゲナーゼによってエタノールに還元される. この際, NADH が $NAD^+$へと酸化される (図1.16b). このように, グリセルアルデヒド-3-リン酸デヒドロゲナーゼによって生じる NADH はピルビン酸またはそれ以降の化合物の還元反応に伴って生じる $NAD^+$の再生と共役しており, この結果, 細胞内の $NAD^+$/NADH のバランスは維持されたままエネルギー代謝が行われる. 乳酸発酵やアルコール発酵のほかにも, ブタンジオール発酵 (butanediol fermentation), 酪酸発酵 (butyric acid fermentation), アセトン・ブタノール発酵 (acetone-butanol fermentation), プロピオン酸発酵 (propionic acid fermentation) および種々のアミノ酸発酵などさまざまな微生物による発酵が知られている. これは, 生物によって, ピルビン酸から最終発酵産物の生産に関わる代謝が多様であることを意味している. これらによっても, 乳酸発酵やアルコール発酵と同様に, 細胞内の酸化還元バランスの維持と共役して ATP の生産が行われる.

(b) 好気呼吸によるグルコースの代謝

好気呼吸によって, 基質であるグルコースは完全に酸化される. この際に生じた NADH などの還元性物質は, 電子を電子伝達系に渡し, 最終的に分子状酸素 ($O_2$) を還元する. これを好気呼吸と呼ぶ. 電子伝達系は主に膜タンパク質からなる複雑な複合体であるが, 細菌等の原核微生物では細胞質膜に, 真核微生物にはミトコンドリア内膜に存在する.

上述したように, 発酵では電子を有機化合物に渡す点で好気呼吸と大きく異なる. 電子伝達系で生じた電気化学的エネルギーによって ATP が合成される. 好気呼吸では, 解糖系により生じたピルビン酸がはじめにトリカルボン酸サイクル (TCA 回路, tricarboxylic

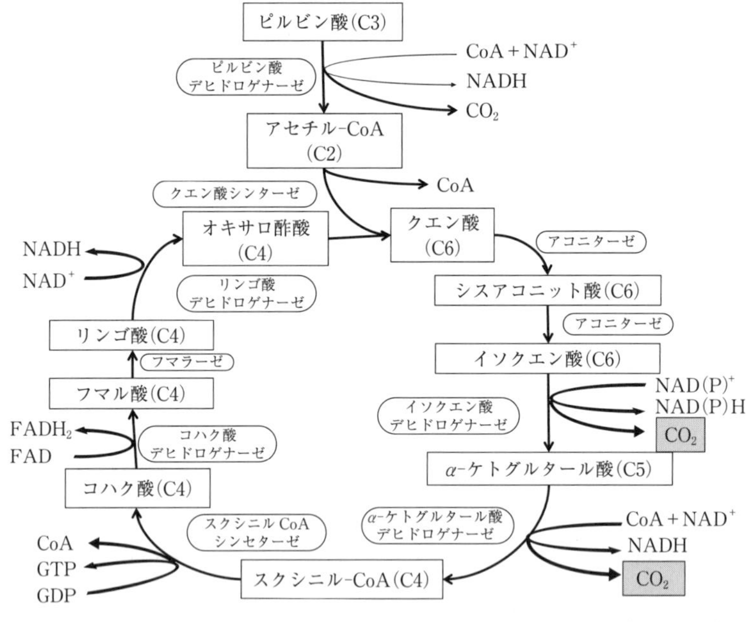


**図1.17** トリカルボン酸サイクルの模式図．（　　　）は酵素を，四角は代謝中間体を示す．中間体の（　）内は代謝物の炭素数を表している．

acid cycle）で変換され，生じた還元性基質が電子伝達系を経由し，最終的に酸化的リン酸化を介して大量の ATP が合成される．

この課程を詳しく見てみよう．1分子のグルコースは解糖系を通ってピルビン酸へと変換される際に，2分子の ATP と NADH が生成する．次に，生成したピルビン酸はピルビン酸デヒドロゲナーゼによる脱炭酸反応を受けた後 CoA と縮合しアセチル-CoA（acetyl-CoA）が生じると共に，1分子の NADH が生成する．また，生じたピルビン酸は TCA 回路に入る．TCA 回路の最初の反応では，アセチル-CoA とオキサロ酢酸（oxaloacetic acid）からクエン酸合成酵素により炭素数6のクエン酸（citric acid）が生成する（図1.17）．その後，いくつかの反応を経てオキサロ酢酸が生成することで TCA 回路が1周する．この過程で，アセチル-CoA 由来の2原子の炭素は酸化され，2分子の $CO_2$ が生じる．また，イソクエン酸デヒドロゲナーゼ，$\alpha$-ケトグルタル酸デヒドロゲナーゼ，リンゴ酸デヒドロゲナーゼによる反応によって，$NAD^+$ が還元されて NADH を生じる．コハク酸デヒドロゲナーゼによる反応では，補欠分子である FAD（フラビンアデニンジヌクレオチド，flavin adenine dinucleotide）が $FADH_2$ に還元される反応を伴う．さらに，スクシニル-CoA シンテターゼ反応による基質レベルのリン酸化によって，GTP（グアノシン三リン酸，guanosine triphosphate）が生じる．この GTP は，ADP にリン酸基を渡して ATP に変換される．このように，1分子のアセチル-CoA が TCA 回路を1周することによって，3分子の NADH，1分子の $FADH_2$ および GTP（ATP）が生成する．

解糖系や TCA 回路で生成した還元物質 NADH および $FADH_2$ は電子伝達系に電子を

受け渡し，それぞれ$NAD^+$およびFADに戻る．電子伝達系に受け渡された電子が電子伝達系を構成する伝達体（シトクロム（cytochrome）などのタンパク質やコエンザイムQ（coenzyme Q）などの低分子物質）を通って最終的に酸素に受け渡されるまでに，膜を介したプロトン（proton，水素イオン）の濃度勾配が形成され，これが電気化学的エネルギーとなる．膜に存在するATP合成酵素はこの電気化学的エネルギーを利用してATPを合成することになる．

### 1.3.4 共代謝

微生物がある有機物を代謝するとき，それを増殖のエネルギー源や基質としていない場合，その代謝を共代謝（cometabolism）と呼ぶ．共代謝はバイオレメディエーション（bioremediation，生物を利用した環境修復技術）の分野で重要である．たとえば，タンカー事故で流出した石油の分解などで，微生物が共代謝を行うことが知られている．微生物が持つ酵素の広い基質特異性により，その微生物のエネルギー源とならない場合でも反応を起こしてしまうためであると考えられている．共代謝により代謝された物質は，環境中の他の微生物の作用も加わり，さらに分解されることにより，最終的に水と二酸化炭素にまで無機化されることになる．

### 1.3.5 微生物の代謝調節

これまで述べてきたように，微生物は細胞内で様々なエネルギー代謝や生合成反応を行っているが，いつも同じ反応を行っているわけではない．微生物は外界の状況に応じて代謝系を切り替えることが出来る．代謝系の調節には主として，代謝に関わる酵素の量を変動させる方法と酵素の活性を調節する方法の2通りがある．

(1)　酵素生産の調節

酵素の量を変動させるために，微生物は酵素生産量を調節する．この調節には，主として遺伝子からmRNAの転写量を変動させる転写レベル（transcriptional level）での調節，mRNAからタンパク質を作る段階での翻訳レベル（translational level）での調節がある（図1.18）．また，アミノ酸合成遺伝子（amino acid biosynthesis gene）の調節に見られるアテニュエーション（attenuation）と呼ばれる機構もある．この機構は翻訳と転写が協調しながら調節が行われる機構である．

一般に，転写レベルでの調節にはプロモーター領域（promoter region）に結合するDNA結合タンパク質（DNA binding protein）が関与する．転写を促進するDNA結合タンパク質因子はアクチベーター（activator），抑制する因子はリプレッサー（repressor）と呼ばれる（図1.19）．アクチベーターあるいはリプレッサーは，通常それらの機能を調節す

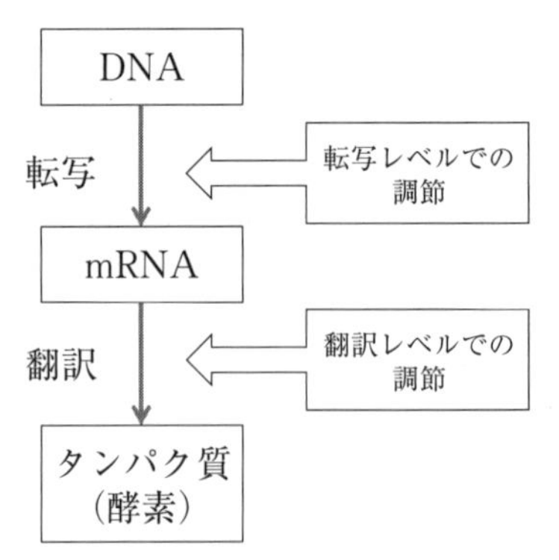


**図1.18** 酵素生産の調節．酵素生産は大別して転写レベルと翻訳レベルで調節される．この他，転写と翻訳の両方が関係するアテニュエーションや，mRNAの分解やタンパク質（酵素）の分解で調節を受ける場合もある．

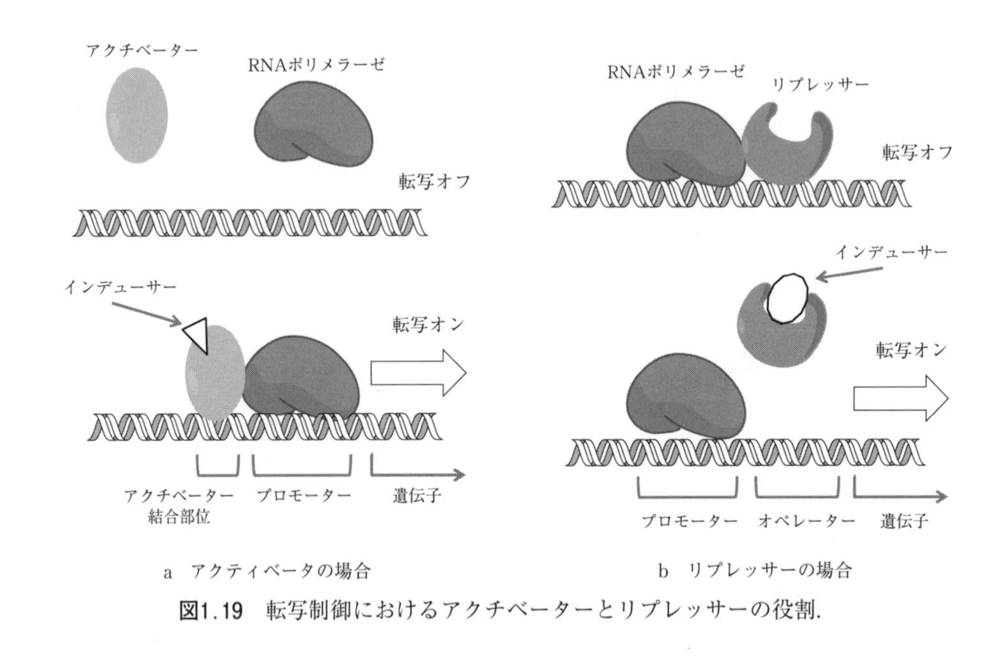


**図1.19** 転写制御におけるアクチベーターとリプレッサーの役割．

る低分子の物質と共に働く．たとえばインデューサー（inducer，誘導剤）とよばれる物質が存在するとリプレッサーが不活性化し，転写が誘導される（図1.19b）．

抑制の機構の内，カタボライト抑制（catabolite repression）という現象が良く知られている．この現象は微生物がより資化しやすいグルコースなどの物質があった場合，他の炭素源の利用を抑制して，まずグルコースを利用しようとする機構である．大腸菌のラクトースオペロン（lactose operon）の研究で詳細な機構が明らかになっている．ここではCRP（サイクリック AMP 受容タンパク質，cyclic AMP receptor protein）というアクチベーターが関与する．乳糖を分解する $\beta$-ガラクトシダーゼ遺伝子（$\beta$-galactosidase gene）の発現にはCRPの作用が必要であるが，これにはCRPへのcAMP（サイクリック AMP，cyclic AMP）の結合が必要である．cAMPとは環状アデノシン一リン酸のことでATPから合成され，細胞内の栄養状態を反映する．グルコースが十分に存在すると，cAMPの濃度が低下することが分かっており，これによりグルコース存在下でのCRPの機能が抑制される．結果的に，グルコース存在下では$\beta$-ガラクトシダーゼ遺伝子の発現が抑制されるわけである．この現象は多くの遺伝子にも同様に起こり，グルコースの資化を優先的に行うことができる．

### (2)　酵素活性の調節（フィードバック阻害）

アミノ酸や核酸の生合成などでしばしば見られるのが，フィードバック阻害である（図1.20）．一般に生合成系の最終産物（end product）が代謝系の初期段階の酵素活性を阻害する．これにより，最終産物の濃度が一定に保たれるわけである．このようなフィードバック阻害を受ける酵素には活性部位の他にアロステリック部位と呼ばれる阻害物質が結合できる部位を持っていることが知られている．

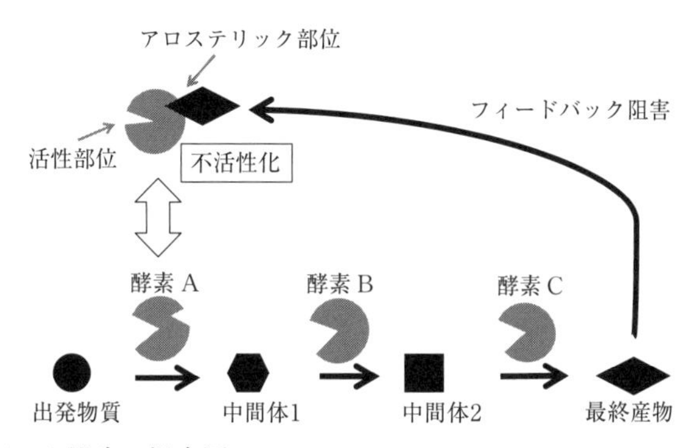


**図1.20**　フィードバック阻害の概念図
出発物質は酵素 A, B, C によって最終産物に変換されるが，最終産物が十分に合成されると，酵素 A のアロステリック部位に結合し酵素を可逆的に不活性化させる．最終産物の濃度が低下すると，再び酵素 A は働き始めるので最終産物の量が一定に保たれる．

# 1.4
# 第1章の参考書と参考文献

1）Madigan M. T. ら著（室伏きみ子，関啓子訳），Brock 微生物学，オーム社，(2003).
2）大嶋泰治ら編集，発酵研究所監修，IFO 微生物概論，培風館，(2010).
3）渡邊信ら編，微生物の事典，朝倉書店，(2008).
4）R. H. Whittaker, New Concept of Kingdoms of Organisms, *Science*, **163**, 150-159, (1969).
5）Woese CR, Kandler O, Wheelis ML. Towards a natural system of organisms: proposal for the domains Archaea, Bacteria, and Eucarya. *Proc Natl Acad Sci U S A*. **87**(12), 4576-4579 (1990).
6）Kimura N. Metagenomics: Access to Unculturable Microbes in the Environment. *Microbes Enviorn.*, **21**(4), 201-215 (2006).
7）末永　光，宮崎健太郎，酵素スクリーニングの新技術　―メタゲノム解析の意義と課題―，生化学 **80**(7), 666-669 (2008).
8）横田篤，大西康夫，小川順編著，応用微生物学第3版，文永堂出版（2016).
9）阪井康能，竹川薫，橋本渉，片山高嶺編著，遺伝子・細胞から見た応用微生物学，朝倉書店（2020).

第 2 章

# 微生物・動物細胞の培養工学

山根恒夫，中野秀雄

**はじめに（醗酵と微生物反応）**

第1章で述べられているように，微生物の関与する物質生産や伝統的プロセスは極めて多数あるが，それらは古くから醗酵（fermentation）と呼ばれてきた．醗酵という言葉は古来より，それが微生物の働きによると分かる以前から，アルコール醗酵とか乳酸発酵などと呼ばれていた．現代的言葉で言えば，嫌気醗酵（anaerobic fermentation）である．やがて20世紀の後半，微生物による抗生物質やアミノ酸の生産が実現された頃にも，ペニシリン醗酵やアミノ酸醗酵などと呼ばれていた．これらはいずれも好気的プロセスであるから，好気発酵（aerobic fermentation）ということになる．このように，醗酵という言葉は時代と共にその内容が変化してきており，現代においては，いささか古めかしい言葉となっている．

また，「醸造」という言葉がある．この用語は，主に発酵作用を利用した清酒やビールなどのアルコール飲料製造に対して用いられているが，液状調味料（醤油や食酢やみりんなど）の製造にも使われている．

本章では，微生物による物質生産は微生物細胞内の秩序ある生化学的反応の結果であるから，一括して「微生物反応」と呼ぶことにする．

# 2.1
# 殺菌・除菌工学

近代的な微生物反応プロセスでは，例外なく目的とするただ1種類の微生物を培養する，いわゆる**純粋培養**（pure culture）である[†]．純粋培養中に，何らかの原因で，異種菌株もしくはファージが増殖することを，**雑菌汚染**（microbial contamination，コンタミと俗称されている）もしくはファージ汚染とよび，微生物反応プロセス工業にとって非常に警戒を要する事柄である．工業的な大容量のバイオリアクターで有用物質を生産する際に，何らかの原因で雑菌が混じり込み，所定濃度に達することに失敗すれば，莫大な経済的損失を被ることになる．雑菌汚染の原因としては，

1）バイオリアクター並びにバイオリアクター内の最初に仕込んだ液体培地の熱殺菌が不完全であったか，
2）必要な酸素を供給するために，エアフィルターを通してバイオリアクター内に送りこむ空気の中にたまたま捕集されないで逃げ延びた微生物がいたか，
3）細菌より遙かに小さいファージがバイオリアクター内に入り込んで微生物に感染してしまったか，
4）人間による無菌操作が不完全であったか，

などが考えられる．

雑菌汚染の防止は，微生物反応を首尾良く実施ための大前提あり，「コンタミの恐ろしさ」はいくら強調しても強調しすぎることはない．培養技術は雑菌汚染との絶えざる戦いである．それゆえ，培養プロセスに対して雑菌混入源を絶つことはきわめて大切な命題であり，1）培地及び装置の殺菌，2）通気空気の除菌，3）装置継手類，シールの完備，4）無菌的操作法，について十分検討されねばならない．これら，殺菌，除菌，無菌化は，いわば無菌化単位操作と呼ぶべき豊富な内容を持っており，独自な学問・技術体系を形成するが，本節では，培地の熱殺菌と空気の無菌濾過についてその概略を述べる．

† 伝統的な微生物反応やバクテリアリーチングにおいては，多少の雑菌の混入は許され，生物的廃水処理は，多数の微生物の総合的活動を利用している．このような微生物反応は**混合培養**（mixed culture）と呼ばれる．

### 2.1.1 熱殺菌

(1) 培地の熱殺菌

微生物を扱う学生が最初に学ぶ実験は，試験管培養，寒天平板培養，振とうフラスコ培養などいずれについても，**培地**（medium）の調製とその**加熱滅菌**（heat sterilization）である．熱に不安定な成分を含む培地の場合は，あらかじめ滅菌された市販の無菌フィルターで濾過してあらかじめ殺菌された容器にクリーンベンチ内で無菌的に投入する．しかし，一般的には，試験管やフラスコに培地等をいれて，綿栓をし，アルミフォイルなどでカバーし，オートクレーブにいれて，120℃，約20分蒸気殺菌する（1ゲージ圧まで水蒸気を加圧すると，その温度は120℃になる）．この温度と時間は，過去の長い経験から確立された培地無菌化のための熱殺菌の条件であるが，そのバックグラウンドとなっているのは，**細菌胞子**（芽胞，spore）の熱死滅の速度論である．

温度一定の時，微生物の熱による**死滅速度**（death rate）は次の式に従う．

$$-\frac{dN}{dt}=kN \tag{2.1a}$$

(2.1a) 式を積分すると

$$N=N_0e^{-kt} \tag{2.1b}$$

ただし，$N$は生菌数，$N_0$は$t=0$における$N$（初期値），$t$は加熱時間，$k$は**死滅速度定数**（death rate constant）である．

$k$の温度依存性は，次式のように**アレニウスの式**（Arrhenius equation）で表せる．

$$k=k_0e^{-E/RT} \tag{2.2}$$

(2.1a)，(2.1b) 式は，放射能の崩壊式や酵素の一次熱失活の式と同型である．(2.1b) 式に従えば，培地を完全に無菌にするには長時間が必要になるが，$N_0$と$k$をおよそ推定できれば，$N<1$となる時間が推算できる．

微生物胞子（spores）は微生物の**栄養細胞**（vegetative cells）より遙かに耐熱性が高く，それ故に熱殺菌操作は胞子を対象にして設計されねばならない．図2.1に胞子と栄養細胞の死滅曲線の一例を示す．栄養細胞は概ね (2.1b) 式に従うが，胞子の死滅曲線は少し複雑である．それでも，胞子がいかに耐熱性であるかが理解されよう．121℃における栄養細胞の$k$は$10^{10}$～$10^{13}$ $\mathrm{min}^{-1}$であり，胞子の$k$は1 - 4 $\mathrm{min}^{-1}$のオーダーである．

フラスコレベルまでの培養器や実験室規模の培養槽のうち数リットル以下のバイオリアクターはオートクレーブに入れて滅菌する．しかし，10 L～100 L程度のバイオリアクターはオートクレーブには入らないので，バイオリアクターに直接蒸気を吹き込んで滅菌する．オートクレーブや蒸気を吹き込むバイオリアクターの内部温度は常温から徐々に120℃まで上昇し，120℃で所定の時間保持され，その後は徐々に低下するので，実際に必要な保持時間はこれらの上昇・低下の間の胞子の死滅も考慮せねばならない．このような温度プロフィールと (2.1b) 式と (2.2) 式を結合して，無菌レベル$N/N_0$が与えられれば，120℃

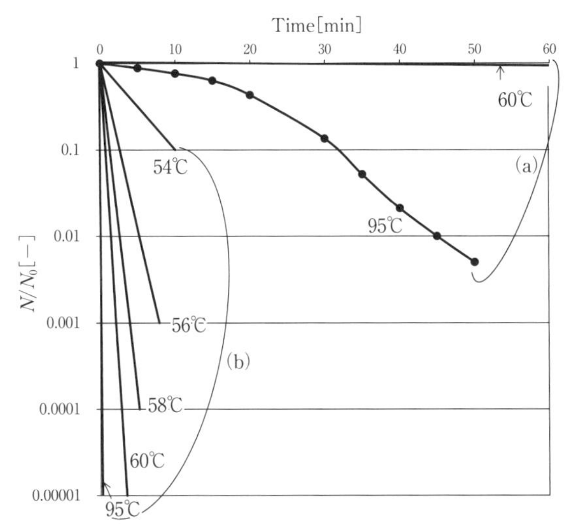


**図2.1**　細菌胞子(a)と栄養細胞(b)の熱死滅曲線
(a)*Bacillus subtilis* の胞子（代表的な芽胞），(b)*Escherichia coli.*

での保持時間が計算される．

さらに，工業的スケールのバイオリアクターでは，大量の培地を槽内で急速に加熱したり冷却することが事実上不可能となる．この場合は，バイオリアクターには培地を入れないで空の状態で蒸気殺菌し（空殺菌），その後別途，連続殺菌装置（一種の熱交換器）により殺菌した培地をバイオリアクターに入れる．

培地成分がグルコースとカザミノ酸，酵母エキス，ペプトンなどのアミノ化合物類を含む場合は，一緒に高温にするとアミノカルボニル反応（メイラード反応，Maillard reaction）が顕著になり培養液が褐変するので，グルコースだけは別の容器で加熱殺菌して，冷却後両者を混合するのが望ましい．

なお，動物細胞培養用の培地は熱に不安定な成分を含むので，加熱せず濾過滅菌される．

(2)　アルコール醗酵における**低温殺菌**

日本の清酒醸造では，貯蔵中の酒を白く濁らせ，味の劣化を招く恐れのある乳酸菌の一種（火落ち菌）を殺菌したり，酒を搾った直後でも勢いがあり熟成を進み易くしてしまう酵素の働きを止めるため，60から65℃位に数十秒から数分間加熱するが，この操作は古来より（400年ぐらい前の記録がある）「**火入れ**」と呼ばれている．一方，フランスでは，ルイ・パスツール（Louis Pasteur）が，1862年にワインの雑菌による腐敗を防ぐために，約65℃にワインを加熱し30分ほど保つ技術を開発したが，この方法は彼の名前を冠して「**パスチャライゼーション**（pasteurization）」と呼ばれている．いずれも，低温殺菌法に分類され，本発酵が終わった後の工程である．日本酒の「火入れ」技術は「パスチャライゼーション」より300年位前から行われていたのである．

### 2.1.2 空気の無菌濾過

空気中の微粒子を除くフィルターは**スクリーンフィルター**（screen filter）と**デプスフィルター**（depth filter）に大別される．実験室規模のバイオリアクターには，スクリーンフィルター（膜フィルター，平均孔径0.2 [$\mu$m]）を通して無菌空気が供給される．一方，工業規模のバイオリアクターでは，ガラスウールや耐熱性合成繊維等の繊維を密に詰めたデプスフィルターが使用される．前者と後者では，雑菌も含めた微粒子の除去機構は根本的に異なる．前者では，細孔を通過できない微粒子が上流側表面に残るという表面捕捉機構で微粒子は除去されるが，後者では，空気が繊維層を通過する間に繊維表面に付着するという内部捕捉機構によって微粒子が除去される．繊維層の空隙は捕捉される微粒子の径よりはるかに大きいのである．

デプスフィルターの粒子捕捉機構については，単一繊維周りの空気の流れを基礎にして空気濾過の単位操作で詳しく研究されている．ここでは，そのエッセンスのみを述べる．繊維充填層の単位層厚さでは，入ってくる微粒子はすべて同じ確率で繊維に付着されて減少すると仮定すると，微粒子数 $N$ は充填層厚さ方向の距離 $l$ に対して，次式が成立する．

$$\frac{dN}{dl} = -KN \tag{2.3a}$$

ただし，$K$ は平均的粒子捕捉因子である．

繊維層の厚さを $L$ とすると，(2.3a) 式を積分して

$$N = N_0 e^{-KL} \tag{2.3b}$$

デプスフィルターの微粒子捕捉効率 $\eta$ は

$$\eta = \frac{N_0 - N}{N_0} = 1 - e^{-KL} \tag{2.4}$$

(2.4) 式は，空気の要求される無菌レベルを与えたとき，必要な繊維層厚さを計算するのに用いることができる．

# 2.2 微生物反応の量論

**量論**（stoichiometry）とは，化学の分野で，化学的変化における量的関係を定量的に理論的あるいは実験的に扱う学問分野である．

工業化学に於いて，原料から目的産物がどれぐらい生産できるかが，製造コストに直結する重要項目であるのと同様に，バイオによるものづくりにおいても，微生物反応によって菌体がいくら生成し，目的代謝産物がどのくらい得られるかを定量的に明らかにすることは，とても大切である．それによって，ある一定量の目的代謝産物を得るのに必要な原料（培地成分）の量や，酸素必要量（＝供給すべき酸素量）や，さらにその際に発生する熱量（これはさらに冷却すべき熱量の基礎となる）などを求めることができる．

## 2.2.1 微生物の存在量（菌体濃度）の表現法

微生物反応の量論を述べる前に，微生物の存在量（**菌体濃度**，cell concentration）の表し方について説明しよう．

微生物の存在量を表示するには，種々の表し方がある．単細胞微生物の場合は，

1）細胞数（顕微鏡を用いて直接数を計測する），

2）**CFU**（Colony Forming Unit の略，検液を希釈して寒天平板上に塗布して，生成するコロニーを計測する，生菌数に対応すると考えられる），

3）濁度（比色計を用いる．turbidity，$OD_{600}$等として表される．OD は optical density の略．600は測定波長（nm）を示す．），

4）**TOC**（Total Organic Carbon の略，全有機炭素）（全細胞炭素（Total Cellular Carbon）を全有機炭素測定装置によって測定する），

5）**DCW**（dry cell weight の略．乾燥菌体重量．菌体懸濁液を100℃か，または凍結乾燥法によって低温下で，恒量になるまで乾燥してその重量を測定する）．乾燥菌体濃度の単位は通常［(g-DCW)·$L^{-1}$］である．

6）**PCV**（Packed Cell Volume の略．培養ブロスを遠心分離して，沈殿した湿潤菌体が全液中で占める体積分率）（PCV［%］は，単細胞ばかりでなく放線菌やカビなどにも適用される），

などである．

これらのうち，培養工学では，乾燥菌体濃度（g-DCW）・$L^{-1}$）を使用する．ここでいう濃度は，微生物を構成している全成分が水中に均一に溶解していると仮想して用いられる言葉である．そして，湿潤菌体は水分を70-80％有するが，水それ自身は反応に必要であっても，大過剰存在し量論関係には含まれないので，単位体積あたりの乾燥菌体重量，すなわち**乾燥菌体重量濃度**（dry cell concentration［(g-DCW)・$L^{-1}$］）で表示されるのである．

### 2.2.2　微生物反応の量論式

さて，微生物反応を多数の生成物が生成する複合反応と見なすならば，概念的には，次のように表すことができる．

$$\text{Nutrients (C source, N source, } O_2\text{, minerals, etc)} \rightarrow \text{newly grown cells} + \text{metabolites (Products, } CO_2, H_2O\text{, etc)} \quad (2.4)$$

この式は単に物質変換の様相を示しているに過ぎない．しかしながら，もしC，H，Oからなる炭素源と$NH_3$を窒素源として含む最少培地から好気的微生物反応によって代謝産物（metabolite）が$CO_2$以外に一成分しか生成していないと考えられる場合は，次式のようなCについての量論式が成立する．

$$CH_lO_m + aNH_3 + bO_2 \rightarrow Y_c \cdot CH_xO_yN_z + Y_{cp} \cdot CH_uO_vN_w + (1 - Y_c - Y_{cp})CO_2 + cH_2O \quad (2.5)$$

ただし，$CH_lO_m$ は炭素源の元素組成であり，$CH_xO_yN_z$ は乾燥菌体（無灰乾燥菌体ash-free dry cell mass）の元素組成であり，$CH_uO_vN_w$ は代謝産物の元素組成である．添字 $_{l,\ m,\ u,\ v,\ w,\ x,\ y,\ z}$ はいずれも炭素1原子あたりのH，O，Nの原子数である．

$Y_c$ は炭素源中の炭素1原子が菌体の炭素へと変換された分率であり，炭素に関する菌体収率（後述）と呼ばれ，$Y_{cp}$ は炭素源中の炭素1原子が代謝産物の炭素へと変換された分率（炭素に関する代謝産物収率とでも呼ぶべきもの）である．(2.5) 式において，H，O，Nそれぞれに対しても，収支式が成立しなければならない．これら3つの収支式（3つの未知数を含む3つの代数式）より係数$a$，$b$，$c$が決定される．係数$b$は考えている微生物反応に必要な酸素の量を推定するのに役立つ．微生物の世界は原核細胞から真核細胞まできわめて多様な種が存在するが，必要な栄養源が総て十分存在する場合は，その元素組成，すなわち，$x$，$y$，$z$の値は表2.1に示すようにほぼ一定である．

**表2.1**　無灰乾燥菌体の元素組成（$CH_xO_yN_z$）

| 微　生　物 | $x$ | $y$ | $z$ |
|---|---|---|---|
| *Saccharomyces cerevisiae* | 1.53 | 0.52 | 0.155 |
| *Torulopsis utilis* | 1.62 | 0.48 | 0.16 |
| *Klebsiella pneumonia* | 1.62 | 0.42 | 0.24 |
| 微生物一般 | 1.65 | 0.525 | 0.20 |
| 微生物一般 | 1.74 | 0.52 | 0.17 |

### 2.2.3 菌体収率（増殖収率）

原料である培地成分から菌体がどれぐらい生成するか，言い換えると培地成分からの微生物の増殖量を定量的に表すのが**菌体収率**，$Y_{x/s}$，（biomass yield，あるいは**増殖収率**，growth yield ともいう）であり，次式で定義される．

$$Y_{x/s} \equiv \frac{\text{生成した菌体の乾燥重量}}{\text{消費された基質の質量}} = \frac{\Delta x}{\Delta s} \tag{2.6a}$$

$Y_{x/s}$ の単位は［(g dry cell formed)・(g substrate consumed)$^{-1}$］である．

また，次節で述べる増殖速度 $r_x$ と基質消費速度 $r_s$ を用いると，

$$Y_{x/s} \equiv \frac{\text{微生物の増殖速度}}{\text{基質の消費速度}} = \frac{r_x}{r_s} \tag{2.6b}$$

培地のどの成分についても $Y_{x/s}$ を定義できるが，炭素源を基質とする場合が多い．$Y_{x/s}$ は必ずしも 1 以下であることはなく，1 以上となることもありうる．

回分培養（通常の培養のこと．詳しくは2.4節で述べる）では，培地組成は時々刻々変化するので，微生物は変化する環境にさらされ，一般には $Y_{x/s}$ は一定ではない．ある培養時点での $Y_{x/s}$ は微分菌体収率と呼ばれ，一方一回の回分培養全体についての $Y_{x/s}$ は総括菌体収率と呼ばれ，厳密には両者は区別される．

多くの微生物と多くの培地成分について $Y_{x/s}$ が報告されており，その数例を表2.2に示す．同一菌株，同一培地であれば，好気培養の方が嫌気培養より $Y_{x/s}$ ははるかに高い．これは，好気条件と嫌気条件における生化学的な ATP 生成効率の差違による．また，同一菌株を最少培地，合成培地，複合培地で培養した場合，この順に $Y_{x/s}$ は高くなる．これは，合成培地や複合培地では，炭素源は主としてエネルギー源となり，培地に含まれるアミノ酸などにより菌体が生合成されるからである．

基質が炭素源である場合，好気的であれ嫌気的であれ，巨視的に見れば炭素源の一部は細胞構成成分に同化され，残部は二酸化炭素や代謝産物へと異化される．そこで，炭素元素の菌体への同化という観点から，炭素元素についての収率，$Y_c$ が有益である．$Y_c$ は既に2.2.2で述べたが，改めて定義すると，

$$Y_c \equiv \frac{\text{生成した菌体中の炭素含量}}{\text{消費された炭素量}} = \frac{\text{生成した菌体量} \times \text{菌体の炭素含量}}{\text{消費された炭素源の量} \times \text{炭素源の炭素含量}}$$

$$= \frac{\Delta x \cdot \gamma_x}{\Delta s \cdot \gamma_s} = \frac{\gamma_x}{\gamma_s} Y_{x/s} \tag{2.7}$$

ただし，$\gamma_x$，$\gamma_s$ は菌体 1 g，炭素源 1 g，に含まれる炭素の含量［g］である．

$(1-Y_c)$ は菌体以外へと変換された基質中の炭素量となる．$Y_c$ は必ず 1 より低く，0.5～0.7位の範囲にある．$Y_c$ は基質と菌体を炭素という共通項で考えているだけ，$Y_{x/s}$ より合理的であろう．

表2.2　菌体収率の実測値

| 微　生　物 | 基　　質 | $Y_{x/s}$ [g·g$^{-1}$] |
|---|---|---|
| *Saccharomyces cerevisiae* | グルコース（好気） | 0.53 |
| 〃 | グルコース（嫌気，最少培地） | 0.14 |
| *Aerobacter aerogenes* | グルコース（好気，最少培地） | 0.40 |
| 〃 | リボース | 0.35 |
| 〃 | グリセロール | 0.45 |
| 〃 | 乳酸 | 0.18 |
| 〃 | ピリビン酸 | 0.20 |
| *Candida utilis* | グルコース | 0.51 |
| 〃 | 酢酸 | 0.36 |
| 〃 | エタノール | 0.68 |
| *Candida lipolytica* | *n*-アルカン | 0.90 |
| *Methylomonas methanolica* | メタノール | 0.48 |
| *Pseudomonas methanica* | メタン | 0.56 |
| *Escherichia coli* | $NH_4^+$ | 3.5 |
| *Candida utilis* | $NH_4^+$ | 10～22 |
| *Azotobacter chrococcum* | $N_2$ | 0.3～1.6 |
| *Psuedomonas fluorescens* | $Mg^{2+}$ | 350～610 |
| *Aerobacter aerogenes* | $K^+$ | 72～95 |
| *Streptococcus* sp. | Biotin | $1.08\times10^6$ |
| 〃 | Riboflavin | $7.4\times10^4$ |
| 〃 | Pantothenic acid | $1.53\times10^4$ |
| 〃 | Thiamine | $1.16\times10^4$ |
| 〃 | Nicotinic acid | $3.4\times10^3$ |

## 2.3.4　代謝産物収率

原料に対して目的とする代謝産物がどれほど生産できるか，言い換えると原料がどの程度目的代謝産物に変換されるかは工業的バイオプロセスにとって非常に重要な情報であり，これは細胞内の代謝経路によって主として決まる．

消費された培地成分に対する生成した代謝産物量は**代謝産物収率**（metabolite yield）と呼ばれ，次式のように定義される．

$$Y_{\mathrm{p/s}} \equiv \frac{\text{生成した代謝産物の質量}}{\text{消費された培地成分の質量}} = \frac{\Delta p}{\Delta s} = \frac{r_p}{r_s} \tag{2.8}$$

着目した培地成分が糖の場合は，特に対糖収率と呼ばれている．(2.8) 式は重量基準で定義しており，単位は［(g-metabolite)·(g-substrate)$^{-1}$］[†]であるが，菌体収率と違って，代謝産物収率の基礎になるのは一連の生化学反応であるからモル基準［(mol-metabolite)·(mol-substrate)$^{-1}$］でも表せる[††]．

微生物反応による物質生産では，消費された基質の一部は必ず新生菌体となるので，も

† (2.8) 式に100を掛けて％表示されることもある．

†† サイエンスでは，モル収率が使われるが，産業界では，原料の調達，生産，商取引は重量基準でおこなわれるので，重量基準の収率もとても大切である．

し菌体の生成がまったくなく副産物の生成もないと仮定した場合の $Y_{p/s}$ は理論的に最高の値を与えることになる．これを理論代謝産物収率（theoretical metabolite yield）と呼ぶことにする．理論代謝産物収率は基質から目的代謝産物への代謝経路を考慮し，その過程で関与する $NAD(P)^+$（つまり酸化還元収支）やCoAなどの補基質類の収支も計算に入れて推算される．理論代謝産物収率を求めるには，関係する代謝経路がよくわかっていなければならないが，これは必ずしも満足されない．しかしながら，近年の代謝工学分野の代謝流束解析により，ある程度はこの問題は解決されつつある（第6章参照）．種々の代謝産物生成における実測された収率と理論収率（推定値）を表2.3に示す．抗生物質，核酸，ビタミン，酵素などのように生成量が少ない代謝産物の場合は量論関係式を立てがたい．このような場合，収量（回分培養で容積を固定すれば，収穫時の濃度）が重視され，収率はあまり問題にされない．

**表2.3**　代謝産物の理論収率（推定値）と実測された代謝産物収率

| 基　質 | → 代謝産物 | $Y_{p/s}$ の理論値（推定値） | $Y_{p/s}$ の実測値 |
|---|---|---|---|
| グルコース | エタノール | 0.51 | 0.45～0.50 |
| グルコース | 乳酸 | 1.00 | 0.93～0.94 |
| グルコース | グルタミン酸 | 0.82 | 0.5～0.6 |
| グルコース | リジン | 0.54 | 0.3～0.4 |
| グルコース | クエン酸 | ? | 0.7～0.85 |
| グルコース | P(3HB) | 0.48 | 0.40～0.45 |
| エタノール | 酢酸 | 1.30 | 1.24 |
| *n*-トリデカン | ブラシル酸 | ? | 0.3～0.4 |
| ソルビトール | ソルボース | 0.99 | 0.89～0.95 |

**〈トピック2.1〉　乳酸発酵は美しい**

アルコール発酵と乳酸発酵（ホモ乳酸発酵）は代表的な，そして人類にとって極めて重要は2大嫌気醗酵であるが，表2.3に示すように，収率的には大きな違いがある．両者を化学式で描くと，下図のようになる．

どちらも解糖系（EMP経路）（第1章参照）を経由するが，アルコール発酵では炭酸ガスがエタノールと等モル副生し，アルコールの理論収率は51%であるのに対して，ホモ乳酸醗酵では，炭素原子のロスはなく，理論収率は100%となる．グルコースから，構造的にはまったく異なる化合物が炭素原子のロスが全く無く生成するという点で，生物化学反応のすばらしい妙技を見せてくれ，「乳酸発酵は美しい」．

グルコース →(a) 2 エタノール + $2CO_2$↑
グルコース →(b) 2 乳酸

**トピック2.1の図**
(a)アルコール発酵と
(b)ホモ乳酸発酵の反応式の比較

# 2.3 微生物反応速度論

前節では原料から目的代謝産物がどの程度作れるかを論じたが，それにどれぐらいの時間がかかるかは明らかではない．所要時間や生産性は**速度**（rate）と関係する．速度が速ければ反応は早く終わるし，遅ければ長時間を要することになりその間のランニングコストがかさむ．

さて，微生物反応における基質の消費と代謝産物の生成は，微生物の増殖の度合いや経路に応じて，おのおの特有のパターンを示す．基質→代謝産物の変換反応で，基質は必ず微生物細胞の中に取り込まれなければならないし，入った基質の一部は程度の差はあれ，必ず新生細胞の構成成分に使われ，菌体増殖をもたらす．この点で，微生物反応は，

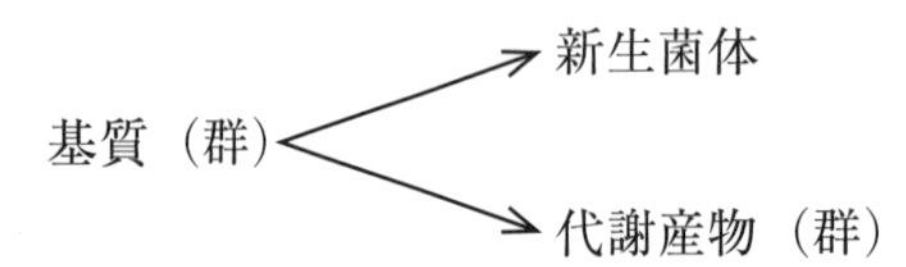


と記述される．この図式から，微生物反応速度を記述する（すなわち速度論，kinetics，を研究する）には，最低限3つの変数の変化，すなわち，**微生物増殖速度**（microbial growth rate）と**基質消費速度**（substrate consumption rate）と**代謝産物生成速度**（metabolite formation rate），を数学的に表現しなければならないことが分かる．もちろん，単純な場合には3つの内2つが記述できれば，残る1つは収支式から導かれることもあり，菌体生産のみを目的にする場合や生物的廃水処理の場合は，代謝産物生成速度は問題にしない．

## 2.3.1 微生物増殖速度

増殖とは総ての細胞成分の秩序ある増加である．細胞はポリ-ヒドロキシ酪酸や油脂，グリコーゲン，あるいはポリリン酸のような貯蔵物質の含量を増加させるだけの場合もあるので，細胞重量の増加が実質的増殖を意味しないことがある．細胞重量が増加するに伴って，他の総ての生化学的構成成分（タンパク質，RNA，DNA，脂質，ミネラル類など）が同じ割合で増加するような増殖を調和型増殖（balanced growth）とよぶ．これに対して，細胞構成成分の増加速度が比例的でない場合を非調和型増殖（unbalanced growth）とよぶ．

調和型増殖では容積基準の増殖速度［(g-DCW)$L^{-1}h^{-1}$]，$r_x$，は菌体濃度，$x$，に比例

する．

$$r_x = \mu x \qquad (2.9a)$$

あるいは（2.9a）式を書き換えて，

$$\mu \equiv \frac{r_x}{x} \qquad (2.9b)$$

比例定数 $\mu$ は［$h^{-1}$］という単位を持ち，増殖速度の大小を表すパラメータであって，**比増殖速度**（specific growth rate）とよばれている．つまり，増殖速度は容積基準の $r_x$ と比速度の $\mu$ の2つの表現式があるということである．

$\mu$ が大きいほど，その微生物の増殖は速いことになるが，増殖の遅速を直感的に理解するには，その微生物の細胞重量（もしくは数）が2倍になる時間が便利である．この時間を**倍増時間**（あるいは**倍加時間**, doubling time），$t_d$, という，倍増時間は**世代時間**（generation time）にほぼ等しい．

$\mu$ と $t_d$ の関係を求めるには，回分培養では，$r_x = \mathrm{d}x/\mathrm{d}t$, であることを利用する．すなわち，

$$\frac{dx}{dt} = \mu x \qquad (2.10)$$

$\mu$＝一定という仮定の下で（2.10）式を［$t_1 \leq t \leq (t_1 + t_d)$, $x_1 \leq x \leq 2x_1$］の範囲で定積分すると，

$$\int_{x_1}^{2x_1} \frac{1}{x} dx = \mu \int_{t_1}^{t_1+t_d} dt$$

この定積分より

$$[\ln x]_{x_1}^{2x_1} = \mu [t]_{t_1}^{t_1+t_d}$$

すなわち，

$$\ln 2 = \mu \cdot t_d \quad \text{あるいは,} \quad \mu \cdot t_d = 0.693 \qquad (2.11)$$

すなわち，$\mu$ と $t_d$ の間には定数0.693の反比例関係がある．表2.4にいくつかの微生物と動物細胞や植物細胞の $\mu$ と $t_d$ の値を示す．おおざっぱにいうと，細菌の倍増時間は10～60分，酵母類は2～4時間，微細藻類は数10時間から数日，動物細胞は1日～数日である．異なる生物種間では，$\mu$ を決定する要因は細胞固有の遺伝的支配による特性である．ゲノム情報の多い細胞ほど，サイズの大きな細胞ほど，従って高等になるにつれて $\mu$ は小さくなる傾向にある．また，ある菌株の $\mu$ は定数ではなくその置かれている環境条件（温度，pH，培地組成及びその濃度など）に依存する．

温度とpHが一定で，培地成分のうち1種類の成分，すなわち**増殖制限基質**（growth-limiting substrate）のみに着目し，他の成分は増殖に影響しない程度に十分に存在すると仮定し，増殖制限基質の濃度を $s$ とすると，$\mu$ の $s$ 依存性を表す数式としては次式がよく知られている．

$$\mu = \frac{\mu_{\max} s}{K_s + s} \qquad (2.12)$$

表2.4 微生物と動物細胞や植物細胞の $\mu$ と $t_d$ の値

| 微生物または培養細胞 | 温度［℃］ | $\mu$［$h^{-1}$］ | $t_d$［min or h］ |
|---|---|---|---|
| *Clostridium perfringens*（腸内常在菌） | 46 | 6.5 | 6.4 min |
| *Vibrio natriegens*（海洋細菌） | 37 | 4.24 | 9.8 min |
| *Bacillus stearothermophilus*（好熱菌） | 60 | 3.15 | 13.2 min |
| *Aerobacter aerogenes*（腸内細菌） | 37 | 2.3～1.4 | 18.1～30 min |
| *Escherichia coli*（大腸菌） | 37 | 1.73 | 24 min |
| *Bacillus subtilis*（枯草菌） | 40 | 1.6 | 26 min |
| *Pseudomonas ptida* | 30 | 0.92 | 45.2 min |
| *Saccharomyces cerevisiae*（酵母） | 30 | 0.35～0.17 | 2～4 h |
| *Aspergillus niger*（クロコウジカビ） | 30 | 0.35 | 2 h |
| *Trichoderma viride*（セルラーゼ生産カビ） | 30 | 0.14 | 5 h |
| *Rhodobacter sphaeroides*（光合成細菌） | 30 | 0.32 | 2.2 h |
| *Arthrospira platensis*（藍藻） | 35 | 0.35 | 2.0h |
| HeLa cell（ヒト子宮頸癌由来の細胞株） | 37 | 0.023～0.014 | 30～50 h |
| ヒトリンパ球ナマルバ細胞 | 37 | 0.024 | 29 h |
| 胎児線維芽細胞 | 37 | 0.025 | 28 h |
| タバコ | 30 | 0.019 | 36.5 h |

**〈トピック2.2〉 世界一増殖の早い微生物は？**

表2.4を見ると，もっとも高い $\mu$ を示す微生物は *Clostridium perfringens* であり，46℃で6.5h$^{-1}$（倍増時間約6.4分）である（R. G. Labbe and T. H. Huang, *J. Food Protection*, **58**, 1303-1306, (1995)）．この微生物は嫌気性悪玉の腸内常在菌である．もし，この細菌1gが9.8時間指数増殖をすると，$4.6 \times 10^{27}$ g となり，ほぼ地球の質量と同じとなる．もちろん，現実にはそのようなことはあり得ない．発表された論文を見ると，指数増殖は約30 min しか続いていない．おなじみの大腸菌もよく増殖する菌であり表2.4では37℃で1.73 h$^{-1}$であり，著者らの実験でも42℃で1.49 h$^{-1}$となった．違いは培地組成と温度による．

この式で，$\mu_{max}$ は**最大比増殖速度**（**maximum specific growth rate**）［$h^{-1}$］，$K_s$ は**飽和定数**（**saturation constant**）［$gL^{-1}$］と呼ばれる．

(2.12) 式はモノー（Jacques Lucien Monod）によって1950年に提案された直角双曲線型の経験式であり，**モノーの式**（Monod equation）と呼ばれている．

(2.12) 式は，酵素反応におけるミカエリス-メンテンの式と同形であるが，増殖は細胞活動の総合的・統一的表現であるから，$K_s$ に対して単一酵素反応におけるミカエリス定数 $K_m$ のような意味づけをすることはできない．しかし，$K_s$ は増殖速度に及ぼすその基質の濃度依存性を表すパラメータと考えられる．$K_s$ の値は$10^{-5}$［M］オーダーかそれ以下であり，きわめて低い濃度である．

### 2.3.2　基質消費速度

(1)　比基質消費速度

基質の消費速度は，容積基準の速度，$r_s$（volumetric substrate consumption rate）[(g substrate consumed)・$L^{-1}$]，とともに単位菌体あたりで表現される．これを**比基質消費速度**（specific substrate consumption rate）とよび，$q_s$ [(g substrate)・(g DCW)$^{-1}$・$h^{-1}$] で表す．すなわち，

$$q_s \equiv \frac{r_s}{x} \tag{2.12}$$

基質の消費速度は菌体収率を介して増殖速度と関係づけられる．すなわち，

$$r_s = \frac{r_x}{Y_{x/s}} \tag{2.13a}$$

$$q_s = \frac{\mu}{Y_{x/s}} \tag{2.13b}$$

(2)　維持代謝

窒素源や，無機塩類，ビタミンなどのように微生物の菌体構成成分にはなるけれどもエネルギー源にはならない培地成分（これを，保存性基質，conservative substrate，という）が基質の場合は，$Y_{x/s}$ はほぼ一定であり，(2.13a)，(2.13b) 式が比較的よく成立する．しかし，基質がエネルギー源・炭素源の場合は，**維持代謝**（maintenance metabolism）に使われるエネルギー（維持代謝エネルギー）を考慮に入れて，

（全消費速度）=（増殖のための消費速度）+（維持代謝のための消費速度）

と考えて，次式となる．

$$r_s = \frac{1}{Y^*_{x/s}} r_x + mx \tag{2.14a}$$

ただし，$Y_{x/s}{}^*$ は真の増殖収率（true growth yield）とよばれ，エネルギー源から得られる増殖収率の可能な最大値である．また，$m$ は維持定数（maintenance coefficient）と呼ばれる比例定数である．$Y_{x/s}{}^*$，$m$ は環境条件（培地組成，pH，温度など）に依存する．(2.14a) 式を $x$ で割り，(2.13a) を代入すると，

$$q_s = \frac{1}{Y^*_{x/s}} \mu + m \tag{2.14b}$$

さらに，(2.13b) 式を用いると，

$$\frac{1}{Y_{x/s}} = \frac{m}{\mu} + \frac{1}{Y^*_{x/s}} \tag{2.15}$$

(2.15) 式は$1/Y_{x/s}$ 対$1/\mu$ のプロットから $Y_{x/s}{}^*$ と $m$ を求めるのに使用される．

(3)　窒素源消費速度およびC/N 比

窒素源は炭素源に次いで多量に消費される．窒素源についても (2.12) 式と同様に，比

速度が定義される．

$$q_N \equiv \frac{r_N}{x} \tag{2.16}$$

培地中の炭素源と窒素源の存在量割合は，微生物の代謝の流れに大きく影響する．このことは微生物工業で広く認識され，**C/N 比**（C/N ratio，[g/g]）と称されている．C/N 比は，回分培養では，定性的に初発の炭素源と窒素源の濃度比とされているが，より正確には

$$\text{C/N ratio} = \frac{\text{初発炭素源濃度} \times \text{炭素源中の炭素含量}}{\text{初発窒素源濃度} \times \text{窒素源中の窒素含量} } \tag{2.17}$$

より一般性のある定量的な定義は取込み速度の比である．

$$\text{C/N ratio} \equiv \frac{r_C}{r_N} = \frac{q_C}{q_N} \tag{2.18}$$

ただし，$q_C$ と $q_N$ はそれぞれ炭素原子と窒素原子の比消費速度である．

C/N 比が高いと N 源に対して C 源が過剰に取り込まれ，非調和増殖となり，余剰分は油脂や3-ヒドロキシ酪酸やグリゴーゲンなどの貯蔵物質として蓄えられることもある．逆に，ペプトンのようなタンパク性窒素源を過剰に用いると，C/N 比が低くなり過ぎてアンモニアが副生して，培養液中の pH が上昇することもある．このように，C/N 比は微生物反応の様相を決める重要なパラメータである．

(4)　酸素摂取速度

酸素は単独では消費されることはないが，好気的微生物反応ではエネルギー源の消費に伴って必ず消費される一種の基質である．容積基準の酸素消費速度，$r_{O_2}$は**酸素摂取速度**（oxygen uptake rate，略して OUR，または**酸素消費速度**，oxygen consumption rate，略して OCR）とよばれ，単位は [g $O_2$·$L^{-1}$·$h^{-1}$] である．$r_{O_2}$を菌体濃度で割った値が比酸素消費速度，$q_{O_2}$，であり，これは呼吸速度（respiration rate）と呼ばれている．

$$q_{O_2} \equiv \frac{r_{O_2}}{x} \tag{2.19}$$

$q_{O_2}$は $Q_{O_2}$と書かれることもある．$Q_{O_2}$の単位は $O_2$の量を標準状態における $\mu$L 単位で，菌体量を mg 単位で表し，[($\mu$L $O_2$ consumed)·(mg-DCW)$^{-1}$·$h^{-1}$] で表される．これは，20世紀初頭，ドイツの有名な生理学者，ワルブルグ（Otto Heinrich Warburg）がいわゆる「ワルブルグ検圧計」を用いて呼吸に関する詳しい生化学的研究を行った以来の伝統である．本書では単位を統一するため，$q_{O_2}$ [(g $O_2$ cconsumed)·(g-DCW)$^{-1}$·$h^{-1}$] とする．$q_{O_2}$に関しては2.5節でさらに述べる．

## 2.3.3　代謝産物生成速度

第1章1.1.3に記述されているように，微生物や細胞の反応によって生産される代謝産

物は，アルコール，有機酸，アミノ酸，核酸関連物質，抗生物質，生理活性物質，酵素，抗体，ビタミンなどきわめて広範囲に渡っており，それぞれ細胞内での生合成経路や代謝調節機構に特徴があり統一的にその生成速度を表現できるまでには至っていない．

### (1) 比代謝産物生成速度

増殖速度や基質消費速度と同様に，代謝産物生成速度も２つの異なる基準に基づいて定義される．一つは容積基準の代謝産物生成速度（volumetric metabolite formation rate），$r_p$ [(g metabolite formed)$\cdot$L$^{-1}\cdot$h$^{-1}$]，であり，もう一つは**比代謝産物生成速度**（specific metabolite formation rate），$q_p$ [(g metabolite formed)$\cdot$(g DCW)$^{-1}\cdot$h$^{-1}$]，である．すなわち，

$$q_p \equiv \frac{r_p}{x} \tag{2.20}$$

$r_p$ は単位液量あたりの生合成速度を表しているので，バイオリアクター設計に有効であり，その意味でプラント設計者の主たる関心事である．一方，$q_p$ は菌体濃度には依存せず，細胞の代謝産物生合成活性を表している．したがって，異なる微生物の生合成活性を定量的に比較し，優秀菌株を選出するのに有効である．つまり，スクリーニングは厳密にはこの値をもとにすべきであるが，多数の菌株を扱うので煩雑となり，この値はあまり使われていない．

基質から目的代謝産物への変換が直接的な場合，$r_p$，$q_p$ は $r_s$，$q_s$ と次式で関係づけられる．

$$r_p = Y_{p/s} r_s \qquad \text{および} \qquad q_p = Y_{p/s} q_s \tag{2.21}$$

### (2) 炭酸ガス発生速度および呼吸商

炭酸ガス（$CO_2$）は目的代謝産物ではないが，微生物反応では必ずと言ってよいほど副生する代謝産物である．容積基準の**炭酸ガス発生速度**（carbon dioxide evolution rate，略して CER）は $r_{CO_2}$ で表し，その比速度（**比炭酸ガス発生速度**，specific carbon dioxide evolution rate）を $q_{CO_2}$ [(g $CO_2$ evolved)$\cdot$(g-DCW)$^{-1}\cdot$h$^{-1}$] で表すことが多い．そして，好気的微生物反応では，$O_2$ の消費量に対する $CO_2$ の発生量を**呼吸商**（respiratory quotient，略して $RQ$）という．すなわち，

$$RQ \equiv \frac{\Delta CO_2}{\Delta O_2} \tag{2.22a}$$

$$\equiv \frac{r_{CO_2}}{r_{O_2}} \equiv \frac{CER}{OUR} \tag{2.22b}$$

$$\equiv \frac{q_{CO_2}}{q_{O_2}} \tag{2.22c}$$

$RQ$ は増殖が無視できる休止菌体（resting cell）の呼吸生理学でしばしば研究された．また，次節で述べる流加培養でも流加の指標として $RQ$ を用いる方法がある．モル基準で

計算すると，グルコースの完全酸化では $RQ=1$ であるが，嫌気的代謝が起こっているときや菌体増殖あるときは，この値を中心に上下する．

(3)　分類

ゲイデン（Elmer L. Gaden, Jr.）は速度論的観点から，微生物反応を次の3タイプに分類している．

タイプⅠ：代謝産物は微生物の主要なエネルギー代謝の直接的結果として生成する．したがって，増殖と密接に連動しており，異化プロセスである．

タイプⅡ：代謝産物はエネルギー代謝から生成するが，しかし間接的である．反応パターンは複雑で，「異常な」代謝の結果である場合が多い．

タイプⅢ：代謝産物はエネルギー代謝と関係せず，細胞によって独自の生合成反応により生成する．いわゆる二次代謝産物（secondary metabolite）がこれに属し，同化プロセスである．

代謝産物は菌体内に蓄積する場合と，培養液中に分泌される場合とに大別される．前者の場合は，生産性を向上させるためには，含量が高く，かつ比増殖速度の大きい微生物を選び，菌体濃度を高める，の3点を可能な限り追求することである．

また，比代謝産物生成速度 $q_p$ と比増殖速度 $\mu$ との関係を調べたとき，おおよそ $q_p \propto \mu$ となる場合を**増殖連動型**（growth associated）といい，そうでない場合を**増殖非連動型**（non-growth associated）と呼んでいる．

以上，微生物反応速度論をおおまかに述べた．一般の化学の反応速度論と同様の容積基準の速度（volumetric rate）（$r_x$，$r_s$，$r_N$，$r_p$，$r_{O2}$，$r_{CO2}$ など）に加えて，微生物反応速度論では，単位菌体濃度当たりの速度，すなわち比速度（specific rate）（$\mu$，$q_s$，$q_N$，$q_p$，$q_{O2}$，$q_{CO2}$ など）が用いられるのが大きな特徴である．

# 2.4
# 微生物の培養法とその操作法

微生物の培養法は種々あり，表2.5のように分類される．この表で，**表面培養**（surface culture）は好気的静置培養（aerobic static culture）ともいい，**深部培養**（submerged culture）とは微生物や動・植物細胞がマクロ的に深い培養液に均一に分散懸濁されているような培養系である．これに対して，光合成微生物の液体培養は液深が10～15 cm 程度の浅い液体培養であり，その自由表面に太陽光が注ぐようになっている．

深部培養用の工業的バイオリアクターには種々の操作法がある．表2.6にそれらの分類を示す．基本となるのは**回分培養**と**連続培養**であるが，それらの変形として**反復回分法**，**流加法**，**反復流加法**，が開発されてきた．

回分培養とは，微生物実験室で通常行われている普通の培養（試験管培養や振とう培養）のことであり，通常は「回分」という接頭語はつけない．しかし培養工学では「回分」という言葉は「流加」や「連続」と対比して用いられる．

以下に表2.6を説明しよう．

⑴回分培養とは，必要な培地成分を一度にバイオリアクターに仕込み，植菌して，培養中は温度と pH の制御以外は何も制御しないで，反応終了後総ての培養ブロス（培養上澄液＋菌体のこと）の抜き出しを行う培養方式である．⑸連続培養では，バイオリアクター

**表2.5**　微生物の培養法

| | 実　例 |
|---|---|
| 固体培養（solid culture） | スラント，寒天平板（プレート）<br>麹作り，ふすま培養 |
| 液体培養（liquid culture） | 振とう培養（shake flask culture） |
| 　表面培養（surface culture） | 伝統的な食酢醸造 |
| 　深部培養（submerged culture） | 多数 |
| 　浅部培養（仮称） | 光合成微生物用（フォトバイオリアクター） |

**表2.6**　深部培養の操作法の分類

| | |
|---|---|
| ⑴ | 回分培養（batch culture） |
| ⑵ | 反復回分培養（repeated batch culture） |
| ⑶ | 流加培養（fed-batch culture） |
| ⑷ | 反復流加法（repeated fed-batch culture） |
| ⑸ | 連続培養（continuous culture） |

の洗滌，空殺菌，滅菌済み培地の仕込み，移送植菌までは回分操作と同様であるが，次いで培地の連続的供給量と同量培養ブロスの連続的な抜き出しを行い，連続操作を開始する．初期スタートアップの期間があり，その後定常状態に至れば，以後は理想的には培養液量は不変である．(3)流加培養（fed-batch culture）とは，別名半回分培養（semi-batch culture）とも呼ばれるが，培養中ある特定の栄養源（通常は1成分，時には2成分，場合によっては総ての培地成分でもよい）をバイオリアクターへ供給するが，培養ブロスは収穫時までバイオリアクターから抜き取らないような操作方式である．基質溶液の流加によって，培養液量は多かれ少なかれ増加する．(2)反復回分培養とは，回分培養に於いて菌体濃度が所定の値に達したときに，培養ブロスの全部を抜き取らないで，一部を残し，これを次の培養の種菌として使うべく，新しい滅菌済み培地を追加して回分培養を繰り返す方式である．cyclic batch culture，semi-continuous culture ともいわれる．流加法においても同様に培養ブロスの一部を残して次の流加法の種菌として使うことができ，(4)反復流加法と呼ばれる．

(2)，(3)，(4)の諸操作法が考案された背景には微生物プロセス特有の問題がある．すなわち，一般には連続操作が一番効率が良いと思われるが，微生物の遺伝的な変異が起こりがちなためた生合成活性を維持するのが困難であること，雑菌やファージ混入のない状態で長時間連続運転するのが困難であること，等の理由により工業的規模で実施されている連続プロセスは現実にはそれほど多くないのである（皆無というわけではない）．また，連続培養の定常状態が微生物の持っている生産の能力を十分に発揮させる状態でないことも多いであろう．一方，回分培養は一番原始的な操作であり，効率は低い．すなわち，微生物の活性や機能はその置かれている環境によって大きく左右されるにもかかわらず，まったく環境（培地成分の濃度）を制御せず微生物任せであるのが最大の欠点であり，また一回一回の主反応（生産段階）の前に数段の「種（seed）」培養段階が必要であることを大きな欠点である．前者を改良したのが流加法であり，後者を軽減したのが反復回分操作であり，前者と後者を改善したのが反復流加法である．

これら諸操作のうち，回分，流加，および連続培養における菌体と基質の濃度の経時変化を概念的に図2.2に示す．現在工業的に実施されている微生物反応は大部分回分法もしくは流加法で操作されている．回分，流加，連続は微生物培養法の3点セットとして覚えよう．

### 2.4.1 回分培養

#### (1) 回分操作の工程

回分式微生物反応の工程は，目的とする代謝産物が何であるかにより多少相違するが，基本は同じである．典型的な微生物工業の培養工程を図2.3に示す．主要な装置としては**主培養槽**（メインバイオリアクター，main bioreactor）と**種菌培養槽**（**前培養槽**，seed

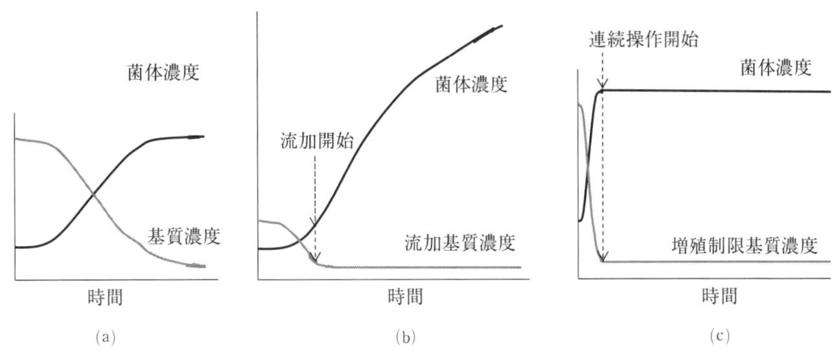


**図2.2** 回分，流加，連続培養の概念的比較
(a)回分培養，(b)流加培養，(c)連続培養

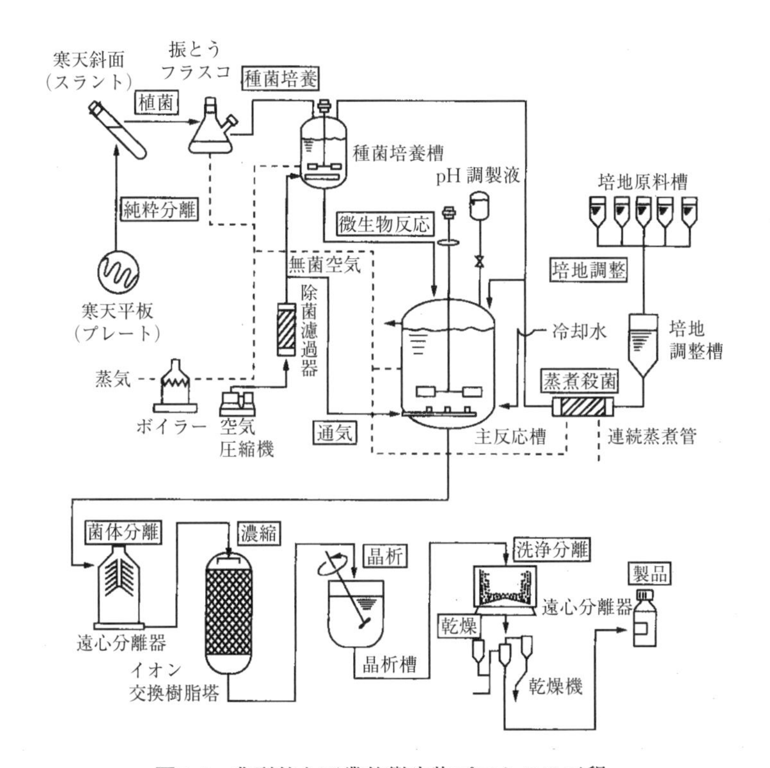


**図2.3** 典型的な工業的微生物プロセスの工程

bioreactor，あるいはpre-culture）から成り立っている．種菌培養槽は主培養槽の植菌（接種ともいう．inoculation）に必要な初期菌体量を培養することを目的とし，目的代謝産物は主培養槽で取得する．振とう培養→種菌培養→本培養は10～30倍の規模で順次容量を増やす．胞子が固体培養で多量に得られれば，それをいきなり主培養槽に接種して，前培養（と前々培養）を省略できる可能性はある．[†]

主培養槽での培養中は温度，pHを制御し，好気反応の場合は通気攪拌を行う．所定時

† T. Yamane & R. Tanaka, *Biotechnology Progress*, 2013, **29**: 876-881.

間を終えると反応は終了し，蓄積した生産物は培養液と共に次の回収工程（downstream process）へ委ねられる．一回の培養は，反応の種類よって10数時間から数週間にわたる．操作の時間的流れは，主培養槽の操作手順によって支配され，回分の一工程の所要時間は，滅菌済み培地の仕込み，移送植菌，培養の誘導期，反応期，収穫（集菌），洗滌，空殺菌，に要する時間の和である．

⑵　回分培養の特徴

回分培養の特徴は，

1）閉鎖系であり短時間でシャットダウンするのでコンタミの恐れが少ない，

2）微生物の置かれている環境が絶えず変化する．すなわち，バイオリアクター内の化学的・物理的状態が時間と共に変化する非定常操作である．

2）の点において，カビや放線菌の培養系では，形態学的，生理学的，物理的に変化が著しい．物理的には培養中にレオロジー的性質がかなり変化する．見かけ粘度が増大し，培養液は非ニュートン特性を示すようになる．この変化は培養槽内で起こる輸送現象プロセス（酸素移動，伝熱，pH 調整液の混合など）に影響する．形態学的には，しばしば菌糸がパルプ状からペレット状に変化することがある．

⑶　増殖曲線

回分操作では，目的代謝産物の収量を最大にするために微生物反応の主役を担う微生物の培養経過をうまく管理することが重要である．そのために，ます菌体濃度の経時変化――**増殖曲線**（growth curve）――について述べよう．

回分培養では総ての細胞は同一環境下にあり，一般に図2.4に示したような増殖曲線が得られる．この図では，縦軸の菌体濃度が⒜普通目盛と⒝対数目盛で表示されている．

**誘導期**（lag phase）は培養条件によって長かったり短かったりする．また，接種菌の前歴に依存する．場合によっては接種量にも依存する．実際の微生物反応では当然であるが，

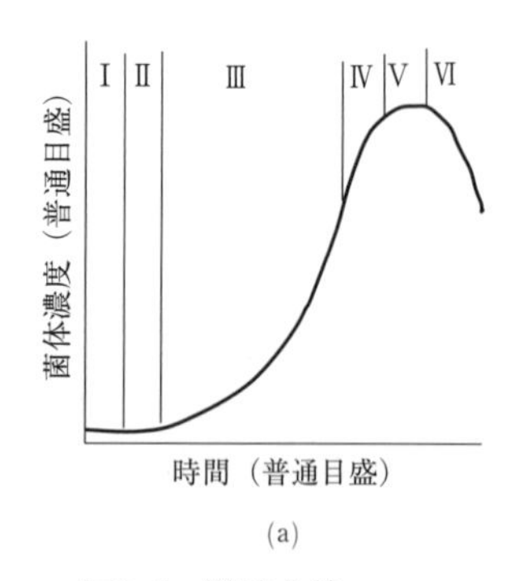


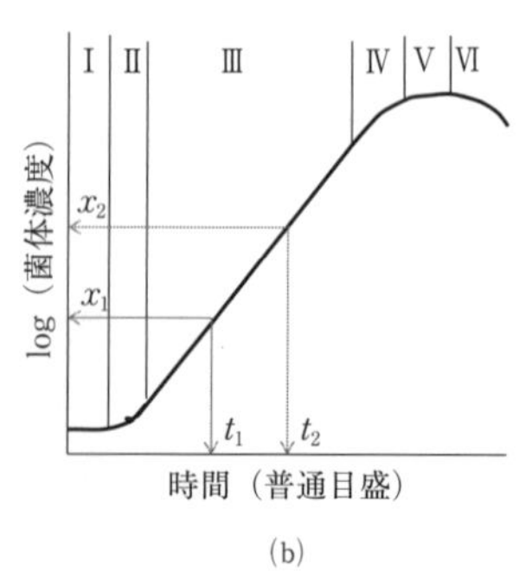


**図2.4**　増殖曲線

⒜普通方眼紙にプロット　⒝片対数方眼紙にプロット

Ⅰ：誘導期，Ⅱ：加速期，Ⅲ：指数期，Ⅳ：減速期，

Ⅴ：静止期，Ⅵ：死滅期

誘導期は短いほど望ましく，短縮する工夫がなされる．

誘導期と**加速期**（accelerating phase）に続いて細胞内の準備が終わると急速に増殖が始まり菌体量は時間に関して指数関数的に増大する（俗にいう「ネズミ算」である）．この期間を**指数増殖期**（exponential growth phase，あるいは単に**指数期**，exponential phase）とよぶ[†]．この期間では，2.3.1で述べたように，

$$\frac{dx}{dt}=\mu_{\max}\cdot x \tag{2.23a}$$

時間を加速期の終わりから測定し初期条件（$t=t_0$，$x=x_0$）で（2.23a）式を積分すると，

$$x=x_0\cdot e^{\mu_{\max}\cdot t} \tag{2.23b}$$

ここで，$\mu_{\max}$は最大比増殖速度（maximum specific growth rate）[$\mathrm{h}^{-1}$]である．

$\mu_{\max}$を実測するには，図2.4(b)に示すように指数期内の任意の$t_1$と$t_2$における菌体濃度$x_1$と$x_2$を読み取り，次式で計算する．

$$\mu_{\max}=\frac{\ln x_2-\ln x_1}{t_2-t_1}=\frac{2.30(\log x_2-\log x_1)}{t_2-t_1} \tag{2.23c}$$

$\mu_{\max}$は環境条件と培地組成によって異なる．指数期では菌は最も盛んに増殖している．

微生物集団が回分培養において，長時間指数増殖を持続することはない．ある栄養源が消費尽くされて欠乏に至るか，代謝産物（とくに増殖を阻害するような代謝産物）の蓄積などによって，増殖速度が低下し**減速期**（decelerating phase）に入り，ついには増殖が止まり，**静止期**（stationary phase）[††]に至る．不足する栄養分として，通常のエネルギー源や栄養基質の他に，好気プロセスでは酸素供給不足を見逃してはならない．内生胞子を形成する細菌では，一般に静止期に胞子が形成される．静止期の菌体量を最大収穫量（maximum crop）という．菌体収率$Y_{x/s}$が不変であれば，このときの菌体濃度$x_{st}$は（2.6a）式から導かれる次式より推算できる．

$$x_{st}=x_0+Y_{x/s}s_0 \tag{2.24}$$

一般に$x_0 \ll Y_{x/s}s_0$であるから$x_{st}$は$s_0$に比例すると考えてよい．しかし，（2.24）式で示される直線性（または比例性）は$s_0$がある値まででであって，それ以上になると他の栄養素の欠乏や阻害物質の蓄積が増殖の制限因子となってくる．

非増殖状態に置かれた微生物はついに死滅する．この期間を**死滅期**（declining phase または death phase）という．死因は色々考えられるが，中でも重要な因子は細胞内エネルギー貯蔵物質の欠如である．また，死滅して細胞内の種々の加水分解酵素により自己消化（溶菌ともいう，autolysis）をおこし消滅する．

---

† 多くの本では，この期間は対数増殖期（logarithmic growth phase），あるいは対数期（logarithmic phase）と書かれている．これは，図2.4(b)で示したように，片対数方眼紙で直線になるからである．しかし，この期間では，微生物は時間に関して対数関数的に増殖しているのではなく，時間に関して指数関数的に増殖しているのである．よって，「名は体を表す」とすれば，指数増殖期とするのが適切である．

†† この期間を定常期とする本もあるが，この用語はstationaryの日本語訳としても適切でない．定常状態（steady state）については，2.4.3および付録を参照のこと．

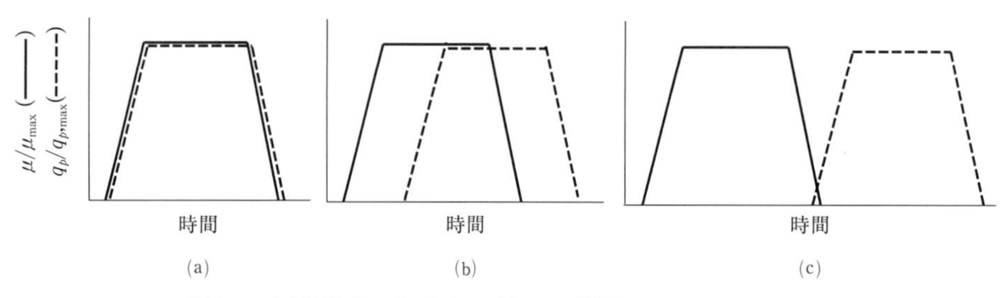


**図2.5**　回分培養における $\mu$ 対 $q_p$ の関係
(a)増殖連動型，(b)複合的な増殖連動型，(c)増殖非連動型

### (4)　回分式微生物反応の解析と類型化

回分式微生物反応の工学的解析は，最低限，$x$，$s$，$p$ の経時変化を追跡することから始まる．総ての培地成分について調べるのは大変であるから，$s$ と $p$ と最も関係の深い成分を選ぶが，2種類以上の $s$ を追跡せねばならないこともあろう．好気反応では，DO[†]（dissolved oxygen，**溶存酸素**）の経時変化も見逃してはならない．

2.3節で述べた容積基準の速度や比速度は回分操作では次のように計算される．

$$r_x = \frac{dx}{dt},\quad r_s = -\frac{ds}{dt},\quad r_p = \frac{dp}{dt} \tag{2.25}$$

$$\mu = \frac{1}{x}\frac{dx}{dt} = \frac{d(\ln x)}{dt},^{\dagger\dagger}\quad q_s = -\frac{1}{x}\frac{ds}{dt},\quad q_p = \frac{1}{x}\frac{dp}{dt} \tag{2.26}$$

$\mu$ と $q_p$ の経時変化を相互に比較すると，各種の微生物反応によって特有のパターンを示す．それらは図2.5に示すように大雑把には3種類に類型化される．

### (5)　回分式微生物反応の最適化

最小の費用で最大の生産を得るように実施すべきである．既にあるバイオリアクターを使用し，反応操作のみに限っても，費用は原料費とランニングコスト（主として通気攪拌の電力）である．最適化の評価関数は，収量（収穫時の代謝産物濃度，$p_f$），収率 $Y_{p/s}$，生産性（単位時間あたりの平均的生産量，productivity，$p_f/(t_f+t_D)$，$t_D$ は downtime とよばれるところの，移送植菌，抜き出し，空殺菌，滅菌済み培地の移送に要する時間の和），純利益などが考えられる．微生物反応では収量が問題にされる場合が多い．

## 2.4.2　流加培養

**流加培養**（fed-batch culture）とは，前述したように，培養中ある特定の栄養源（通常は1成分，時には2成分，場合によっては総ての培地成分でもよい）をバイオリアクターへ供給するが，培養ブロスは収穫時までバイオリアクターから抜き取らないような操作方

† OD と混同しないこと．また，DO は英語の助動詞の do ではない．
†† 付録 p.347の（A17）式参照．

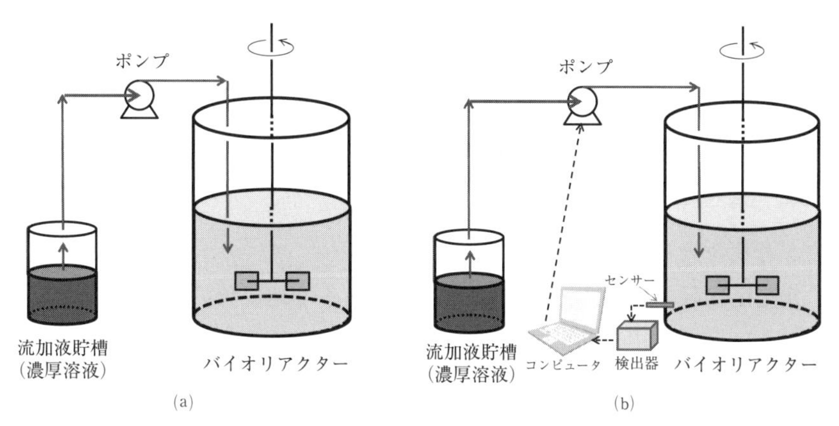


**図2.6**　流加培養の概念図
(a)フィードバック制御のない場合，(b)フィードバック制御のある場合

式である．図2.6に概念的に流加培養を示す．

工業的な微生物反応ではこのような操作をおこなうことが多い．

流加法の利点は，培養中の流加基質濃度を任意に（多くの場合，低濃度に）人間が制御できることである．すなわち，流加基質の**流量**†(feed rate または flow rate）と微生物によるその消費速度との兼ね合い（需給関係）で，希望濃度に制御できる．このことを，一番簡単な培養液量 $v$ が一定と仮定して，以下に説明しよう．

図2.6において，付録の1．「化学工学の基礎概念」で物質収支の（A2a）式を流加基質に対して適用すると，

$$f \cdot s_{in} = \frac{1}{Y_{x/s}} \cdot v \cdot \frac{dx}{dt} + v \cdot \frac{ds}{dt}$$

（流入量）＝　（消失量）　＋（蓄積量）　（流出量＝0）

すなわち，

$$\frac{ds}{dt} = \frac{f \cdot s_{in}}{v} - \frac{1}{Y_{x/s}} \cdot \frac{dx}{dt} \quad (=\text{流入量}-\text{消費量}) \tag{2.27}$$

（2.27）式において，流量 $f$ [$Lh^{-1}$] は人間の手で任意に変えられる．仮にある時間において，

○もし流入量が消費量（消失量）より多ければ，

$\frac{ds}{dt} > 0$ となり，$s$ は増加する（↗）

○逆に，もし流入量が消費量（消失量）より少なければ，

$\frac{ds}{dt} < 0$ となり，$s$ は減少する（↘）

○もし，流入量がちょうど消費量（消失量）と等しければ，

---

†　流量と流速を混同してはならない．流量は単位時間あたりの流れる量であり，流速は流れの速さ [$ms^{-1}$] である．流量には体積流量 [$Lh^{-1}$] や質量流量 [$kgh^{-1}$] がある．詳しくは，付録（p.243の脚注）を参照のこと．

$\frac{ds}{dt}=0$となり，$s$は変わらない（→）.

したがって，流入される基質の流量$f$を人間がうまく変えれば，$s$を増やしたり，減らしたり，一定に保つことができることになる.

(1) 流加法が有利な場合

一般に，代謝産物収率や代謝産物生成速度が，ある培地成分の濃度の高低により著しく影響される場合は，流加法が回分法より有利となる．そのような場合は，以下に示すようにかなり多い.

(a) 高菌体濃度培養（高密度培養）

50～150［(g-DCW)･$L^{-1}$］程度の高菌体濃度を達成しようとする時，それに必要な栄養源を一度に仕込めば高濃度となり，たとえ通常は基質阻害を起こさないと考えられているような基質でも阻害的に作用する．よつて，栄養源は流加しなければならない.

(b) 高濃度基質阻害のある場合

メタノール，酢酸，芳香族化合物など，比較的低い濃度でも増殖阻害を起こす基質の場合は，基質を流加することにより，誘導期の短縮と増殖阻害の軽減が期待される.

また，貧栄養微生物（oligotroph）[†]は，実験室で通常使用される培地では濃度が高過ぎて発育がほとんど起きないが，1／100位の濃度に希釈した培地では増殖する．このような微生物の場合，増殖を持続させるには低い培地濃度を維持しつつ栄養源を流加すればよく，そうすることによって著量の菌体を得ることができる.

(c) グルコース効果の存在する場合

酵母（主としてパン酵母）の培養において，糖濃度が高くなりすぎると，たとえ溶存酸素DO（2.5参照）が十分存在していても，糖からエチルアルコールが生成し，それだけ菌体の対糖収率が低下する．この現象は，グルコース効果あるいは**クラブトリー効果**（Crabtree effect）と呼ばれる．よって，糖濃度は酵母の対糖収率低下をきたさない程度に低く抑えなければならない．パン酵母生産において，流加培養が採用される理由である．遺伝子組換え大腸菌でも酢酸などの有機酸の生成を抑えるため，流加法が適用される[††].

(d) 異化物抑制（カーボンカタライト抑制，CCR）を受ける場合

グルコースのように容易に資化される炭素源で微生物を培養すると，ある種の酵素，特に資化されにくい炭素源の異化代謝に関係する酵素（群）の生合成は抑制させる.

この現象は**異化物抑制**（catabolite repression）と呼ばれる．そのような酵素生合成の抑制効果に打ち勝つ1つの強力な手段か流加法であり，これによって，糖濃度を低下させ，

---

† 外洋やきれいな河川では栄養源は極めて少なく，そこに生息する微生物群は生きてはいるけれど，増殖はほとんどしていない．このような貧栄養微生物の多くは，実験室で通常使用される培地では培養できない，すなわち，生きているけれども培養できない（VNC或いはVBNC，viable but non-culturable）微生物と呼ばれている微生物の範疇に入る.

†† 大腸菌や枯草菌などの細菌の培養においても，糖濃度が高いと，酢酸，乳酸，蟻酸などの有機酸が副生し，増殖阻害や代謝活性低下をもたらす．これを，細菌クラブトリー効果（bacterial Crabtree effect）という.

増殖を抑え，酵素生成は脱抑制されるのである．また，ペニシリンなどの抗生物質の生合成代謝にも異化物抑制効果がみられ，流加法は収量の向上をもたらした．

(e)　栄養要求性変異株（auxotroph mutant）を用いる微生物反応

栄養要求性変異株を用いる微生物反応では，要求される物質を過剰に加えると，菌体増殖のみか起こって，目的代謝産物の生成は少ない．一方，非常に不足の場合も菌体増殖は抑えられ，その微生物による代謝産物の生成は少ない．したがって，その中間に最適濃度があるはずであり，それを達成するために流加培養が実施されている．例えば，コリネ菌（*Corynebacterium glutamicum*）のホモセリン要求株をL-ホモセリン，あるいはL-スレオニンとL-メチオニンを制限して培養する（栄養要求物質を生育に必用な量よりも少なく与えて培養する）ことにより，著量のL-リジンが培地中に蓄積する．絶えず制限して培養するために，栄養要求物質は流加される．

(f)　遺伝子組換え微生物における抑制性プロモーターをもつ遺伝子発現の制御

抑制性プロモーターでは，培地中にある化合物が存在すると，その化合物（もしくはその代謝産物）がコリプレッサーとしてアポリプレッサーと結合しホロレプレッサーとなり，これが遺伝子上流のオペレーターに結合して転写ができなくなる．しかし，通常その化合物は菌の増殖には必須である．よって，遺伝子発現に好適な非常に低い濃度に保ちつつ培養する．そのため，その化合物は流加される．*trp*（トリプトファン）や*phoA*（リン酸塩）などがその例である（第5章5.1.2の(1)参照のこと）．

(2)　各種流加法

流加法の中心的問題は，何を流加するかということと，それをいかに流加するかということである．前者に対しては，最も効果のある基質を流加すればよいが，それには微生物生理学，生化学，遺伝学，分子生物学などの知識を必要とする．後者に関しては，流加方式により表2.7のように分類することができる．

流加培養の基本的収支式は，流加液が加えられと培養液が増加して一定ではないことを考慮して，図2.6においてバイオリアクター全体に対して物質収支（付録1.「化学工学の基礎」参照のこと）を取る．

**表2.7**　流加培養の分類

| | |
|---|---|
| (1)　フィードバック制御のない流加法 | |
| 1.1　定流量流加法 | 1.3　最適化流加法 |
| 1.2　指数的流加法 | 1.4　間欠流加法 |
| (2)　フィードバック制御のある流加法 | |
| 2.1　間接的 | 2.a　定置制御 |
| 2.2　直接的 | 2.b　プログラム制御 |
| | 2.c　最適制御 |
| | 2.d　知的制御<br>（MP，DP，FCなど） |

微生物の増殖速度は，

$$\frac{d(vx)}{dt}=\mu\cdot vx \tag{2.28}$$

流加基質の収支式は，付録の物質収支式（A2a）式を流加基質に適用して，

$$\frac{d(vs)}{dt}=f\cdot s_{\mathrm{in}}-\frac{1}{Y_{x/s}}\cdot\frac{d(vx)}{dt} \tag{2.29}$$

（蓄積項）=（流入項）−（消失項）　（流出項はゼロ）

培養液体積の増加を表す式は，

$$\frac{dv}{dt}=\alpha f \tag{2.30}$$

ただし，$\alpha$ は流加による培養液の増加係数である†.

(1)　フィードバック制御のない流加法

この方式では，基質の流量はあらかじめ設定された通りに変化する.

(a)　最も簡単な $f(t)$ は $f$ を一定すること（$f$=const.）である．これを**定流量流加法**（constantly fed-batch culture）という．この流加方式の特徴は，微生物の直線増殖（linear growth）が見られることである．すなわち，

$$\frac{d(vx)}{dt}=k_l(=Y_{x/s}\cdot fs_{in})\ (\text{一定}) \tag{2.31}$$

ただし，$k_l$ は直線増殖速度定数［g-DCWh$^{-1}$］である．一般に，この直線増殖期では基質濃度はきわめて低くなっている．図2.7(a)に実施例を示す．培養後半に直線増殖が認められている．

(b)　次に，微生物の増殖は理想的には時間に対して指数関数的であるから，流量も時間に関して指数的に増加させる方式がある．これを**指数的流加法**（exponentially fed-batch culture）という．この場合，次の条件を満足させると，

$$f=\frac{\mu}{Y_{x/s}(s_{in}-\alpha s_0)}\cdot v_0x_0\cdot e^{\mu t}\fallingdotseq\frac{\mu}{Y_{x/s}\,s_{in}}\cdot v_0x_0\cdot e^{\mu t} \tag{2.32}$$

(i) $s=s_0$ となり，$s$ は培養期間中一定に保たれ，(ii)微生物の比増殖速度 $=\mu$ となり，$\mu\leq\mu_{\max}$ の範囲で外部から任意に制御できる，という2つのユニークな特性がある．この2点から，指数的流加法はケモスタット（2.4.3参照）に類似している．ただし，$s_0$（流加開始時点での基質濃度）を $\mu$ に対応して低くしておく必要がある．(2.32) 式は，(2.29) 式に $vx=v_0x_0e^{\mu t}$ を代入し，$ds/dt=0$，すなわち，$s$ = 一定，である条件として得られる．(2.32) 式では，$f\propto e^{\mu t}$ ではなく，$f\propto \mu e^{\mu t}$ となっていることに注意しよう．培養液量（$v$）の経時変化は，$\alpha$ = 一定とすれば，(2.32) 式を (2.30) 式に代入して，定積分（$[0, v_0]\sim[t, v]$）す

† $\alpha$=1としがちであるが，培養液の増加はできるだけ抑えるのが賢明である．希薄な水溶液を流加すれば $\alpha$=1であるが，水を供給しても培養液が水で薄まり培養の全液量が増えるだけで利点は何もない．できるだけ濃厚な液を流加する方がよい．メタノールやグリセロールなど基質そのものだけを流加することもあり，その場合は $\alpha\fallingdotseq 0$ である．グルコースの場合も，600-700g/L という溶解度ぎりぎりの濃厚な液を流加するのがよい．

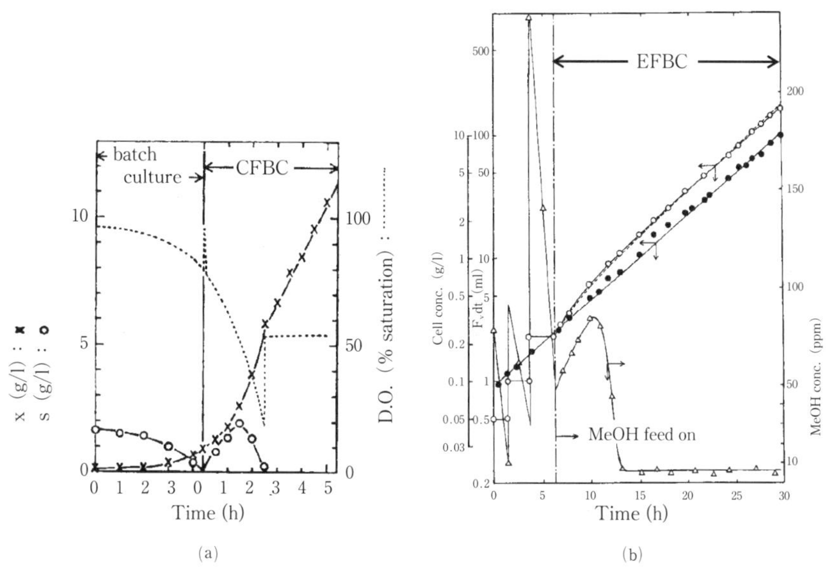


**図2.7** 定流量流加法（CFBC）と指数的流加法（EFBC）の実施例
(a)CFBC，流加基質はグリセロール（T. Yamane & S. Hirano, *J. Ferment. Technol.*, 55, 380（1977））.
(b)EFBC，流加基質はメタノール（T. Yamane, M. Kishimoto & F. Yoshida, *J. Ferment. Techno.*, 54, 229（1976））.

れば得られ，菌体濃度度 $(x)$ の経時変化もこの $v$ の式と $vx=v_0x_0e^{\mu t}$ から得られる．図2.7(b)に実施例を示す．

以上の2方式は基本的な流加方式として意義があるが，代謝産物を生産しようとする場合は流加の変化は最適化されているべきである．

(2) フィードバック制御のある流加法

この方式でも，(2.28)～(2.30) 式は成立する．しかし，フィードバック制御があるので，厳密な収支式は必要としない．この操作方式は，

(a) 直接的のもの（培養液中の流加基質濃度を連続的あるいは間欠的に測定して，それを制御指標とする方式）と，

(b) 間接的なもの（可観測なパラメータを制御指標とする方式．パラメータとしては，pH, DO，$q_{O_2}$，$RQ$，濁度，アンモニア添加量，排ガス中の$CO_2$濃度などがある.），に分類できる．

(3) 高密度培養

2.3.3で述べたように，微生物・細胞反応によって生産される有用代謝産物は，細胞内にある場合と細胞外に分泌される場合に大別される．前者の場合はバイオリアクター内の全生産量は存在する細胞量 $vx$ に比例する．後者の場合は，$q_p$ が不変であれば，$p=$

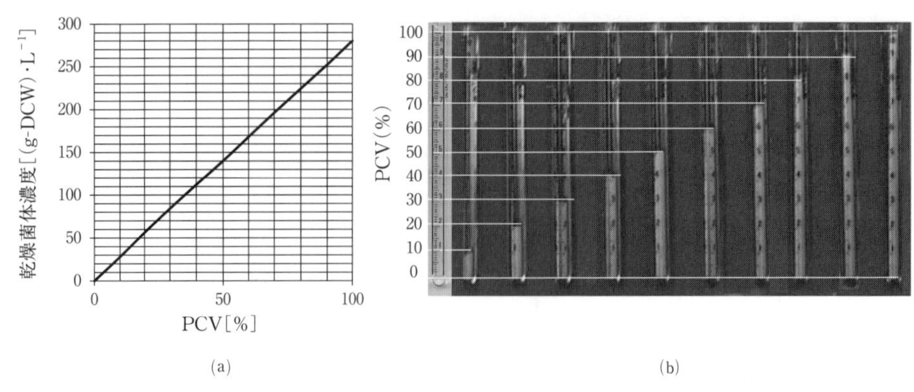


**図2.8**　PCV 対乾燥菌体濃度
(a)PCV（Packed Cell Volume）[％] vs. 乾燥菌体濃度［(g-DCW)・L$^{-1}$］の関係（酵母の場合）
(b)微生物（酵母）の懸濁液を細いガラス管中で遠心分離した状態を示す写真
（一番左は使用した目盛り付きガラス製遠沈管を示す．
また，一番右の PCV＝100％は遠心分離しても上澄液が得られない状態を示す．）

$q_p\int xdt$ となり，$x$ の増大とともに $p$ は高くなる（$\int xdt$ を積分菌体濃度という）（しかし細胞量のみを増大させても，$Y_{p/x}$ はあまり変わらないから原料コストはかえって増大する恐れもある）．一般に，**高密度培養**（high-cell-density culture あるいは dense culture）によって，目的代謝産物濃度の増大，バイオリアクターの小型化，容積生産性の増大，培養廃液量の減少，目的代謝産物の分離・精製コストの低減などが期待できる．

また，クオラムセンシングフェロモンを菌体外に産生する微生物群では，低い菌体濃度ではフェロモンの濃度が低く，いくつかの遺伝子は発現しないで休眠状態にあるが，菌体濃度を高くするとフェロモン濃度が高まって，様々な遺伝子が発現して特定の物質生産が高まったり生理的活性が起きる．†

深部培養における高菌体濃度とはどの程度であるかは，ブロス（broth）中で微生物細胞が占める体積の割合がどの程度であるかを見るとよく理解できる．図2.8(a)にパン酵母の

† クオラムセンシング（quorum sensing）とは，微生物が自己の密度（仲間が周りにたくさんいること）を感知する仕組みのことで，細胞密度検知機構あるいは細胞密度応答機構と訳されている．いくつかの微生物（放線菌や枯草菌など）でよく研究されている．その仕組みとは，彼らが産生し細胞外に放出する極微量の化合物（多くの場合低分子有機化合物）すなわちフェロモン（pheromone）が関与している．

クオラムセンシングを行う細菌は細胞内でオートインデューサー（autoinducer）と呼ばれる物質を産生している．オートインデューサーは，細胞内で転写制御因子に作用して，特定のタンパク質の合成を促進する働きを持っているが，自分自身の細胞内で働くだけでなく，菌体外にも分泌され，それが他の細胞内に取り込まれることによって，その細胞にも作用する．

少数の菌だけが生息している環境では，細胞内で合成されたオートインデューサーは細胞外に拡散し，結果的に細胞内の濃度は低くなる．このためこのような環境ではオートインデューサーによる転写促進はほとんど働かない．このような少数の微生物の存在環境では，遺伝子は休眠しているのである（休眠遺伝子）．しかし多数の菌が生息している環境では，これらの菌が環境中に分泌するオートインデューサーの細胞外培養液中の濃度も必然的に上がり，細胞内の濃度も上昇する．このことによってオートインデューサーによってコントロールされている遺伝子の転写が促進され，その濃度が一定以上になったときに特定の物質産生や生理的活性が起きる．このような化学的に微生物がその環境中の存在密度を検知する機構は「クオラムセンシング」と名付けられ，そのような機能を持った低分子化合物はクオラムセンシングフェロモンと呼ばれている．クオラムセンシングフェロモンはオートインデューサーと同義である．また，放線菌の場合は，同じ意味でオートレギュレーター（autoregulator）という言葉も使われている．

懸濁液を遠心分離したときの湿潤菌体の占める体積［%］（すなわち，PCV）と乾燥菌体濃度［(g-DCW)·$L^{-1}$］との関係を示し，その時の遠心分離の様子（写真）を(b)に示す．遠心分離しても総てが湿潤菌体層で上澄液が得られない状態は乾燥菌体濃度で280［(g-DCW)·$L^{-1}$］位であることがわかる．これが物理的に上限であるが，このような高密度を深部培養で得ることはできない．高密度培養では50-100［(g-DCW)·$L^{-1}$］に達するが，このときは遠心分離時の湿潤菌体層の割合は全体の15～20%であることがわかる．高密度培養を達成する方法は，増殖阻害物質が蓄積しない場合と蓄積する場合とで異なる．

(a)　阻害物質が蓄積しない場合

増殖に好適な環境条件を保ちつつ高密度を達成するためには，増殖に必要な総ての栄養素を過不足なく流加しなければならない．そして，好気性微生物の高濃度化のためには，増大する酸素需要を満たすように高性能のバイオリアクターが必要となる．もっとも不足になりがちなのはDOである．DOは数ppm以上に維持する必要があるが，高すぎても望ましくなく，おおむね10 ppm以下にすべきであろう．

(b)　阻害物質が生成する場合

微生物の増殖に対して阻害的に作用する代謝産物が生成・蓄積する場合は，まず，生成・蓄積する生化学的機構を明らかにして，遺伝子レベルでそれを抑えることが可能であれば，それを試す．目的代謝産物が増殖を阻害する場合も多いが，その場合は，透析，抽出，濾過，浸透気化，ガス放散，晶析†などが試みられている．

**〈トピック2.3〉　流加法の由来**

パン酵母生産は重要な流加培養の一つである．ドイツ語では‘Zulaufverfahren’という．‘Zulauf’という名詞は‘zulaufen’「液体がつぎ足される」という意味の動詞に由来する．‘Verfahren’は「やり方，方法，方式」という意味である．この用語を使ったパン酵母製造法がドイツ特許（DE583760）として1933年に公開されており（出願は1925年），これが流加法に関する世界最初の文献であろう．日本でパン酵母製造が盛んになるのは第2次世界大戦後であるが，戦前と戦争直後の日本はドイツ技術の影響を強く受けていたから，この用語を「流加法」と訳したのであろう．名訳である．しかし，最初に流加法という用語が現れた文献ははっきりしない．‘fed-batch’という英語を使った最初のオリジナル論文は1973年に著者等が発表した論文である．今日では，‘fed-batch culture’が一般に使われている．英語が世界共通の国際語となったからである．

† 乳酸発酵で，生成する乳酸をカルシウム塩にすると，この塩は溶解度の温度依存性があり，適当な培養温度では溶解した乳酸濃度はある値以上にはならないで，大部分を結晶として析出させることができる．（T. Yamane and R. Tanaka, *J. Biosci. Bioeng.*, 2013, **115**: 90-95.）

### 2.4.3　連続培養

**連続培養**（continuous culture）とは，図2.9に示すように，バイオリアクターに連続的に培地を供給し，同時に連続的にバイオリアクターからブロスを同量取り出す操作である．微生物増殖の自己触媒的性質のゆえに，完全混合槽型バイオリアクター内に微生物が存在するならば，流入培地中に微生物が存在しなくても，ある流量範囲で**定常状態**（steady state）†が達成される．

連続操作が成功している微生物反応は，パン酵母，微生物タンパク（SCP）のような菌体か，グルコン酸のような一次代謝産物か，あるいはエタノールや乳酸のように比較的多量に生産される代謝産物である．

完全混合槽型バイオリアクターの連続操作で定常状態を達成する方法はいくつかあるが，このうち**ケモスタット**（chemostat，「ケモ」とは化学のことであり，「スタット」とは一定という意味である.）が最も簡単であり，よく実施されるので，これについて述べる．

(1)　ケモスタットの理論

図2.9示したような単一完全混合槽型培養系を考えよう．流入液は増殖に必要な栄養物をすべて含み，そのうち一種類の成分（**増殖制限基質**，growth-limiting substrate）のみが増殖を律速しており，他は阻害が起こらない程度に十分存在していることが，ケモスタットの唯一の仮定である．定常状態において，菌体，増殖制限基質，および代謝産物の収支式は（付録の1.3.3「収支の概念」参照．閉空間としてバイオリアクター全体とる.），

$$0 = f\tilde{x} - \tilde{r}_x v \qquad (2.33)$$

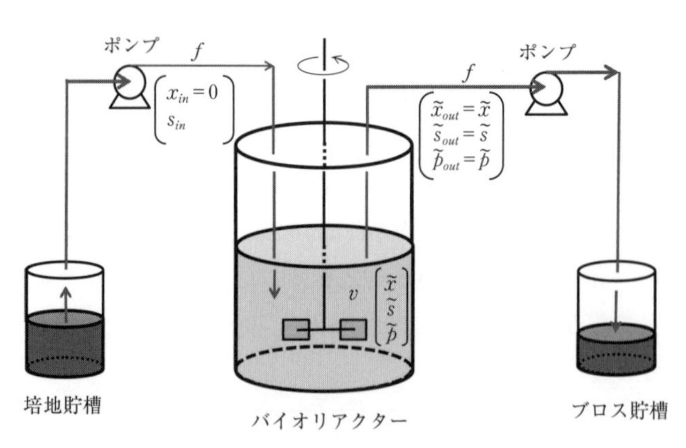


**図2.9**　単槽ケモスタット
$f$ ：流入培養液の体積流量＝流出ブロスの体積流量
$s_{in}$：流入培養液中の増殖制限基質濃度
$v$ ：槽内ブロス体積
$\tilde{x}$, $\tilde{p}$, $\tilde{s}$：定常状態における $x, s, p$

† 菌体濃度と総ての培地成分の濃度と総ての代謝産物濃度が時間的に変化しないで一定となる状態．

0＝(流出量)－(増殖量)

$$f s_{in} = f \tilde{s} + \tilde{r}_s v \tag{2.34}$$

(流入量)＝(流出量)＋(消費量)

$$0 = f \tilde{p} - \tilde{r}_p v \tag{2.35}$$

0＝(流出量)－(生成量)

ただし，$\tilde{}$ は定常状態における値であることを示す．$\tilde{r}_x = \tilde{\mu}\tilde{x}$，$\tilde{r}_s = \tilde{q}_s \tilde{x}$，$\tilde{r}_p = \tilde{q}_p \tilde{x}$，を用いて，(2.33)～(2.35) を書き直すと，

$$\tilde{\mu} = \frac{f}{v} \ (\equiv D) \tag{2.36}$$

$$\tilde{x} = \frac{D(s_{in} - \tilde{s})}{\tilde{q}_s} \tag{2.37}$$

$$\tilde{p} = \frac{\tilde{q}_p \tilde{x}}{D} \tag{2.38}$$

$D$ [h$^{-1}$] は**希釈率** (dilution rate) とよばれ，空間速度 (space velocity，略して SV)†に等しく，また平均滞留時間 (mean residence time)†の逆数に等しい．

ケモスタットでは，最も重要な式は (2.36) 式であり，$\tilde{\mu} = D$ は数学の式としては最も単純な式（これ以上単純な式はない！）であるが，その意味するところを理解することが大切である．培地の供給流量 $f$（物理量）を人間の手で変えることによって $\mu$（生物の持つ重要な生理学的変数）を任意のレベルに制御できることを意味する．

$Y_{x/s}$，$Y_{p/s}$，$\tilde{q}_s$，$\tilde{q}_p$ をまとめて示すと，

$$Y_{x/s} = \frac{\tilde{x}}{s_{in} - s}, \quad Y_{p/s} = \frac{\tilde{p}}{s_{in} - \tilde{s}}, \quad \tilde{q}_s = \frac{D(s_{in} - \tilde{s})}{\tilde{x}}, \quad \tilde{q}_p = \frac{D\tilde{p}}{\tilde{x}} \tag{2.39}$$

一般に，$\mu = f(s)$ と $q_s = g(\mu)$ と $q_p = h(\mu)$ の 3 者が明らかになっていれば，バイオリアクター出口の $\tilde{x}$，$\tilde{s}$，$\tilde{p}$ は予測できる．単純モノー系（増殖速度式としてモノーの式 ((2.12) 式）が成立し，$Y_{x/s}$ が $\mu$ に依存せず一定）の場合が最も簡単である．このときは，

$$\tilde{\mu} = \frac{\mu_{\max} \tilde{s}}{K_s + \tilde{s}} \tag{2.40}$$

であるから，(2.40) 式を $\tilde{s}$ について解いて，(2.36) 式を用いると，

$$\tilde{s} = \frac{K_s D}{\mu_{\max} - D} \tag{2.41}$$

また，(2.39) 式の最初の式に (2.41) 式を代入して $\tilde{x}$ について解くと，

$$\tilde{x} = Y_{x/s}\left(s_{in} - \frac{K_s D}{\mu_{\max} - D}\right) \tag{2.42}$$

さらに，$Y_{p/s}$ が一定の場合は，(2.39) 式の 2 番目の式より，

$$\tilde{p} = Y_{p/s}\left(s_{in} - \frac{K_s D}{\mu_{\max} - D}\right) \tag{2.43}$$

† 反応工学では $f/v$ を空間速度，その逆数を平均滞留時間と呼んでいる（3.4節参照）．

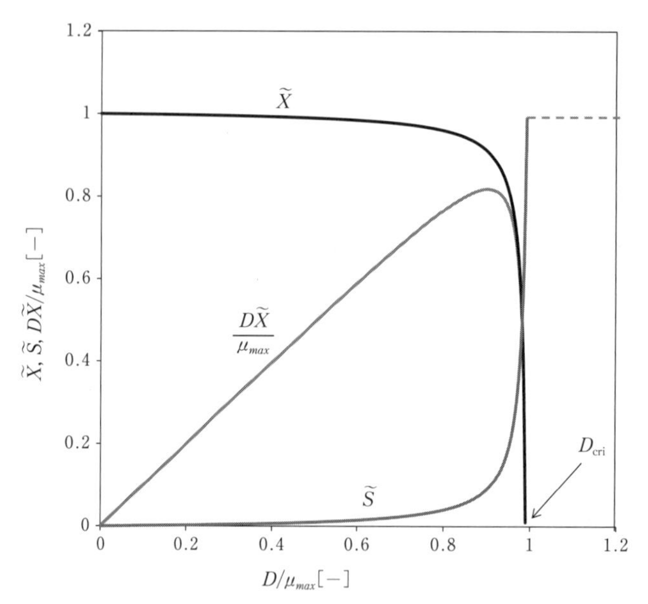


**図2.10**　ケモスタットのプロフィール（単純モノー型培養系，$K_s/s_{in}=0.01$の場合）
$\widetilde{X}\equiv\widetilde{x}/(Y_{x/s}s_{in}), \widetilde{S}\equiv\widetilde{s}/s_{in}$

単位時間あたり単位液量あたり収穫される菌体量すなわち菌体の生産性 $D\widetilde{x}$ は,

$$D\widetilde{x}=Y_{x/s}D\left(s_{in}-\frac{K_sD}{\mu_{\max}-D}\right) \tag{2.44}$$

ケモスタットの操作変数は $s_{in}$ と $D$（バイオリアクターの $v$ を一定とすれば$f$）であるが, $D$ には制約がある．それは, $\widetilde{x}>0$でなければならないからである．この条件を (2.42) 式にあてはめると,

$$D<\frac{\mu_{\max}s_{in}}{K_s+s_{in}}(\equiv D_{cri}) \tag{2.45}$$

(2.45) 式は $D$ の上限を規定し, $D$ が**臨界希釈率**（critical dilution rate）$D_{cri}$ より高いならば，槽内の微生物はすべて洗い流されてしまい，0となりもはや連続培養は無意味となる．この現象はウオッシュアウト（washout）とよばれる．一般に $s_{in}\gg K_s$ で実施されるから，(2.45) 式は $D_{cri}\cong\mu_{\max}$ と考えてよい．

図2.10に (2.41), (2.42), (2.44) 式で表されるケモスタットの挙動をして示す．

以上の記述で $Y_{x/s}$ は一定としたけれども，実測される $Y_{x/s}$ (2.39) 式で計算）はしばしば $D$ の低い領域や高い領域で減少することが認められている．

(2) リサイクルのあるケモスタット

バイオリアクターからの流出液中の菌体を一部再循環（リサイクル，recycle）すると，単純なケモスタットの性能が向上する．すなわち，$D_{cri}$ が増加し $D$ を大きくでき，また $\widetilde{x}$ が増大する．リサイクルする方法としては，重力沈降，遠心分離，膜分離などがある．凝集性酵母などで試みられている．また，生物的廃水処理で最も一般的で都市下水の処理に大規模に実施されている活性汚泥法（activated sludge process）では普遍的である．菌体に相当する汚泥（フロック）が最終沈殿池下部から取り出されその一部が返送汚泥として曝気槽（エアレーションタンク，aeration tank）に返送され，残りは余剰汚泥（excess sludge）として取り出される．

(3)　高密度連続培養（high-cell-density continuous culture）

（2.4.2）の流加培養の項で高密度培養に述べたが，連続培養においても，バイオリアクター内の菌体濃度を高くすれば，さらに生産性は高くなる．その方法としては，ｉ）上述のように菌体をリサイクルするか，ⅱ）単純ケモスタットで $s_{in}$（流入増殖制限基質濃度）を高くする（(2.42) 式参照），の２つの方策がある．

# 2.5 酸素に係わる諸問題と微生物培養用バイオリアクター

微生物反応は水中で微生物の増殖に伴って起こる反応であるが，好気性微生物の場合は呼吸や基質の酸化に酸素を必要とする．この酸素は空気を連続的に気泡状態で吹き込む（**通気**という．なお，廃水処理で最も一般的な活性汚泥法では**曝気**と呼んでいる．いずれも英語は aeration,「エアレーション」と発音する）ことによって供給される．酸素は水に対しては難溶性気体であり，常温では1気圧の空気（酸素分圧は0.21 [atm]）と平衡な純水中の**溶存酸素濃度**（dissolved oxygen concentration, DO と略称）はわずか10 ppm（= [$mgL^{-1}$]）以下†であり，きわめて低い．

ところが，微生物培養系では1 mL 中に1億～10億の細胞が存在しており，それら細胞集団の酸素需要はきわめて（自然の生態系と比較すると異常に）高くなる．もし培養中通気を停止すると，数秒も経たぬうちに DO は0となってしまい，微生物は酸欠に陥って，生産性はがた落ちとなる．したがって，この高い酸素需要をいかに経済的に満たすかが大きな問題となる．一般に微生物反応は化学反応より長時間を要し，生産原価に占めるランニングコストは意外に大きいが，そのコストの大部分は必要な酸素を供給するための通気・攪拌のコストである．バイオリアクターに送りこまれた空気中の酸素のうち，実際に微生物に消費された割合を概算してみると，きわめて低い（20％以下の場合が多い）のに驚く．大部分は利用されずに素通りしているのである．

供給された空気の気泡（気相）から培養液（液相）中の微生物細胞までの酸素分子の移動過程を見ると，概略図2.11(a)のようである．気相本体から気液界面に移動し界面で液相に溶解し液本体中を移動し細胞に至り，原核細胞では細胞膜で呼吸鎖の末端酸化酵素で酸素分子は水分子になる．真核細胞では，細胞内をさらに移動してミトコンドリアで内膜クリステに埋め込まれた呼吸鎖酵素でやはり水分子になる．

## 2.5.1 酸素に係わる諸問題

### (1) 酸素移動（酸素吸収）

気泡から培養液への酸素移動は，気相から液相へ溶解成分が一方向に拡散するような物

† 正確には，30℃で7.53 ppm および37℃で6.86 ppm．これらの値は記憶しておくとよい．培地のように様々な無機塩や有機物質が溶解していると，この値より少し低くなる．

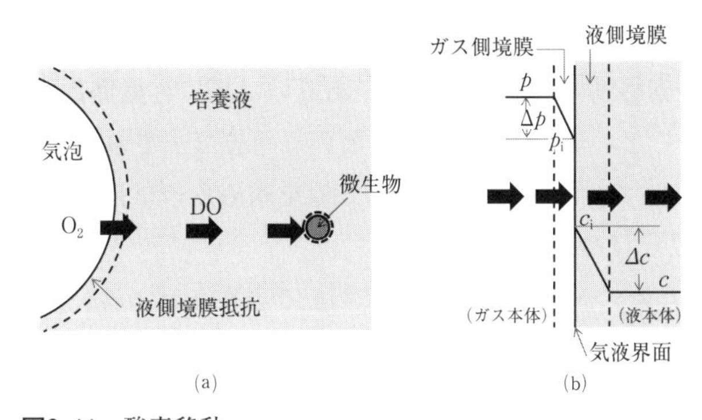


図2.11　酸素移動
(a)微生物反応系における酸素移動過程　(b)2重境膜説

質移動（mass transfer）の一種であり，化学工学のガス吸収（gas absorption）という単位操作で詳しく研究されてきた．物質移動速度の機構としては，ワットマン（W. G. Whitman）によって提案された定常モデルとヒグビー（R. Higbie）によって提唱された非定常モデルが主要な理論であり，前者は**2重境膜説**（two-film theory），後者は浸透説（penetration theory）として知られている．工学的には前者が簡便であり好気的バイオリアクターの設計・運転には主としてこれが適用される．定常モデル（2重境膜説）では，気液両相の本体内では溶解ガスは主として対流によって運ばれるが，気液界面に沿って図2.11(b)で示したようにガス側と液側に乱れのない薄い境膜（film）が存在し，溶解ガスは両境膜内を分子拡散（molecular diffusion）のみで移動すると考える．すなわち，移動の抵抗はガス側境膜と液側境膜だけにあるとする．酸素移動に関した結論では，液側境膜抵抗支配（liquid-side resistance controlling）であり（すなわちガス側境膜拡散抵抗≪液側境膜拡散抵抗），移動流束（単位界面積あたりの移動速度，flux）$N$ [$\mathrm{mol \cdot m^{-2}s^{-1}}$] あるいは [$\mathrm{gm^{-2}h^{-1}}$] は次式のように表される．†

$$N=k_L([\mathrm{DO}]^*-[\mathrm{DO}]) \tag{2.46}$$

$k_L$ を**液側境膜物質移動係数**（mass transfer coefficient in liquid film）という．また，$[\mathrm{DO}]^*$ は気相中の酸素分圧と平衡な培養液中の溶存酸素濃度であり，[DO] は実際の溶存酸素濃度である．$k_L$ の単位は [$\mathrm{cms^{-1}}$] あるいは [$\mathrm{mh^{-1}}$] である．

$N$ は気液界面の単位断面積あたりの移動速度すなわち流束であるが，実際のバイオリアクターでは酸素移動の面積（気液接触面積）を考えねばならない．そこで，単位面積についてではなく，培養液の単位体積あたりについての酸素移動速度を考える．単位体積あたりの酸素移動速度は**酸素吸収速度**（oxygen absorption rate，略してOAR）または**酸素移動速度**（oxygen transfer rate，略してOTR）[$\mathrm{mol \cdot L^{-1}h^{-1}}$] または [$\mathrm{gL^{-1}h^{-1}}$] とよばれる．単位体積当たりの界面積（比界面積，specific interfacial area）を $a$ [$\mathrm{m^2/m^3}$] とすると，(2.46) 式より，

† 詳しくは山根恒夫著「生物反応工学」第3版2.6節を参照のこと．なお，「流束」と「流速」とは発音は同じであるがそれらの意味の違いを正しく理解して欲しい．付録1.3.2を参照のこと．

$$\mathrm{OAR} = aN = k_La([\mathrm{DO}]^* - [\mathrm{DO}]) \tag{2.47}$$

$k_La$をまとめて酸素移動の液側容量係数，あるいは単に**容量係数**（volumetric coefficient of oxygen transfer）といい，通常［$h^{-1}$］という単位で表される．実際の吸収実験から得られる値は$k_La$であって，$k_L$と$a$を分離して値を求めるのは困難であるから，このようにひとまとめにすることはやむを得ない．

好気的バイオリアクターの装置的性能は$k_La$で表現され，$k_La$が高い装置ほど性能は優れている．性能を向上させるためには，$k_L$か$a$を増加させればよい．一般に$k_L$は液の流動特性に影響されるが，実装置におけるその依存性は強くなく1［$mh^{-1}$］前後と考えてよく，$k_La$の大小を決めるのは主として$a$の大小である．$a$を高めるには，通気攪拌槽であれば，通気量を増やすか，攪拌速度を上げるか，あるいは両方を行う．通常$k_La$は数百（高くて千）［$h^{-1}$］である．(2.47)式から，OARを高めるには，$k_La$を高くするか，推進力（driving force）であるところの（［DO］*－［DO］）を高める．そのためにはバイオリアクターの内圧を高めるか，酸素富化ガスを供給するか，あるいは両方をおこなう．

酸素のような難溶性気体の溶解度はヘンリーの法則に従い，

$$[\mathrm{DO}]^* = Hp_{O_2} \tag{2.48}$$

$k_La$を実測するには，窒素ガスを吹き込んで脱酸素してその後通気してDO電極でDOの経時変化を連続的に測定する方法や硫酸銅を触媒とする亜硫酸ソーダ酸化法などがある．

(2)　酸素消費速度，呼吸速度，臨界酸素濃度

**酸素消費速度OUR**（$= r_{O_2}$）と呼吸速度$q_{O_2}$については，既に2.3.4の(4)で定義した．

$$\mathrm{OUR} \equiv r_{O_2} = q_{O_2} \cdot x \tag{2.49}$$

$q_{O_2}$の推算に対しては，微生物反応に対する量論式で燃焼反応に基づいた収支式から導かれる式がある．

$$q_{O_2} = \left(\frac{1}{Y_{x/s}} A - B - \frac{Y_{p/s}}{Y_{x/s}} C\right)\mu \tag{2.50}$$

ただし，$A$，$B$，$C$は基質，乾燥菌体，代謝産物それぞれの1gを完全燃焼するに要する酸素量である．$B$としては，1.33［$g_{O_2} \cdot (g\ \mathrm{DCW})^{-1}$］という値が提唱されている．その時々の$q_{O_2}$を実測するには，培養中の微生物を集菌し，その時の培養上澄液で適当に希釈して，培養温度と等しい温度にした容器に入れ密封しDO電極でDOの経時変化を追跡すると，図2.12のような曲線を得る．DOがある値，$[\mathrm{DO}]_{cri}$以上では直線的に減少し，その傾きから$q_{O_2}$が求められる．しかし，$q_{O_2}$は$[\mathrm{DO}]_{cri}$以下では$q_{O_2}$はDOに依存しDOの低下につれてほぼ双曲線的に減少する．$[\mathrm{DO}]_{cri}$を臨界溶存酸素濃度（critical dissolved oxygen concentration）という．一般に$[\mathrm{DO}]_{cri}$は空気飽和値の数%以下である．

(3)　微生物培養系における溶存酸素の変化

培養中の酸素の移動過程は図2.11(a)のようであるが，回分培養でDOの変化を考察し

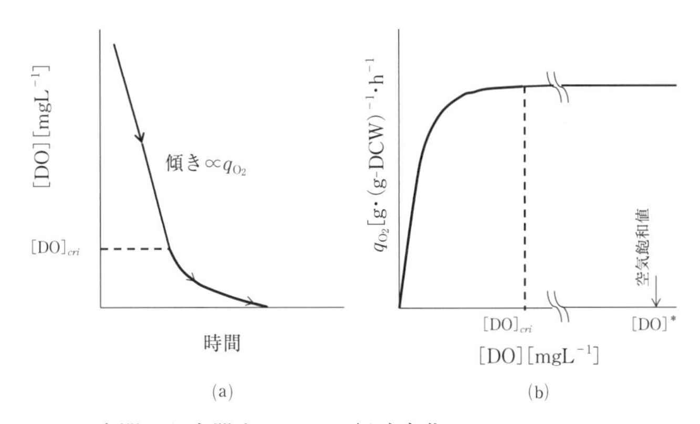


**図2.12**　密閉した容器中のDOの経時変化
(a)経時変化，(b)(a)の曲線の傾きから計算した$q_{O_2}$の[DO]依存性

よう．ある培養時刻$t$における酸素の収支式は，

$$\frac{d[DO]_t}{dt}=\mathrm{OAR}-\mathrm{OUR}$$

$$=k_La([DO]^*-[DO]_t)-(q_{O_2})_t\cdot x_t \tag{2.51}$$

（蓄積量）＝　（流入量）　－（消費量）

ところが，一般に，培養系ではDOの変化はゆるやかであり，擬定常状態が成立し†，$d[DO]_t/dt \fallingdotseq 0$である．よって，

$$k_La([DO]^*-[DO]_t)-(q_{O_2})_t\cdot x_t=0$$

この式より，

$$[DO]_t=[DO]^*-\frac{(q_{O_2})_t\cdot x_t}{(k_La)_t} \tag{2.52}$$

(2.52)式が培養中のDOの変化を示す式であるが，$k_La$が十分高い時と低い時の，DOのプロフィールは概略図2.13ようになる．DOがゼロ近くまで低下した時点以降は，$k_La[DO]^*=(q_{O_2})_t\cdot x_t$であり，$r_{O_2}$は$k_La$で律速される．

[DO]が次の条件を常に満たしていれば，好気的培養条件は保証される．

$$[DO]_{\mathrm{cri}}\leq[DO]\leq[DO]^*_{\mathrm{air}} \tag{2.53}$$

ただし，$[DO]^*_{\mathrm{air}}$は1 atmの空気の酸素飽和値である．

---

† (2.51)式において$x=x_0\cdot\exp(\mu t)$を代入して，初期条件：$k_La([DO]^*-[DO]_0)=q_{O_2}\cdot x_0$の下に解く（一階線形微分方程式になる．付録2.2参照．）と，

$$[DO]_t=[DO]^*-\frac{q_{O_2}x_0}{\mu+k_La}\left\{\exp(\mu t)+\frac{\mu}{k_La}\exp(-k_Lat)\right\} \tag{a}$$

一般に$k_La$は数百[h⁻¹]以上，$\mu$は5[h⁻¹]以下であるから

$$\left(\frac{\mu}{k_La}\right)\exp(-k_Lat)\leq\frac{\mu}{k_La}\ll 1\leq\exp(\mu t) \tag{b}$$

ゆえに，(a)式は，$$[DO]_t=[DO]^*-\frac{q_{O_2}x_0}{k_La}\exp(\mu t) \tag{c}$$

となる．(c)式は，元の(2.51)式において，$d[DO]/dt=0$としたときの$[DO]_t$と同じである．

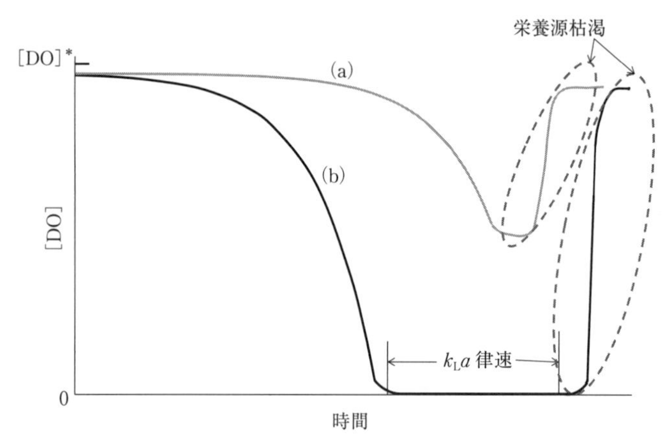


**図2.13** 回分好気培養系における DO の経時変化プロフィール
(a) $k_La$ が十分大きいとき，(b) $k_La$ が小さいとき．

## 2.5.2 微生物反応用バイオリアクター

微生物反応用バイオリアクターの供えるべき最も大切な条件は，雑菌・ファージ汚染を極力防止することである．さらに，病原菌や遺伝的組換え菌を培養する場合は，バイオリアクターの出口から菌がエアロゾルとなって排出しないようにする．バイオリアクターからの排気ガスは焼却炉に入れるか，濾過するなどして，物理的封じ込め（physical containment）をしなければならない．

バイオリアクターは，酸素要求性を基準にして好気的と嫌気的に大別される．嫌気的バイオリアクターは，上記の雑菌・ファージ汚染対策以外は温度と pH 制御のみを考慮すればよく，その設計・運転は容易である．これに対して，好気的バイオリアクターは雑菌汚染対策および温度・pH 制御以外に，できるだけ少ない動力費でできるだけ高い酸素移動容量係数，$k_La$，を与えることが望ましい．この観点から，その性能を評価するパラメータとして，

(i) 最大酸素移動速度（$=(\mathrm{OAR})_{\mathrm{max}}=k_La[\mathrm{DO}]^*$）[$\mathrm{kg\text{-}O_2 \cdot m^{-3}h^{-1}}$]
(ii) 酸素利用率（＝供給された酸素のうち微生物によって消費された割合）[%]
(iii) 酸素移動効率（＝1kg の酸素移動に要する動力）[$\mathrm{kWh \cdot (kg\text{-}O_2)^{-1}}$]

などが使用される．

### (1) 通気撹拌槽

**通気撹拌槽**（aerated agitated tank）は好気的バイオリアクターとしては最もポピュラーな形式であり，その概略の構造およびその周辺機器を図2.14(a)に示す．なお，この形式の実験室規模のバイオリアクターの写真を図2.14(b)に示す．槽の大きさは容量数百 mL から数 L の実験室規模のもの（日本では，ジャーファーメンター，jar fermenter，とよんでいる）から数百トンの工業規模のタンクまである．リアクター内部はステンレス鋼で製作さ

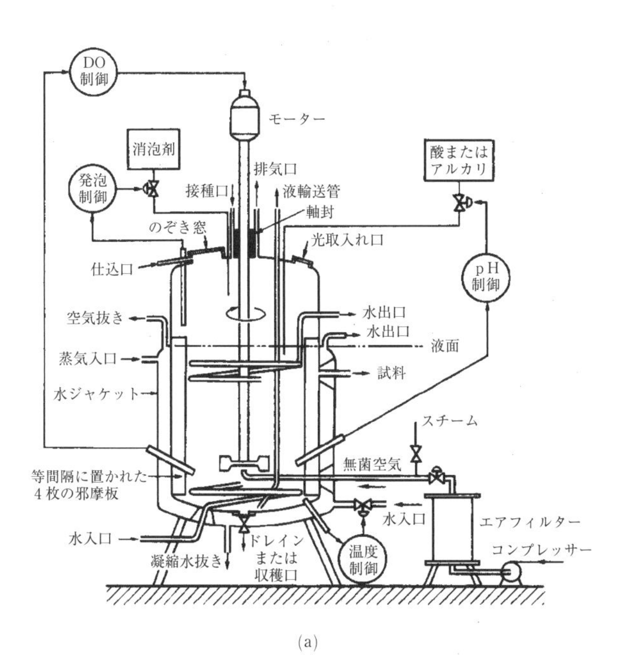


(a)

(b)

**図2.14**　通気撹拌槽の構造
(a)中規模のバイオリアクターの概略構造および周辺機器
(b)実験室規模のバイオリアクター（5L 容量ジャーファーメンター）
（上蓋から pH センサーと DO センサーが挿入されているとともにガラス側壁から濁度センサーが取り付けられている特注品．T. Yamane et al., *Biotechnol. Bioeng*., 39, 550（1992））

れる．撹拌羽根としては図に示したような平羽根タービンかもしくは下羽根タービンが使用される．撹拌羽根を取り付ける軸の支持部は**無菌シール**（軸封，aseptic seal）となっている．底部にスパージャー（sparger）もしくはノズル（nozzle）が設置され，無菌空気が孔径数 mm の孔から吹き込まれ，撹拌羽根によって数 mm 径の細かい気泡に分裂させられ，培養液内に均一に分散させられる．この気泡の分散と液の混合をさらによくするため，4枚ないし6枚の**邪魔板**（baffle plate）が取り付けられている．反応器の60～70％しか培養液を仕込まないが，運転時はガスホールドアップ（gas holdup）のため，液面はかなり上までくる．培養液は泡立ちやすいので，機械的に破泡するための装置か，消泡電極と消泡剤の自動添加装置が付置している．ほかに pH を一定に維持するための制御装置や DO 電極-測定器などが備えられている．ジャケットと蛇管により温度が調節される．

通気撹拌槽は，ｉ）pH や温度などを自動制御しやすい，ⅱ）スケールアップ政策がほぼ確立している，ⅲ）連続培養に適する，等の利点がある．しかし，ｉ）撹拌に要する動力が大きい，ⅱ）内部構造が複雑になるため，装置内の洗浄が不十分となり，雑菌汚染されやすい，また，雑菌汚染の恐れを生じる軸受けが存在する，ⅲ）糸状菌培養では撹拌羽根の剪断力によって菌糸が切断され，細胞が損傷を受けやすい，等の欠点がある．

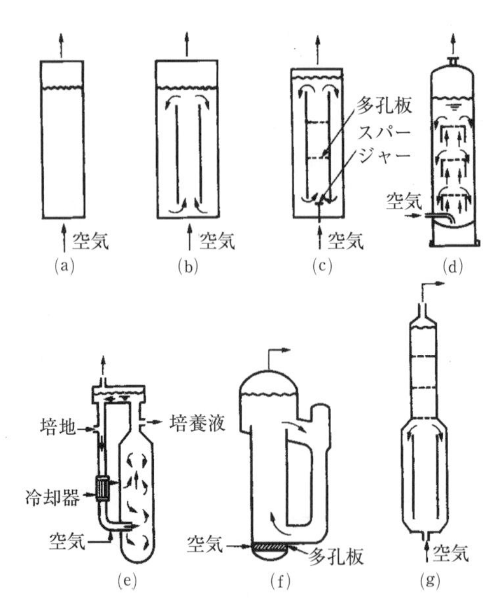


**図2.15**　各種気泡塔の構造

(2)　気泡塔

**気泡塔**（bubble column または airlift）型バイオリアクターの原型は，単に円筒状の塔に底部から空気を吹き込む形式であり，構造はきわめて簡単である（図2.15，(a)）．しかし，種々の変形が報告されている（図2.15，(b)〜(g)）．(b)では塔内にドラフトチューブを備え，液が上下に循環する．

気泡塔は大型になるほど性能が向上する．気泡塔を上述の通気攪拌槽と比較すると，i）構造が簡単である，ii）通気の動力だけで済むので，大型になるほど総消費動力は気泡塔の方が少なくて済む，iii）糸状菌の菌糸の切断が少ない，等の利点がある．

(3)　スケールアップ

**スケールアップ**（規模拡大，scale up）とは，小規模の装置で得られた実験データを工業的実装置で再現する際に生じる種々な問題を解明することである．装置は実験室規模（labo scale）→**ベンチプラント**（bench plant）→**パイロットプラント**（pilot plant）→実装置（full scale）へと順次拡大していく．その際，スケールアップ比とは，相似な装置の代表寸法の比である．スケールアップ実験の目的は，実験室規模の装置で得られたデータ以上の成果が実装置で得られるための手法や技術を確立することである．好気的バイオリアクターのスケールアップ方策で，一定にすべき指標としては，i）単位液量あたりの消費動力，ii）攪拌レイノルズ数，iii）混合時間，iv）攪拌羽根先端速度，v）酸素移動（OAR または $k_La$），vi）DO（小規模バイオリアクターにおける培養時の DO の経時変化を大規模のそれで忠実に再現する方法），などがある．微生物の活性に直接影響するのは DO であるから，vi）が最善であろうが，実現には培養中 DO を変えるために攪拌速度や通気量を自動的に変える必要があり，実現は難しい．よく採用されるのは，v）である．

⑷　固体培養

固体状の基質を用いる培養，すなわち**固体培養**（solid culture）は，我が国や中国，東南アジアにおいて昔から行われてきた独特の培養方法である．我が国では，米，麦，大豆などの穀物類やぬか（糠，精米のとき生じる）やふすま（麬，小麦を製粉するときに篩い分けられる）にこうじ菌（*Aspergillus* sp.）を生やして，こうじ（麹）をつくり，清酒，焼酎，泡盛，甘酒，味淋，醤油，味噌，酵素などの製造に利用している．

a. 固体培養の諸形式

固体培養は，i）むしろの上に固体基質を薄く広げてカビの胞子を接種してその上をむしろなどで覆う麹蓋（きくがい）法，ii）平べったい容器（トレー）に固体基質を広げ植菌し，その容器を多数多くの棚に置き，部屋全体を調温・調湿する方法，iii）堆積通風法，等によって行われている．堆積通風法は，目の細かい金網の上に滅菌した固体状基質を数十 cm に堆積して，植菌後，下から調温・調湿した無菌空気を送る（図2.16）．連続的に固体状基質を殺菌する装置を備えた円形もしくは長方形の巨大な自動製麹装置が多数稼働している．

b. 酒造りと固体培養

日本の清酒醸造では，蒸した米（蒸米）の粒を広げて黄麹菌（*Aspergillus oryzae*）の胞子を散布して麹を作る．これを撒麹（ばらこうじ）という．これに対して，中国の蒸留酒，白酒（パイチュウ）造りでは，コムギ，オオムギ，エンドウマメなどの穀類を破砕し，水で練って煉瓦状またはだんご状にかためて麹を作る．表面にはクモノスカビ（*Rhizopus* sp.）やケカビ（*Mucor* sp.）が生える．これを餅麹（もちこうじ）という．白酒の発酵は，この餅麹と蒸した高粱（こうりゃん）を混ぜ，パサパサの粒状のままで地中に掘った窖（あなぐら）に入れて表面を黄土で覆う．これを窖池（こうち）というが，要するに固体醗酵である．窖池醗酵は五千年以上の歴史を持つ中国独特の技術である．白酒では特に茅台酒（マオタイチュウ）が有名である．

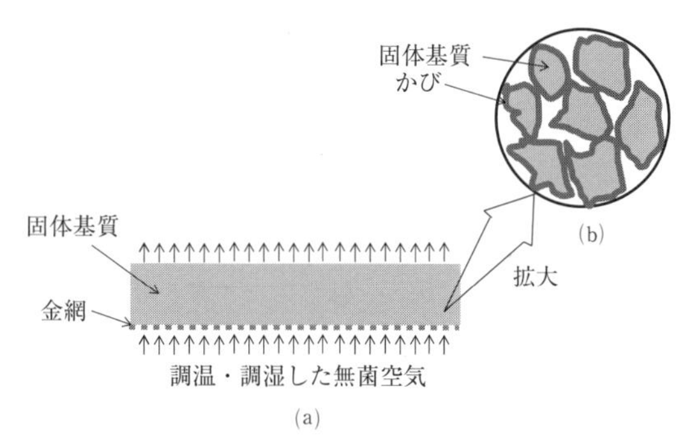


**図2.16**　(a)堆積通風法の概念図．
(b)粒状固体基質表面にカビが生えた状態．

# 2.6 動物細胞の培養工学

動物細胞は微生物生産に比較すると，2.3.1で述べたように比増殖速度が小さく，長時間の培養が必要であること，酸素濃度と炭酸ガス濃度の制御や，アミノ酸，ペプチド，タンパク質成分などを含む高価な培地を用いる必要のあることから，その培養コストは，微生物生産のそれと比べると格段に高い．しかしながら，動物，特にヒトの体内で作られるタンパク質・ペプチドと，アミノ酸配列だけでなく，糖鎖修飾などの翻訳後修飾も同じものが得られるという利点があり，主にタンパク質やペプチドを主成分とするバイオ医薬品製造に汎用されている．表2.8にこれまで日本で認可されたバイオ医薬品の抜粋を示す．近年数多くの抗体医薬などのバイオ医薬品が上市されていることがわかる．

また近年ベクターやプロモーターなどの効率化，培養工学の進歩により，モノクローナル抗体などについては，10 g/L におよぶ高密度生産に成功しており，生産性も高まっている．また細胞そのものを利用する再生医療でも細胞培養技術の重要性は増している．この節では関連する基礎知識と工業生産における留意点を中心に解説する．

**表2.8** 日本で承認された組換え医薬品・細胞培養医薬品

| 分類 (物質名) | 承認年 | 主な適応疾患 |
|---|---|---|
| 酵素 | | |
| t-PA | 1991 | 虚血性脳血管障害，急性心筋梗塞 |
| グルコセレブロシダーゼ | 1998 | ゴーシェ病 |
| $\alpha$ ガラクトシダーゼ A | 2006 | ファブリー病 |
| $\alpha$-L-イズロニダーゼ | 2006 | ムコ多糖症 I 型 |
| 酸性 $\alpha$-グルコシダーゼ | 2007 | 糖原病 II 型 |
| イズロン酸2スルファターゼ | 2007 | ムコ多糖症 II 型 |
| N-アセチルガラクトサミン-4-スルファターゼ | 2008 | ムコ多糖症 IV 型 |
| 尿酸オキシダーゼ | 2009 | がん化学療法に伴う高尿酸血症 |
| DNA 分解酵素 | 2012 | 嚢胞性線維症における肺機能の改善 |
| アルカリホスファターゼ+Fc | 2015 | 低ホスファターゼ症 |
| コラゲナーゼ | 2015 | デュピュイトラン拘縮 |
| 血液凝固線溶系因子 | | |
| 血液凝固第 VII 因子（活性型） | 2000 | 第 VIII 因子又は第 IX 因子に対するインヒビターを保有する血友病 |
| 血液凝固第 VIII 因子 | 1993 | 血液凝固第 VIII 因子欠乏患者における出血傾向の抑制 |

| 分類（物質名） | 承認年 | 主な適応疾患 |
|---|---|---|
| 血液凝固第Ⅷ因子アナログ | 2014 | 血液凝固第Ⅷ因子欠乏患者における出血傾向の抑制 |
| 血液凝固第Ⅷ因子-Fc融合タンパク質 | 2014 | 血液凝固第Ⅷ因子欠乏患者における出血傾向の抑制 |
| 血液凝固第Ⅸ因子 | 2009 | 血友病B（先天性血液凝固第Ⅸ因子欠乏症）患者における出血傾向の抑制 |
| 血液凝固第Ⅸ因子-Fc融合タンパク質 | 2014 | 血液凝固第Ⅸ因子欠乏患者における出血傾向の抑制 |
| トロンボモデュリン | 2008 | 汎発性血管内血液凝固症（DIC） |
| アンチトロンビン | 2015 | 先天性アンチトロンビン欠乏に基づく血栓形成傾向とアンチトロンビン低下を伴う播種性血管内凝固因子症候群（DIC） |
| 血清タンパク質 | | |
| アルブミン | 2007 | 低アルブミン血症 |
| ホルモン | | |
| インスリン | 1985 | インスリン療法が適応となる糖尿病 |
| 超速効型インスリンアナログ | 2001 | インスリン療法が適応となる糖尿病 |
| 持効型インスリンアナログ | 2003 | インスリン療法が適応となる糖尿病 |
| 成長ホルモン | 1988 | 低身長，成人成長ホルモン分泌不全症 |
| PEG化成長ホルモンアナログ | 2007 | 先端巨大症 |
| ソマトメジンC | 1994 | インスリン受容体異常症，成長ホルモン欠損症 |
| ナトリウム利尿ペプチド | 1995 | 急性心不全 |
| グルカゴン | 1996 | 低血糖 |
| 卵胞刺激ホルモン | 2006 | 精子形成の誘導，排卵誘発 |
| GLP-1アナログ | 2010 | 2型糖尿病 |
| 副甲状腺ホルモンアナログ | 2010 | 骨粗鬆症 |
| レプチン | 2013 | 脂肪委縮症 |
| ワクチン | | |
| B型肝炎ワクチン | 1988 | B型肝炎の予防 |
| A型肝炎ワクチン | 1994 | A型肝炎の予防 |
| HPV感染予防ワクチン | 2009 | 子宮頚癌の予防 |
| インターフェロン類 | | |
| インターフェロンα | 1987 | 腎癌，多発性骨髄腫，B型肝炎，C型肝炎 |
| インターフェロンβ | 1985 | B型肝炎，C型肝炎 |
| インターフェロンγ | 1989 | 腎癌，慢性肉芽腫症に伴う重症感染症 |
| PEG化インターフェロンα | 2003 | C型肝炎 |
| エリスロポエチン類 | | |
| エリスロポエチン | 1990 | 透析施行中の腎性貧血，未熟児貧血 |
| PEG化エリスロポエチン | 2011 | 腎性貧血 |
| サイトカイン類 | | |
| G-CSF | 1991 | 造血幹細胞の末梢血への動員，好中球増加促進，好中球減少症 |
| インターロイキン―2 | 1992 | 血管肉腫 |
| bFGF | 2001 | 褥瘡，皮膚潰瘍（熱傷潰瘍，下腿潰瘍） |
| 抗体 | | |
| マウス抗CD3抗体 | 1991 | 腎移植後の急性拒絶反応の治療 |
| ヒト化抗HER2抗体 | 2001 | HER2過剰発現が確認された転移性乳癌 |
| キメラ型抗CD20抗体 | 2001 | CD20陽性のB細胞性非ホジキンリンパ腫 |
| ヒト化抗RSウイルス抗体 | 2002 | RSウイルス感染による重篤な下気道疾患の発症抑制 |

| 分類(物質名) | 承認年 | 主な適応疾患 |
|---|---|---|
| キメラ型抗TNFα抗体 | 2002 | 関節リウマチ, ベーチェット病, 乾癬, 強直性脊椎炎, クローン病, 潰瘍性大腸炎 |
| キメラ型抗CD25抗体 | 2002 | 腎移植後の急性拒絶反応の抑制 |
| ヒト化抗IL6R抗体 | 2005 | 関節リウマチ, 若年性突発性関節炎, キャッスルマン病 |
| カリケアマイシン修飾ヒト化抗CD33抗体 | 2005 | CD33陽性の急性骨髄性白血病 |
| ヒト化抗VEGF抗体 | 2007 | 進行・再発の結腸・直腸癌, 進行・再発の非小細胞肺癌 |
| MX-DTPA修飾マウス抗CD20抗体 | 2008 | CD20陽性のB細胞性非ホジキンリンパ腫, CD20陽性のマントルリンパ腫 |
| MX-DTPA修飾マウス抗CD20抗体 | 2008 | イブリツモマブチウキセタンの集積部位の確認 |
| ヒト抗TNFα抗体 | 2008 | 関節リウマチ, 尋常性乾癬, 関節症性乾癬, クローン病, 強直性脊椎炎 |
| キメラ型抗EGFR抗体 | 2008 | EGFR陽性の進行・再発の結腸・直腸癌 |
| ヒト化抗VEGF抗体フラグメント | 2009 | 加齢黄斑変性症 |
| ヒト化抗IgE抗体 | 2009 | 気管支喘息(難治の患者に限る) |
| ヒト抗補体C5抗体 | 2010 | 発作性夜間ヘモグロビン尿症 |
| ヒト抗EGFR抗体 | 2010 | KRAS |
| ヒト抗IL12/IL23-p40抗体 | 2011 | 尋常性乾癬, 関節症性乾癬 |
| ヒト抗TNFα抗体 | 2011 | 関節リウマチ |
| ヒト抗IL-1β抗体 | 2011 | クリオピリン関連周期性症候群 |
| ヒト抗RANKL抗体 | 2012 | 多発性骨髄腫による骨病変及び固形癌骨転移による骨病変, 骨粗鬆症 |
| ヒト化抗CCR4抗体 | 2012 | 再発又は難治性のCCR4陽性の成人T細胞白血病リンパ腫 |
| PEG化ヒト化抗TNFα抗体Fab | 2012 | 関節リウマチ |
| ヒト抗CD20抗体 | 2013 | 再発又は難治性のCD20陽性の慢性リンパ性白血病 |
| ヒト化抗HER2抗体 | 2013 | HER2陽性の手術不能または再発乳がん |
| エムタンシン修飾ヒト化抗HER2抗体 | 2013 | HER2陽性転移・再発乳がん |
| MMAE修飾キメラ型抗CD30抗体 | 2014 | 再発又は難治性のCD30陽性ホジキンリンパ腫, 未分化大細胞リンパ腫 |
| ヒト化抗α4インテグリン抗体 | 2014 | 多発性硬化症の再発予防および身体的障害の進行抑制 |
| ヒト抗PD-1抗体 | 2014 | 根治切除不能な悪性黒色腫 |
| ヒト化抗CD52抗体 | 2014 | 再発または難治性の慢性リンパ性白血病 |
| ヒト抗IL-17A抗体 | 2014 | 既存治療で効果不十分な尋常性乾癬, 関節症性乾癬 |
| ヒト抗VEGFR-2抗体 | 2015 | 治癒 切除不能な進行・再発の胃がん |
| ヒト化抗CTLA-4抗体 | 2015 | 根治切除不能な悪性黒色腫 |
| 融合タンパク質 | | |
| 可溶性TNFR-Fc融合タンパク質 | 2005 | 関節リウマチ, 若年性特発性関節炎 |
| CTLA4-Fc融合タンパク質(改変Fc) | 2010 | 関節リウマチ |
| Fc-TPORアゴニストペプチド融合タンパク質 | 2011 | 慢性特発性血小板減少性紫斑病 |
| VEGFR-Fc融合タンパク質 | 2012 | 中心窩下脈絡膜新生血管を伴う加齢黄斑変性 |

(注) 国立医薬品食品衛生研究所 承認されたバイオ医薬品より一部改変
(http://www.nihs.go.jp/dbcb/approved_biologicals.html)

## 2.6.1　動物細胞の構造と種類

図2.17に典型的な動物細胞の構造を示す．細胞は，リン脂質２重膜からなる細胞質膜で覆われている．細胞内には膜で隔てられた多くのオルガネラが存在する．細胞の遺伝情報の大部分が存在する染色体は，核膜で隔てられた核の中に折りたたまれて存在している．また独自のゲノムを有するミトコンドリアでは主にATP合成が行われる．粗面小胞体ではタンパク質合成が行われ，分泌タンパク質の場合はその後にゴルジ体に輸送され，そこで糖鎖修飾を受ける．タンパク質における糖鎖修飾の効果は多様であり，詳細は生化学の教科書を参照されたい．抗体の場合には血中濃度の半減期や，免疫原性，抗体依存性細胞傷害活性などに影響をあたえることが知られている．

工学的に重要な点は，植物や酵母の細胞に見られるような，細胞壁を有してないことである．そのため細胞は物理的ストレスに脆弱で，撹拌操作などによるせん断力により容易に破断される．培養液の混合は，微生物培養の時と比べ，極めてマイルドな方法で行われる．

臓器などから取り出した正常な細胞を，培地に播種し，培養したものを初代培養細胞（primary culture）と呼ぶ．しかし，もともと個体の一部である動物細胞は，無限に増殖することはできないため，その寿命は，２週間から１ヶ月程度である．一方このような初代細胞から，適切な操作を施すことにより，無限に増殖できる不死化した細胞作り出すことができる．このような細胞を株化細胞（cell　line）とよび，がん細胞と同様に無限に増殖することができる．物質生産によく用いられているチャイニーズハムスターの卵母細胞由来であるCHO細胞（Chinese Hamster Ovary cell）などが代表例である．

また再生医療用として様々な幹細胞（stem cell）が開発されている．幹細胞とは自分自身と同じ細胞を作る能力，と様々な細胞に分化する能力（多分化能）を持つ細胞をいい，我々の体の中に元々存在する成体幹細胞（体性幹細胞・組織幹細胞とも言う）と，人工的につくられた胚性幹細胞（ES細胞），iPS細胞（人工多能性幹細胞）などがある．

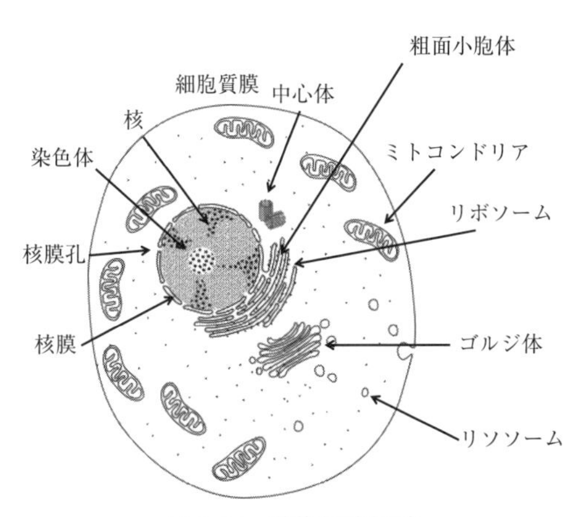


図2.17　動物細胞概略

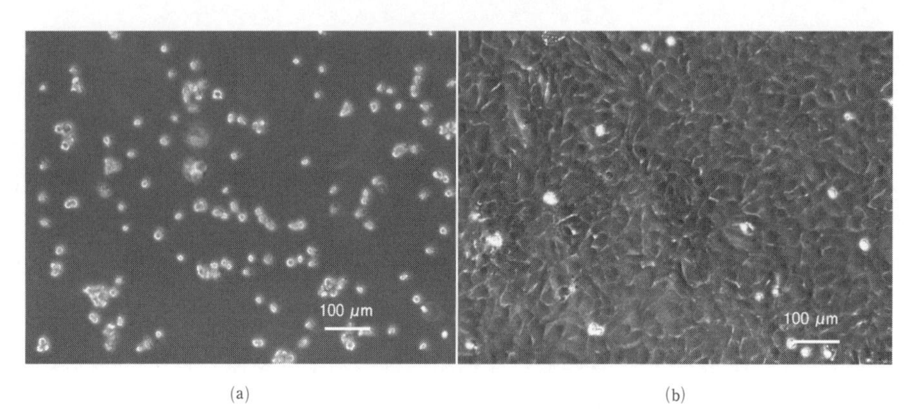


(a)　　(b)

**図2.18**　動物細胞の写真　(a)浮遊細胞：THP-1（ヒト単球性白血病細胞株）(b)付着性細胞：A549（ヒト肺胞基底上皮腺癌細胞）（東京大学酒井康行教授のご好意による）

培養の形態により，動物細胞は2種類に分別できる．ひとつは培養シャーレの底などの固体に付着しながら増殖する細胞で，足場依存性細胞（anchorage-dependent cell）と呼ばれる．代表的なものに繊維芽細胞（fibroblast）がある．足場依存性細胞は，シャーレの底面を覆い尽くす状態になると，それ以上立体的な増殖は起こらずに，増殖は停止する．それに対し，血球系由来の細胞であるハイブリドーマ細胞（後述）は，そのような足場への付着が不要な細胞であり，浮遊細胞（suspension cell）と呼ばれる（図2.18）.

動物細胞の増殖に必要な因子には，現在でも不明なものが多い．前述の足場依存性の場合には，固体との接触により細胞自らなんらかの増殖因子が生産されていることが示唆されている．また動物細胞を培養する際には，一定濃度の細胞濃度を確保しなければならないことが多い．これは動物細胞自らが分泌しているペプチドなどがその増殖に必須であることを示している．従って培地成分については，インスリンや増殖ホルモン，ビタミンなどの成分が含まれているものを用いる．個々の細胞により必要な成分は異なるものの，一般的によく用いられている代表的な成分としては，ウシ胎児血清（fetal calf serum）がある．

**〈トピック2.4〉　幹細胞と再生医療**

山中教授のiPS細胞の発明以後，再生医療に注目が集まっている．ここで主役となっているのは幹細胞（stem cell）について簡単に解説する．幹細胞とは自己複製能と様々な細胞に分化する能力を有する細胞のことであり，iPS細胞，成体幹細胞，胚性幹細胞（ES細胞（embryonic stem cell））などが知られている．

成体幹細胞とは，体の組織の中に元々あるものであって，まわりの状況に応じて複製したり，他の類似した細胞に分化する．例えば，骨髄や末梢血にある造血幹細胞は，赤血球，白血球，神経細胞を作る神経幹細胞などがある．また胎児の血液にも含まれており，へその緒から取り出すことができることから，臍帯血幹細胞と呼ばれ，白血病などの治療に利用されている．

自己の幹細胞は，分化しうる細胞が限られており，その単離や培養に困難がある．しかし移植しても免疫応答を引き起こさず，またガン化などのリスクも低いことから，臨床応用が進められている．

成体幹細胞は，分化の方向性が限られているのに対し，ES 細胞と iPS 細胞は多能性細胞であり，ほぼすべての細胞への分化が可能である．ES 細胞は受精卵から発生した胚より分離され，株化された幹細胞であり，ほぼ全ての組織への分化能を有する多能性細胞と考えられている．しかしながら受精卵を使用するため，ヒトへの応用は倫理的な観点から，問題とされている．

一方山中伸弥教授らのグループが開発した iPS 細胞（人工多能性幹細胞）は，体細胞に複数種類（(Oct3/4，Flk1，Sox2，c-Myc）の遺伝子を導入することで，どのような細胞にも分化しうる多能性を保持し，かつ無限増殖能を有する細胞である．2006年にマウス，2007年にはヒト細胞でも樹立に成功している．患者個人の体細胞から作製でき，ES 細胞のような倫理的な問題もなく，免疫原性も無いため，現在再生医療などへの実用化を目指した研究が世界中で行われている．

## 2.6.2 動物細胞を用いた物質生産

上述したように，動物細胞を用いた物質生産により生産されるものは，そのほとんどが医薬品であり，多くの場合遺伝子組換え技術を用いてつくられている．遺伝子組換え技術を用いて医薬品を製造した最初の例は，大腸菌によるインシュリン生産である．また増殖因子など比較的小分子のペプチドなどは，大腸菌によりつくられているものも多い．しかしながら多くのタンパク質は，mRNA から翻訳されペプチド鎖になっただけでは機能せず，折りたたまれ 3 次元構造をとるとともに，プロテアーゼによる切断，糖鎖修飾，パルミトイル化（C16飽和脂肪酸であるパルミチン酸が，タンパク質のシステイン残基のチオール基を介してチオエステル結合で付加したもの）など様々な翻訳後修飾を受け，機能するタンパク質になっていく．大腸菌などの微生物宿主を用いた組換え技術による生産では，このような翻訳後修飾が動物細胞と同じでは無いことが問題で，特に体内に注射により血流に導入する場合には，異なった糖鎖の修飾などは，免疫系から異物とみなされてしまう．

その点動物細胞で合成させると，ほとんど体内から自然に得られるタンパク質と同じ修飾がされているため，そのような問題が無くなる利点があり，多くのタンパク質性医薬品は，CHO 細胞等の動物細胞により製造されている．

しかしながら動物細胞を用いる場合でも，非ヒト型糖鎖が結合する場合がある．マウスミエローマ細胞で生産される抗体には N-グリコリルノイラミン酸（Neu5Gc）や Galα1-3Gal 等の非ヒト型の糖残基が付加する場合がある．これらは体内で免疫反応を引き起こし，投与された患者に対してアナフラキシーショックなどの与える可能性があり，大変危険である．従って特に抗体医薬の生産においては，糖鎖構造の品質管理も大変重要である．

### 2.6.3　動物細胞培養用バイオリアクター

動物細胞培養と微生物細胞培養とを比べると，以下の点で大きく異る．1）動物細胞は機械的強度に劣るため，撹拌や通気などによるシェアストレスにより細胞が損傷を受ける．2）アンモニアや乳酸などの老廃物を蓄積し，それによる増殖阻害を受ける．3）増殖速度が遅いため，微生物（カビ，酵母，細菌，とくにマイコプラズマなど）のコンタミネーションを起こしやすい．

これらの条件を満たす培養方法として，浮遊細胞の場合は，流加培養†と灌流培養（perfusion culture）という方法が取られることが多い．流加培養については，2.4.2で詳しく記述したので，ここでは灌流培養について述べる．その概略を図2.19に示す．この培養方法の特徴は，新鮮な培地を加えると共に，使用済みの培地のみを同時に抜き取る（細胞は抜き取らない），いわゆる連続培養の操作方法をとっていることである．このことにより栄養成分を常に供給し，さらに老廃物を除去してその蓄積を防ぐことができる．新たな培地の供給量は，培地中のpH，栄養分濃度，溶存酸素濃度，溶存二酸化炭素濃度などをセンサーによりモニターし，最適な供給量をコンピューターで制御することで，$10^7$～$10^8$細胞／mLの高密度培養が可能になってきた．これらの培養技術と遺伝子工学的なプロモーターや遺伝子コピー数の制御などにより，モノクローナル抗体の生産においては10 g/L程度の生産量の報告もされている．

付着性細胞の場合は，浮遊性細胞とは異なり，「足場」を供給する必要がある．実験室的にはシャーレに付着させて培養させるのであるが，それでは細胞密度が上がらす，効率的な培養は出来ない．そのため，多孔質からなるマイクロキャリアー（microcarrier）の

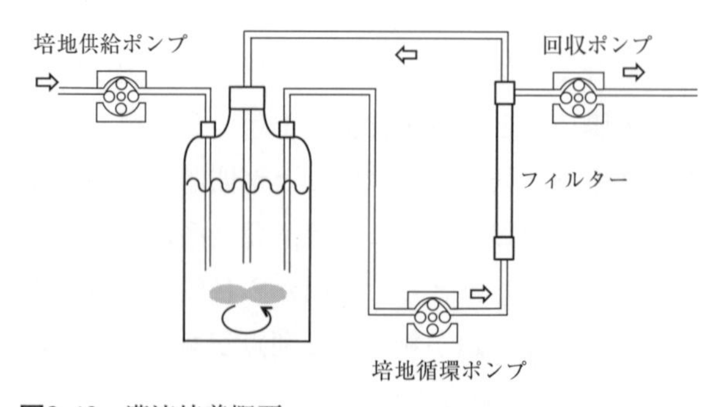


**図2.19**　灌流培養概要
フィルターにより細胞は回収され培養タンクに戻される．

† 動物培養細胞は，培地中の栄養成分を消費して乳酸やアンモニアなど細胞の増殖を阻害する老廃物を分泌する．これら老廃物の生成を低く抑えるためには，グルコースやグルタミン酸などの基質の濃度を低く維持できる流加培養が有効である．

表面に付着させ，そのキャリアーごと培地に分散させ培養する方法などが取られる（図2.20）．マイクロキャリアーは，細胞が付着して生育するための培養表面の面積が大きく，培地を節約でき，また培養中の攪拌による剪断力から細胞を守ることができるなどの利点がある．また，中空糸膜をバイオリアクターとして用いることで，その膜表面上に細胞を付着させ，膜を通じて培地成分を補給する手法（図2.21）もある．

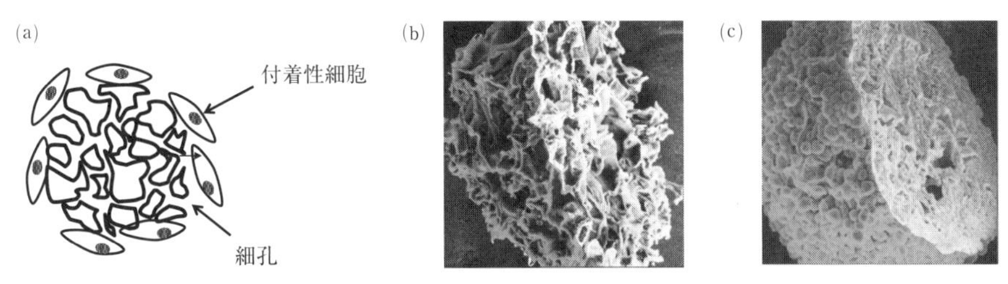


**図2.20**　マイクロキャリアーを用いた動物細胞培養法
(a)概念図　(b)マイクロキャリア（Cytopore1）の電子顕微鏡写真（右半分は断面図），(c)Cytopore1上に増殖したCHO細胞（電子顕微鏡写真，右半分は断面図）（GEヘルスケアのご好意による）

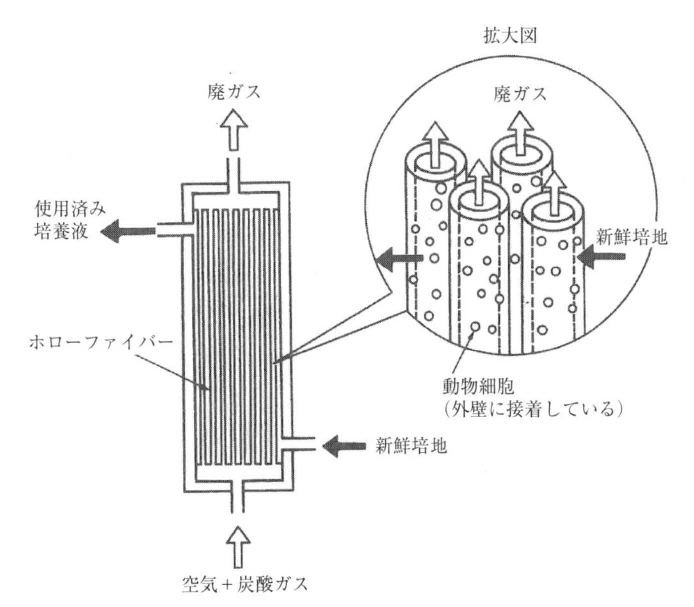


**図2.21**　動物細胞培養用中空糸バイオリアクター概略
（山根恒夫，生物反応工学第3版，p.317，産業図書（2007））

**〈トピック2.5〉　シングルユーステクノロジー（single-use technology）**

抗体などのバイオ医薬品製造においては，微生物培養用のような何十トンにもおよぶ巨大なタンクで培養することは少なく，小規模製造，あるいは頻繁に製造品目を切り替える多品種製造のケースが多い．現在いわゆる「使い捨て」の主にはプラスチック製品を使った，シングルユーステクノロジーが注目されている．「シングルユース」には以下のような利点がある．1）製造工程に滅菌・洗浄を必要としないため，「洗浄プロセス」の品質管理の軽減，ランニングコストの低減などが期待できる．2）製品のキャリーオーバーや製造品目変更時のクロスコンタミネーションの心配がない．3）洗浄プロセスが不要になるため，製造バッチ間でのラグタイムの低減が期待できる．4）同じ装置を多数の品目に使用可能であり，オペレーターのトレーニングを軽減できる．5）プロセスの構築が柔軟であり，異なる場所にも一連の製造工程を簡単に複製して設置できるため，迅速なスケールアップが可能である．

現在シングルユーステクノロジーは，従来から用いられてきたフィルター，チューブなどの単純なパーツから，バルブ，バイオリアクター・精製システム全体などより複雑なものまで含み，その利用は益々広がっている．特に，その中心となるシングルユースバイオリアクター（single-use bioreactor, SUB）（プラスチックバッグとチューブから構成されている．容量は数L～数 $m^3$）が注目されている．

# 2.7
## 第2章の参考書と総説

1）片倉啓雄，大政健史，長沼孝文，小野比佐好監修，実践有用微生物培養のイロハ，（株）エヌ・ティー・エス，(2014)．
2）岸本通雅，堀内淳一，藤原伸介，熊田陽一共著，新生物化学工学（第2版），三共出版（株），(2013)．
3）山根恒夫，生物反応工学（第3版第7刷），産業図書（株），(2016)．
4）日本生物工学会編，生物工学ハンドブック，7．培養工学，コロナ社，(2005)．
5）Tsuneo Yamane and Shoichi Shimizu, "Fed-batch Techniques in Microbial Processes", *Advances in Biochemical Engineering/Biotechnology*, **30**, 147-194（1984）．
6）浜窪隆雄監修，新機能抗体開発ハンドブック，NTS Inc., (2012)．
7）京都大学物質—細胞統合システム拠点，幹細胞ハンドブック （http://www.icems.kyoto-u.ac.jp/cira/doc/handbookstemcell_web.pdf）(2009)．
8）伊藤隆夫，PHARM TECH JAPAN, **29**(6), 17(2013)．
9）Christian Löffelholz et al., "Dynamic Single-Use Bioreactors Used in Modern Liter- and $M^3$-scale Biotechnological Processes: Engineering Characteristics and Scaling up", *Advances in Biochemical Engineering/Biotechnology*, **138**, 1-44（2014）．

（執筆分担，2.1—2.5，山根恒夫；2.6，中野秀雄）

# 第 3 章

# 酵素反応工学

山根恒夫

### はじめに（酵素の使用形態と利用状況）

酵素（enzyme）は，生物がその生化学的反応を効率よく行うためにつくる生体触媒（biocatalyst）である．本体は例外なく蛋白質であり，注意深く精製すれば結晶まで純化できる†．蛋白質には，機能面から見て，種々な種類があるが，酵素は触媒機能をもった蛋白質である．

酵素を利用するためには，通常はまずその酵素を経済的に生産する（微生物よって作らせる場合か多い）か，豊富に含まれている動植物体から分離・精製する．しかし，このように，酵素のみを単離して使用する場合だけではない．経済性を考えると，当該酵素を含有する微生物（あるいは拡大して細胞）をそのまま利用することも，場合によってはきわめて有望である（whole cell biocatalyst）．この場合微生物は増殖させないで，休止菌体（resting cell）もしくは死滅菌体（dead cell）として利用する．また，酵素のみを単独で使用する場合でも，繰返し使用や連続操作できるように，いわゆる固定化酵素（immobilized enzyme）（後述）として使用する．前述の酵素活性を有する死滅もしくは休止微生物も，固定化して使用する（固定化微生物，immobilized microorganisms）方が経済的である場合もある．固定化酵素と固定化細胞をあわせて，固定化生体触媒（immobilized biocatalysts）とよぶ．このように，酵素反応プロセスにおいて，酵素の使用形態は種々存在し，まとめると表3.1のようになる．

酵素に係わる諸基礎科学（生化学，酵素化学，酵素反応速度論，分子生物学，構造生物学など）と酵素を効率的に利用するための分離・精製技術や固定化方法やバイオリアクター技術を中心とした工学体系としての酵素工学（enzyme engineering）は著しく進歩した．一方，近年は，酵素生産に深くかかわる遺伝子工学（genetic engineering）（第4章参照）や酵素の改質に深くかかわる蛋白質工学（protein engineering）（第5章参照）も大いに進展している．

酵素はそれが酵素の作用であること知る以前の大昔からチーズの製造，清酒醸造などに利用していたが，酵素に関連した科学と工学の発展とほぼ並行して，酵素反応プロセスは，その種類と規模において発展し，技術革新を進めてきた．表3.2に分野別酵素利用状況を示す．多くの分野で利用されていることがわかる．現在最も多量に使用されているのは，洗剤用酵素であり，次いで食品加工用酵素であろう．しかし，近代的酵素利用の最初は，

**表3.1**　バイオリアクターで使用される酵素の形態

| 生体触媒＼使用形態 | 遊離状態 | 固定化状態 |
|---|---|---|
| 酵　素 | 遊離酵素 | 固定化酵素 |
| （微）生物 | 懸濁休止細胞 | 懸濁死滅細胞 |
| | 固定化休止細胞 | 固定化死滅細胞 |

† 大部分の酵素は蛋白質のみから成り立っているが，一部の酵素は，蛋白質と糖が結合した糖蛋白質（glycoprotein，例えば$\beta$-glucosidaseやinvertase），あるいは脂質と蛋白質が結合したリポ蛋白質（lipoprotein，たとえばpullulanase）である．

表3.2　分野別酵素利用状況

| 分　野 | 酵　素 |
|---|---|
| 洗剤用 | プロテアーゼ，アミラーゼ，リパーゼ，ペルオキシダーゼなど |
| 工業用 | |
| 食品加工用 | アミラーゼ（$\alpha$-，$\beta$-），グルコアミラーゼ，キシロースイソメラーゼ（グルコースイソメラーゼ），ペントサナーゼ，ペクチナーゼ，サイクロデキストリン合成酵素，ラクターゼ，プロテアーゼ（キモシンなど），ホスホリパーゼ，トランスグルタミナーゼ，グルコースオキシダーゼ，など |
| 醸造用 | $\alpha$-アミラーゼ，グルコアミラーゼ，プロテアーゼ，$\beta$-グルカナーゼ |
| 繊維加工用 | セルラーゼ，プロテアーゼ |
| パルプ工業用 | リパーゼ，キシラナーゼ |
| 皮革工業用 | プロテアーゼ，リパーゼ |
| 畜産業用 | フイターゼ |
| 純化学物質合成の触媒 | アミノアシラーゼ，アスパルターゼ，フマラーゼ，サーモラインン，リパーゼ，アミダーゼ，ジヒドロピリジナーゼ，ニトリルヒドラターゼ，チロシンフェノールリアーゼ，アルコールデヒドロゲナーゼなど |
| 医薬品用，消化剤用 | セラチオペプチターゼ，アスパラギナーゼ，ウロキナーゼ，$\alpha$-アミラーゼ，グルコアミラーゼ，プロテアーゼ，リパーゼなど |
| 分析用 | |
| 臨床検査，診断用 | 血糖値・血清総コレステロール，中性脂肪等測定用酵素類，ほか多数 |
| バイオセンサ用 | グルコースオキシダーゼなど |
| 研究用 | 制限酵素，DNAポリメラーゼ，RNAポリメラーゼ，逆転写酵素，ほか多数 |

1894年，高峰譲吉博士の発明による消化酵素「タカジャスターゼ（Taka-Diastase）」（麹菌の固体培養から得た）のアメリカにおける商業的生産である．現在世界的に，博士は「バイオテクノロジーの父」と呼ばれている．

# 3.1 酵素と固定化酵素

## 3.1.1 酵素の分類と命名法

酵素を研究したり利用したりする人々の間で，使用している酵素に関して，あいまいなく混乱を生じないよう正確に相互に伝えるために，万国共通の分類命名法がある．それは，1964年に国際生化学連合（IUB，現在はIUBMB）によって公式に採用されたEC（Enzyme Commission）分類法である．この分類法の主要な特徴は以下の3点である．

1）酵素はその構造や性質によってではなく，その触媒する反応の種類によって分類する．反応は先ず7種類†に大別し，そのおのおのが4～13の小群に分かれる．7種類の大分類は，1．酸化還元酵素（oxidoreductase），2．転移酵素（transferase），3．加水分解酵素（hydrolase），4．脱離酵素（lyase），5．異性化酵素（isomerase），6．合成酵素（ligase または synthetase），7．転位酵素（translocase）である．

2）酵素名は2つの部分からなる．はじめの部分は，基質（substrate，反応成分のこと）名であり，後の部分は触媒する反応の種類を示し，-ase で終わる．たとえば，L-Asparagine + $H_2O$ → L-Aspartic acid + $NH_3$ なる反応を触媒する酵素（常用名 asparaginase）は，L-asparagine amino-hydrolase と命名される．

3）各酵素は4つの数字からなる系統番号（酵素番号，EC number）をもつ．1番目の数字はその酵素が含まれる大分類番号を示し，第2，第3の数字は反応をさらに細かく分類してつけられる．第4の数字は上記3つの数字によって分類された一群の酵素の中での通しの一連番号である．たとえばEC3.1.1.3は，第3群（加水分解酵素），第1小群（エステル結合に作用する），第1グループ（カルボキシルエステルの加水分解を行う）を表わす．最後の数字は glycerolester hydrolase（常用名 lipase）であることを示す．すなわち，トリグリセリドを加水分解して，グリセリンと脂肪酸に変換する酵素である．

この分類命名法は正確なものであるが，それゆえにかなり面倒で長たらしい名前になり実際には使いづらい場合もある．また．歴史的に広く慣用されている名前も捨て去るわけにはいかない．そこで，EC 命名法では，前述の学問的な「系統名」の他に日常の使用に便利な「常用名」も許されている．実際，「常用名」もよく用いられるので，系統名にも

† 1964年以来長く6種類であったが，2018年に7番目が新設された．

常用名にも通じている必要がある．常用名もいくつかの例外（たとえば，パパイン，ブロメライン，ペプシン，レンニンなど）を除いてたいていアーゼ（-ase）という接尾語で終わっている（例：アミラーゼ，セルラーゼ）．個々の酵素の性質を知るには，八木，福井，一島，鏡山，虎谷編「酵素ハンドブック（第3版）」（朝倉書店）（2008），およびD. Schomburg & I. Schomburg, eds., 'Springer Handbook of Enzymes'（2nd ed.）Vol. 1〜29（Springer），（2001-2013）がよい．また，酵素の構造（アミノ酸配列や立体構造）に関するデータベースとしては，PDB（Protein Data Bank, http://www.rcsb.org/pdb/home/home.do）が有益である．また，最近では，立体構造によって酵素を分類する研究やそのデータベース化が進んでいる（糖質関連酵素に関するCAZyなど）．

**〈トピック3.1〉 酵素はいくつ知られているか？ 自然界で最も多く存在している酵素は？**

EC命名法では，酵素はその反応のタイプから7種類に分類される．言い換えると，生体の中で進行している多数の生化学反応のタイプはわずか7種類であることを意味する．ところで，酵素はいくつ知られているだろうか？ ExplorEnz（https://www.enzyme-database.org/index.php）によると，2021年現在，EC Numberに割り振られている酵素は図のようになっている．最も多いと想像される加水分解酵素が，実はそうではない事が分かる．2．転移酵素が最も多く，1．酸化還元酵素，3．加水分解酵素と続く．これら3大分類の酵素で全体の約80%を占めていて，6．合成酵素と7．転位酵素は少ない．

また，自然界で最も多量に存在している酵素はどれであろうか？ 答えは，C3植物の葉緑体が持つ光合成の鍵酵素と言われているribulose-1,5-bisphosphate carboxylase/oxygenase（EC 4.1.1.39）（略称rubisco，ルビスコ）だそうだ．C3植物はこの酵素によって空気中の$CO_2$を固定している．しかしながら，人類はまだこの酵素を利用できていなし，それからヒントを得た人工的$CO_2$固定触媒を開発できていない．

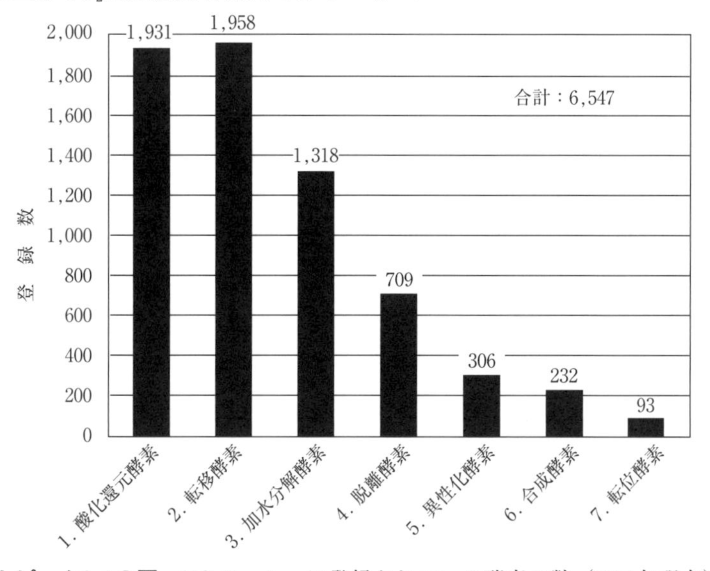


**トピック3.1の図** EC Numberに登録されている酵素の数（2021年現在）

## 3.1.2 酵素の特性

### 触媒としての特性

さて，酵素は触媒であるから，一般に触媒として定義されるすべての特性を備えている．すなわち，生化学反応に関与し，反応速度を促進し，変化の過程で立体構造・イオン的変化を受けるが，反応の究極においては消費されず，もとの状態にもどる．

熱力学的には，触媒は反応の活性化エネルギーを低下させるという特性をもっている．しかし，触媒は，反応の平衡定数を変更することはできない．いいかえると，平衡定数は，触媒が関与するしないにかかわらず，反応の自由エネルギーによって一義的に決定される．触媒は，ただ平衡達成を促進するだけである．

⑴ 分子活性

さて，触媒としての酵素の能力は至適条件のもとで単位時間に1分子の酵素によって触媒しうる基質分子の最大数で表わされる．これを分子活性（molecular activity）あるいはターンオーバー数（turnover number，TON）[(mol substrate)・(mol enzyme)$^{-1}$・s$^{-1}$] という．高い分子活性は，その触媒反応が非常に速く進行することを意味する．酵素のTONを調べると，常温・常圧・中性付近という温和な条件で作用する触媒としてはきわめて効率が高いことが理解されよう．

⑵ 特異性

酵素の諸特性において明らかに最も重要なものはその高い特異性（specificity），選択性(selectivity)，である．いいかえると，酵素は高い分子認識（識別）能力をもっている．ほとんどの酵素は非常に近い構造をもつ化合物の特定の反応だけしか触媒しない．極端な場合には，特定の化合物の特定の反応しか触媒しない（絶対的特異性）．このことは，しばしば「鍵と鍵穴の関係」にたとえられる．

酵素の特異性が酵素を利用する反応プロセスを一般の化学反応プロセスより優位に立たせている一つの理由である．

酵素は，ある化合物の熱力学的に可能な多くの反応のうちの一つだけを触媒する．これを酵素の反応特異性（reaction specificity）という．異なる反応特異性をもった他の酵素は他の反応を担当することになる．一例を図3.1示す．この図では，それぞれの酵素は，同一の基質であるグルコースが変換されるそれぞれの反応のみを触媒し，他の反応を行うことはできない．このような反応特異性は，わずかの例外を除いてほとんどすべての酵素にあてはまる．

また，酵素は，基質の種類に対して選択性を示し，ある一定の反応をうける化合物のすべてが，一つの酵素と結合できるわけではない．これを．基質特異性（substrate specificity）という．もし，基質が立体異性体のある化合物であれば，立体異性体の相互

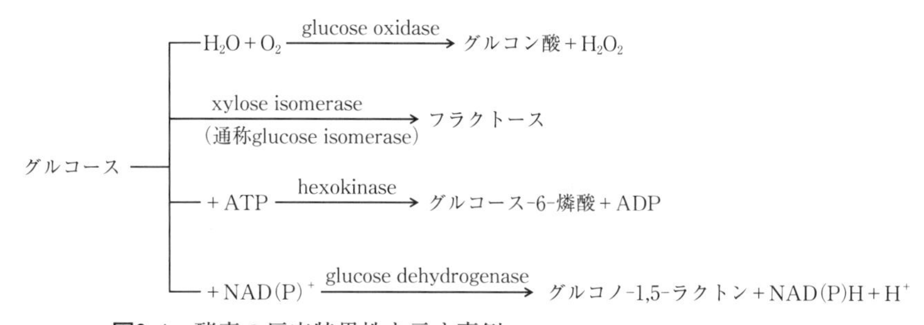


**図3.1**　酵素の反応特異性を示す事例.
それぞれの酵素は，同一の基質であるグルコースに作用してそれぞれの反応のみを触媒し，他の反応を行うことはできない.

変換を行う racemase や epimerase の例を除いて，酵素はほとんど絶対的に立体特異性（stereospecificity，あるいは立体選択性，stereoselectivity）を示す．たとえば aminoacylase は，アシル L-アミノ酸の加水分解を触媒するが，アシル D-アミノ酸を加水分解しない．立体異性体には対掌体（enantiomer）とジアステレオマー（diastereomer）の 2 種類があり，酵素はいずれに対しても選択性がある．この点が，酵素を有機化学的反応に利用するうえで魅力となっている．また，ある種の酵素は，特定の化学結合基にだけ作用する．これを，群特異性（group specificity）または基特異性（functional specificity）という．たとえば，alcohol dehydrogenase は第 1 級アルコール，esterase はエステル結合にだけ，pepsin はペプチド結合にだけ作用する．

しかし $\alpha$-galactosidase，$\beta$-galactosidase はそれぞれすべての $\alpha$-ガラクトシド，$\beta$-ガラクトシドを加水分解する．これらの制限内では多数の基質にも作用できる．群特異性の程度は酵素の種類によって様々であって，ある酵素は高度の群特異性を示す．たとえば，chymotrypsin はフェニルアラニンやチロシンのカルボキシル基の関与するペプチド結合のみを選択的に加水分解する．

制限酵素（restriction enzyme）とよばれ，遺伝子工学で多用される一群の酵素類（EC 3.1.21.4，site-specific endodeoxyribonucleases：cleavage is sequence-specific）は，長い DNA 鎖中の 4 － 8 個の配列を認識し，その配列の内部で DNA を切断する．これを配列特異性（sequential specificity）とよぶ（第 4 章参照）．たとえば，*Eco*RI とよばれる制限酵素は，……G ↓ AATTC……の如く矢印のところで切断する．

同一分子に作用を受ける部位が複数個ある場合，酵素はそのうち特定の部位のみを認識し触媒することが多い．たとえば，グリセリンの脂肪酸エステル（油脂）は，第 1 級アルコールのエステル 2 個と第 2 級アルコールエステル 1 個をもっている．ある種のリパーゼはこの相違を認識する．このような特異性を位置特異性（positional specificity または regiospecificity）とよぶ．

**蛋白質としての特性**

酵素の本体は蛋白質であるから，蛋白質としてのすべての特性をもっている．

(1) 変性

酵素を利用する場合は，それらの特性，とくに変性（変成，denaturation）を常に念頭に入れておかねばならない．変成によって，酵素はその活性を減じたり，完全に失活（inactivation または deactivation）したりするからである．

変性には不可逆的なものが多いが，可逆的なものもある．変成した蛋白質は，しばしば水に不溶性となる．変性を起こす原因は，物理的なものと化学的なものとに大別される．物理的原因としては，熱，圧力，紫外線，X線，音波，振とう，凍結などがある．これらの内，熱変性（熱失活）が最も重要である．化学的原因としては，酸，塩基，アセトン，エタノール，尿素，界面活性剤，重金属塩，酸化剤（空気中の酸素も含む）などの化学薬品の添加がある．異相間の界面に吸着することによっても変性が起こりうる（界面変成）．

熱変成（熱失活）：酵素反応を実施し，一定時間後の生成物量を定量する．この実験を種々な温度で実施すると，生成物量はある温度で最大となり，この温度を「至適温度（optimum temperature)」とすることがしばしば行われる．しかし，このような「至適温度」には大きな落し穴がある．後述（3.2.3節）するように，このような「至適温度」は反応時間に依存し，何ら絶対的なものではない．一般にどのような温度で酵素反応を行っても，多かれ少なかれ熱失活は避けられない．より正確な熱安定性は，種々の温度における活性の半減期の長短で論ずべきである．好熱菌由来の酵素は熱安定性が高く，工業的に注目されている．

(2) 両性イオン

ポリペプチドの側鎖構造から考えられるように，酵素はアミノ酸類と同様に両性（amphiphilic）化合物である．酸，塩基とも結合するし，蛋白質ごとに特有の等電点（isoelectric point）を有し，その点で溶解度が最小になり，濃度が高い場合は沈澱する（等電点沈澱）．多くの酵素は希薄塩水溶液や希薄アルコール水溶液には可溶であるが，濃厚塩水溶液では沈澱する（これを塩析，salting out という）．この事実は，言換えると，酵素反応は水溶液中においてのみ実施可能であるという，欠点を意味してもいる（しかし例外もある，トピック3.2参照）．

pH 依存性：酵素蛋白質は上述のように両性物質であり，それを構成するアミノ酸残基の側鎖のアミノ基やカルボキシル基などのため，イオン化状態は pH によって変わる．適度な pH 変化は酵素のこのイオン状態，およびしばしば基質のイオン状態に影響を与える．種々の pH 値で酵素活性（反応速度）を測定すると，図3.2のようなベル形の曲線が得られ，最大の活性を示す pH を至適 pH（optimum pH）という．前述の「至適温度」とは異なり，至通 pH は酵素固有の絶対的な値である．

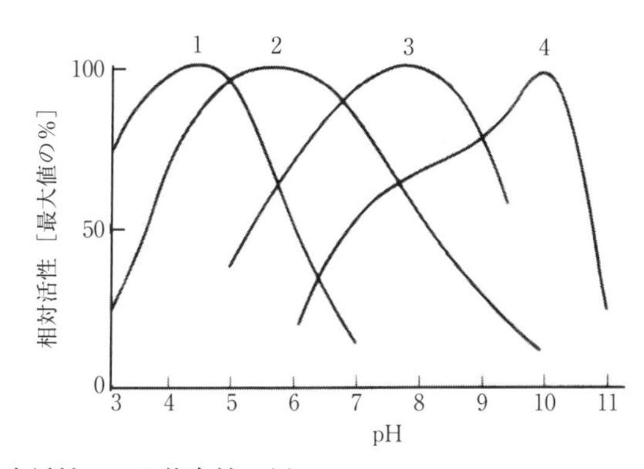


**図3.2**　酵素活性の pH 依存性の例.
(1)インベルターゼ（酵母），(2)α-アミラーゼ（*Bacillus* sp.），(3)アミノアシラーゼ（*Aspergillus oryzae*），(4)アルカリプロテアーゼ（*Bacillus* sp.）

酵素反応は，通例その至適 pH の緩衝液中で行われる．図3.2の曲線の形は，ｉ）極端に高いか低い pH 値での蛋白質の変性，ii）酵素と基質の荷電状態への影響，によって主として決まる．各酵素の至適 pH は，その酵素が生体内で存在する場所の pH に近い．大部分の酵素の至適 pH は5.0～9.0の間にあるが，pepsin のように至適 pH が1.8という酵素もある．また，至適 pH の緩衝液であっても，その濃度（あるいはイオン強度）によって，酵素活性は影響される．

(3)　酸化

いくつかの酵素，とくに酸化還元酵素では，SH 基が酵素活性に必須である．このような酵素（いわゆる SH 酵素）は，空気中の分子状酸素を含む多くの酸化剤により SH 基が架橋して S—S 結合を形成し，失活する．これらの酵素の保存・管理には特別な注意が必要である．

(4)　生分解性（biodegradability）

化学的本体が蛋白質である酵素は，自然環境に放出されても微生物によって速やかに分解されるので，環境に優しい触媒である（重金属触媒との対比）．

**補因子**

多くの酵素は，補因子（cofactor）とよばれるイオンまたは分子の関与を必要とする．これらは，反応速度論的視点から次の３種類に分類される．

(1)　金属イオン：ある種の酵素は，その酵素がある特定の金属イオンと結合するときだけ活性を発現する．ある場合には，金属イオンは非常に強く結合していて，事実上酵素の一部分となっている（金属蛋白質，metalprotein）．またある場合にはこの結合は比較的弱く可逆的であり，活性化因子（activator）ともよばれる．酵素にとって有効な金属イオンとしては，$Na^+$，$K^+$，$Mg^{2+}$，$Ca^{2+}$，$Zn^{2+}$，$Mn^{2+}$，$Co^{2+}$，$Fe^{3+}$，$Mo^{6+}$などである．

(2)　補酵素：多くの酵素は，複合蛋白質（conjugated protein）に属し，蛋白質部分と，それに結合している「補欠分子族（prothetic group)」から成り立っている．そして，しばしばこの2つは解離する．その際，酵素をホロ酵素（holoenzyme)，蛋白質部分をアポ酵素（apoenzyme)，補欠分子族を補酵素（coenzyme）という．すなわち，アポ酵素＋補酵素→ホロ酵素，となり，アポ酵素と補酵素はモル対モルで結合する．補酵素は構造的にはビタミン類である場合が多い．サイアミン，FAD，PALP，コバラミン，PQQなどである．

(3)　補基質†：典型的な解離性の補酵素は，補基質（cosubstrate）とよぶ方が，化学量論的には正確である（量論的補酵素，stoichiometric coenzyme)．$NAD^+$，$NADP^+$，ATP，CoA，$H_4F$，ユビキノン，グルタチオンなどがこれに属する．

これらの物質は第2の基質として働いて，本来の基質と化学量論的に，すなわちモル対モルで反応する．これらの補基質の関与する反応では，図3.3A(a)で示したように，変化した補基質は単一の酵素反応では元の状態に再生しない．そこで，補基質を再生する反応を同時に行わせる．一例を図3.3AおよびBに示す．図3.3A(b)は2つの酵素反応であるが，同時に行うと，図3.3A(c)のようになり，補基質$NAD^+$，$NADH+H^+$は一見おもてに現れない．なお，この反応では，再生反応から生じるのは$CO_2$であり，系外

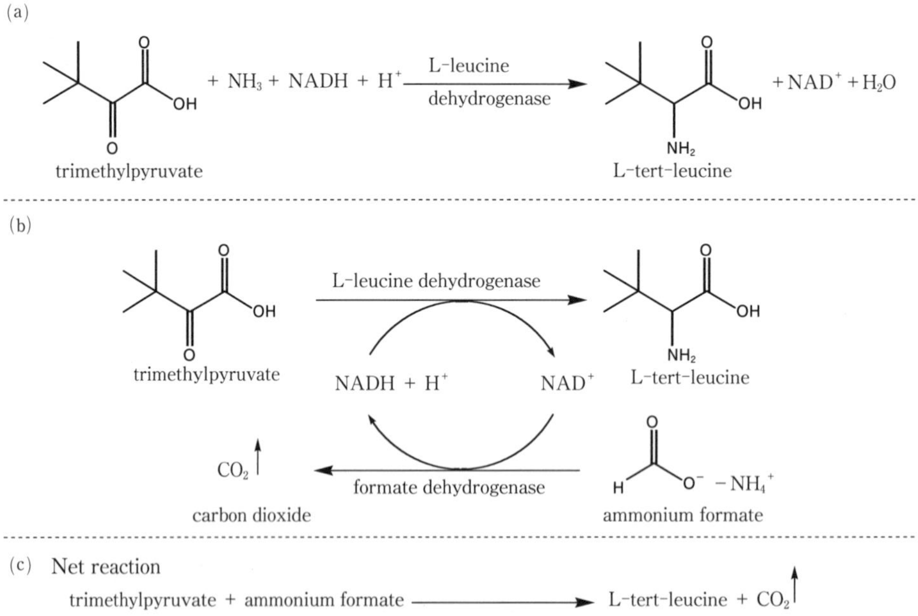

(a)

trimethylpyruvate + $NH_3$ + NADH + $H^+$ —(L-leucine dehydrogenase)→ L-tert-leucine + $NAD^+$ + $H_2O$

(b)

trimethylpyruvate —(L-leucine dehydrogenase)→ L-tert-leucine

NADH + $H^+$ ⇄ $NAD^+$

ammonium formate ($HCOO^- - NH_4^+$) —(formate dehydrogenase)→ $CO_2$↑ (carbon dioxide)

(c)　Net reaction

trimethylpyruvate + ammonium formate ⟶ L-tert-leucine + $CO_2$↑

**図3.3A**　$NAD^+$の関与する共役反応の例．
(a)基質trimethylpyruvateのNADHによる還元的アミノ化反応．
(b)(a)によって生成する$NAD^+$をNADHに再生する反応（下段）を共役させた場合．
(c)(b)の上段の反応（合成反応）と下段の反応（再生反応）を合算した正味の反応．

† 一般の生化学の教科書では，補基質という用語は使われていないが，本章では補酵素と補基質は明確に区別する．補基質のモル濃度は基質のそれと同レベルであり，酵素濃度より遙かに高い．

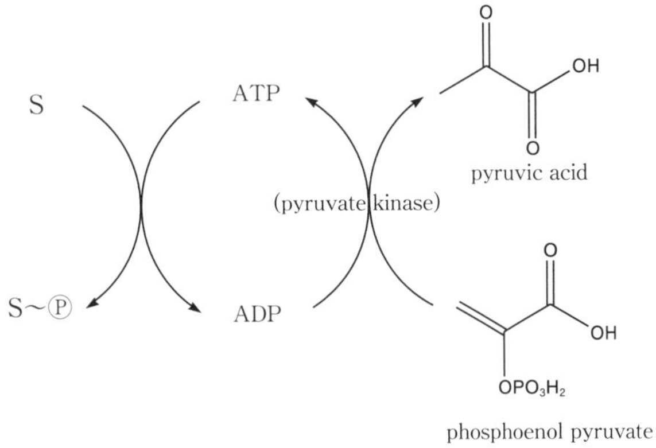

**図3.3B**　ATPの関与する共役反応の例.
この反応で生じたS～Ⓟは，S～Ⓟ＋S′→S-S′＋Piの反応に使い，S-S′の合成に用いられる.

に放出される利点がある.

図3.3のような反応を酵素共役反応（enzymatic coupled reaction or cycling reaction）という．生体内では，呼吸鎖のように共役系反応が次々と連なって効果的に反応が進行する．一般に，補基質は高価であるから補基質の関与する反応を大規模に行うためには，補基質（とくに$NAD^+$系と$NADP^+$系とATP系）をいかに再生させるか（再生反応）が問題となる．いくつかの実用的共役系が開発されている.†

このような酵素共役反応を回分式に実施すると，補基質の消費速度（原料基質の消滅反応による）と生成速度（再生反応による）が動的に釣り合い，補基質類の濃度はほぼ一定となる，すなわち擬定常状態が成立することが，数学的（速度論）解析から予測される.††

(4)　補基質の熱安定性

一般にはあまり認識されていないけれど，遊離の補基質は水溶液中でかなり不安定である．安定性は水溶液のpHに依存する．AMP，ADP，ATPは広いpHに渡って安定である．ところが，$NAD^+$，$NADP^+$およびCoAはアルカリ側で不安定であり，一方，NADHとNADPHとは酸側で不安定である．ただし，酵素の共存下では，一部の補基質は酵素と結合しているので，失活はかなり抑えられるであろう．膜型バイオリアクターを用いて共役反応を実施するために高分子化した補基質も不安定であることを考慮に入れておく.

## 3.1.3　固定化酵素

酵素は，従来もっぱら水溶液の状態で用いられ，したがって反応系は均相系であった.

† 林　素子，上田桃子，山本浩明：不斉合成用生体触媒ライブラリー：化学と生物，**52**, 699（2014).

†† Yamane T.: Full-time dynamics of batch-wise enzymatic cycling system composed of two kinds of dehydrogenases mediated by NAD(P)H, *J. Biosci. Bioeng.*, **128**(3), 337-343（2019).

均相系の酵素反応は，反応系としては簡単であるが，種々の欠点をもっている．

すなわち，回分式で行う場合，反応終了後，反応液中より酵素のみを変性させず回収し，再利用することは困難である．したがって，一反応ごとに酵素を捨てることになり，酵素の非常に不経済な使用法であるといえる．連続式で行う場合も，事態は変わらない．費用のかかる分離操作を避けようとすれば，回分式で酵素を再利用する場合であれ，連続操作であれ，酵素を何らかの形で反応器内に保持することが必要である．

もし，酵素のもつ触媒活性を保持したまま，安定でかつ水に不溶性の酵素標品，すなわち，固定化酵素（immobilized enzyme）を作ることができるならば，酵素を一般の国体触媒と同様に取り扱うことができ，酵素の利用方法として非常に有利となる．固定化酵素の研究は，その歴史を遡れば，1910年代に端を発しているようであるが，本格的な研究は1960年代に入ってからである．我が国においては，（故）千畑一郎博士と土佐哲也博士を中心とする田辺製薬㈱（当時），応用生化学研究所一派の研究と実用化（DEAE-Sephadex 担体粒子に固定化したアミノアシラーゼによるL-アミノ酸の生産，1969年）が特筆される．その後，固定化（死滅あるいは増殖）微生物（immobilized microorganism）の研究が盛んになり，実用化されたプロセスもある．1970年代からの固定化グルコースイソメラーゼ（実際は固定化イソメラーゼ生産放線菌）による異性化糖の生産が規模としては大きい．

固定化酵素とは現在次のように拡張されて定義されている．「ある一定の空間内に閉じ込められた状態にある酵素のことであって，さらに，連続的に反応を行うことができたり，反応後回収し，再利用できる状態にある酵素のことである.」したがって，粒子状の担体を用いる場合ばかりでなく，限外濾過膜を用いて，反応器内に遊離酵素を保持する場合も，固定化酵素と考えられる．

酵素を固定化する利点を要約すると，1）酵素の安定性が増す，2）酵素の回収再利用が可能である，3）反応の連続化が可能である，4）利用目的に通した形状の酵素標品が得られる，5）反応器の占めるスペースが少なくなる（反応器の小型化），6）反応条件の制御が容易となる，7）反応生成物の純度および収率が向上する．8）資源，エネルギー，環境問題の点でも有利である．

一方，固定化することによってデメリットも生ずることも考えておく必要がある．

1）固定化という操作が加わり，それにより活性な酵素の総量が減ずることもある，2）固定化用の担体が必要となり，その費用と固定化操作の費用を加算しなければならない，3）粒子内拡散抵抗などにより，反応速度が低下する可能性がある．

固定化微生物が開発された背景は以下のようである．

すなわち，酵素はあらゆる生物によって作られるが，実際に酵素を利用する場合，1）製造価格が安価であること，2）立地条件や季節的条件に制約されない，3）製造に要する時間が短い，4）大量生産が可能である，などの理由により微生物起源のものが最も有利である．しかし，微生物の菌体内にある酵素の場合，何らかの方法によって，細胞を破壊して酵素を分離抽出する操作が必要となるが，この操作はかなり煩雑で，手間がかかるものである．それゆえ，一部加水分解酵素を除いて，一般に酵素は他の化学薬品に比べると高価となる．そこで，微生物から酵素を取り出す手間を省くため，微生物自体を直接何らかの方法によって固定化し，これを固体触媒として使用することが考えられ実用化されたのである．

菌体内酵素の場合，酵素はもともと細胞内に「固定化」されているが，そのまま細胞懸濁液として使用すると，自己消化（autolysis）によって細胞壁や細胞膜が破れて酵素は漏出してしまう．さらに，微生物の大きさはせいぜい5 $\mu$m あるいはそれ以下であるから，そのままカラムに充填しても，圧損（圧力損失のこと）が異常に高くなり実用的でない．適当な大きさの粒子に成型できるということは固体触媒としては重要なことである．

次に，固定化死滅微生物による酵素反応は，次のような場合に有効である：1）酵素を分離する費用が高いとき，2）微生物菌体から酵素を分離すると不安定となるとき，3）固定化時，および固定化後の操作時に，酵素が不安定であるとき，4）微生物が副反応を行う酵素を含有しないか，あるいは，副反応を司る酵素を容易に失活させるか阻害できるとき．

### 酵素の固定化法

酵素の特性を考慮すると，酵素・微生物は可能な限り，温和な条件下で固定化されねばならない．酵素の固定化方法は，担体結合法，架橋法，包括法の3つに大別されるが，さらにこれを組み合わせた複合法を加えることもある（図3.4）．

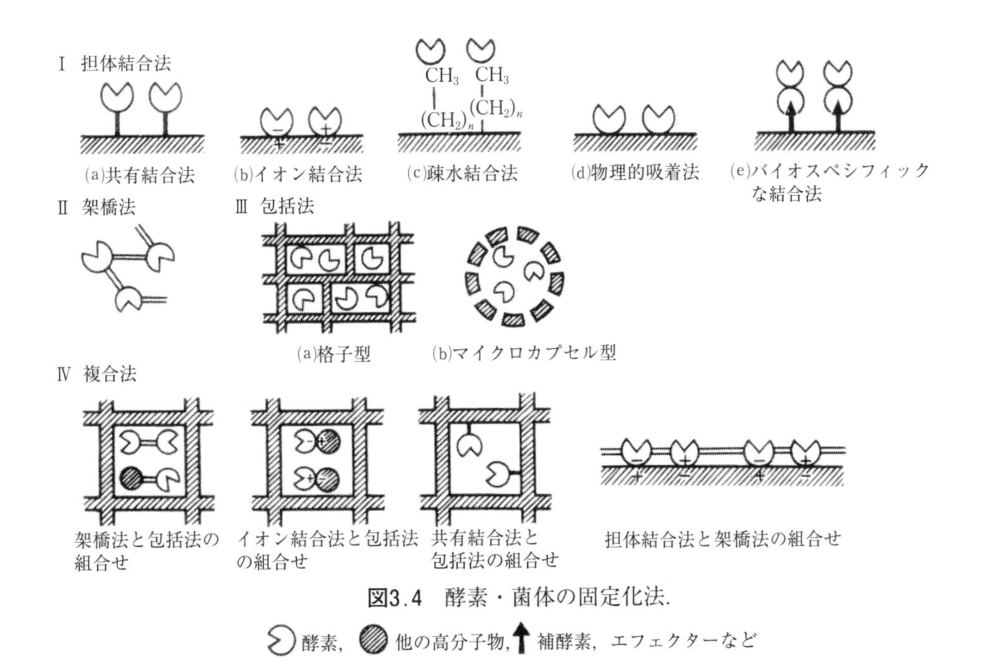


**図3.4**　酵素・菌体の固定化法．

酵素，他の高分子物，補酵素，エフェクターなど

(1)　担体結合法（carrier-binding method）

水不溶性の担体に酵素を結合させる方法である．これには，共有結合法，イオン結合法，疎水結合法，物理的吸着法，バイオスペシフィックな結合などが考えられる．

共有結合法では，酵素蛋白質には，$NH_2$基，SH 基，COOH 基，OH 基，グアニジノ基，イミダゾール基，インドール基などの反応性に富む残基が含まれていることを利用して，これらの残基のいずれかを介して，適当な担体あるいはその誘導体と共有結合させる．例として，臭化シアン活性化法（図3.5）と多孔性ガラスあるいはセラミックスへの共有結合（図3.6）を示す．

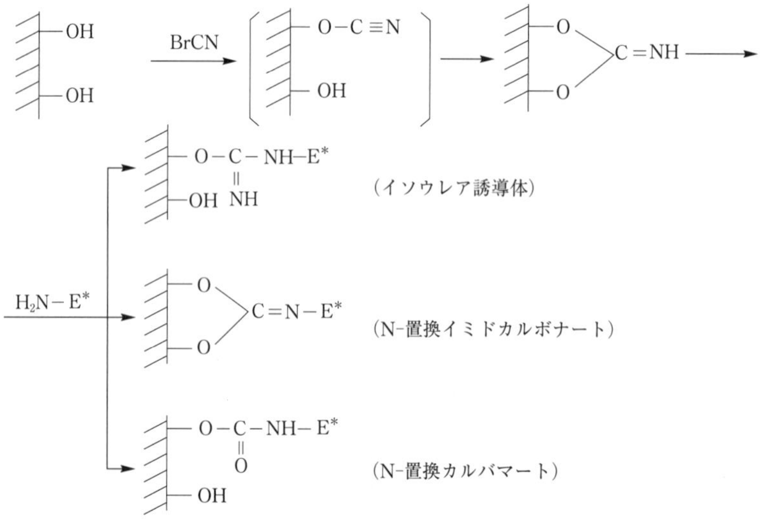

OH
OH
BrCN
O−C≡N
OH
O
C＝NH
O
H2N−E*
O−C−NH−E*
OH NH
（イソウレア誘導体）
O
C＝N−E*
O
（N-置換イミドカルボナート）
O−C−NH−E*
O
OH
（N-置換カルバマート）


**図3.5**　臭化シアン活性化法（担体結合法の一種）．E*は酵素分子を表わす．

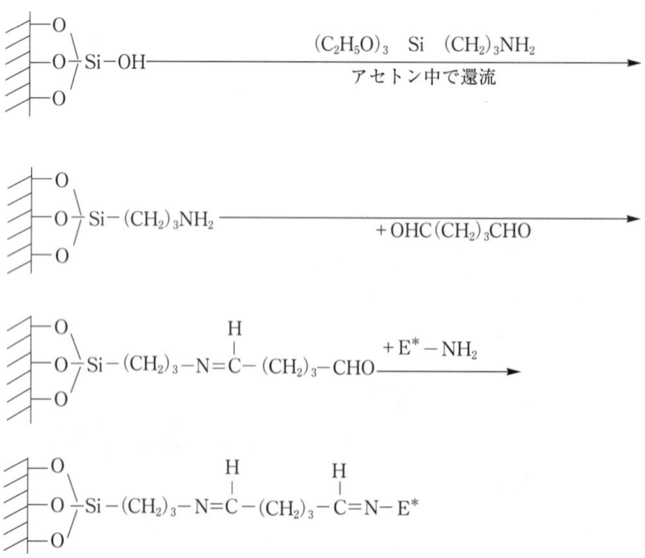

O
O
Si−OH
O
(C2H5O)3　Si　(CH2)3NH2
アセトン中で還流
Si−(CH2)3NH2
+OHC(CH2)3CHO
H
Si−(CH2)3−N=C−(CH2)3−CHO
+E*−NH2
H
H
Si−(CH2)3−N=C−(CH2)3−C=N−E*


**図3.6**　多孔性ガラスあるいはセラミックスへの酵素の共有結合．
E*は酵素分子を表す．

イオン結合法では，イオン交換基をもつ水不溶性の担体に酵素をイオン的に結合させる．イオン交換基をもつ多糖類，イオン交換樹脂などが用いられる．

疎水結合法では，担体のもつアルキル基と酵素の有する疎水領域との間で疎水的相互作用（hydrophobic interaction）で結合させる．

物理的吸着法は，酵素蛋白質を水不溶性の担体に物理的に吸着させる．担体としては，活性炭，酸性白土，カオリナイト，ベントナイト，炭酸カルシウム（石灰石），アルミナ，シリカゲル，チタン酸化物，キチン，キトサン，タンニン，珪藻土，セラミックス，骨粉，おが屑などがある．バイオスペシフィックな方法では，担体と酵素をアフィニティクロマトグラフィー的に結合させる．

⑵　架橋法（cross-linkage method）

酵素を２個もしくはそれ以上の官能基を有する水可溶性試薬（２官能基試薬，bifunctional reagent）と反応させる方法である．先の共有結合法と同様に化学的結合によって酵素を固定化するが，水不溶性担体を使用しない点が異なる．架橋剤としては，グルタルアルデヒド（図3.7），ヘキサメチレンジイソシアナートなどがある．

⑶　包括法（entrapping method）

酵素をゲルの微細な格子の中に包み込むか，半透膜状のポリマーの皮膜によって被覆する方法である．

使用されるゲルとしては，ポリアクリルアミドゲル，光架橋性プレポリマー，ウレタン樹脂プレポリマーなどの合成高分子ゲルや，アルギン酸カルシウム，$\kappa$-カラギーナン，寒天などの天然高分子ゲルがよく知られている．

ポリアクリルアミドゲルの場合を図3.8に示す．アルギン酸カルシウムゲルによる固定化は図3.9に示すように極めて簡単であり，容易に実験できる．

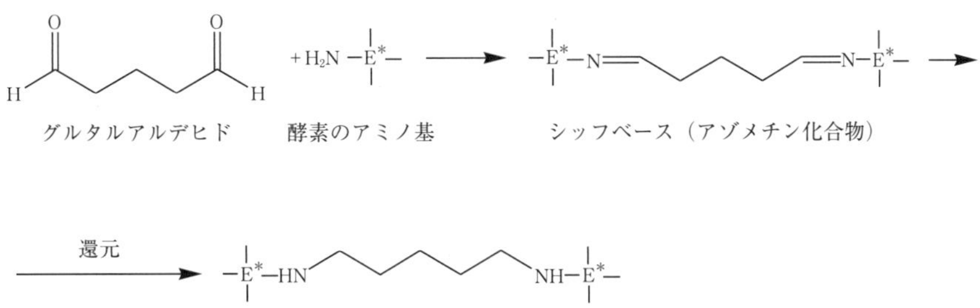

O　O　H　H　+H₂N−E*−　−E*−N=　=N−E*−
グルタルアルデヒド　酵素のアミノ基　シッフベース（アゾメチン化合物）
還元　−E*−HN　NH−E*−

**図3.7**　グルタルアルデヒド（glutaraldehyde）と酵素の結合（架橋法の一種）
シッフベース（Shiff base）とは，アルデヒドと第１級アミンの脱水結合で生じるアゾメチン化合物 R-CH＝N-R′の総称である．
酵素のアミノ基としては，N 末端のアミノ基やリジン残基の $\varepsilon$-アミノ基がある．

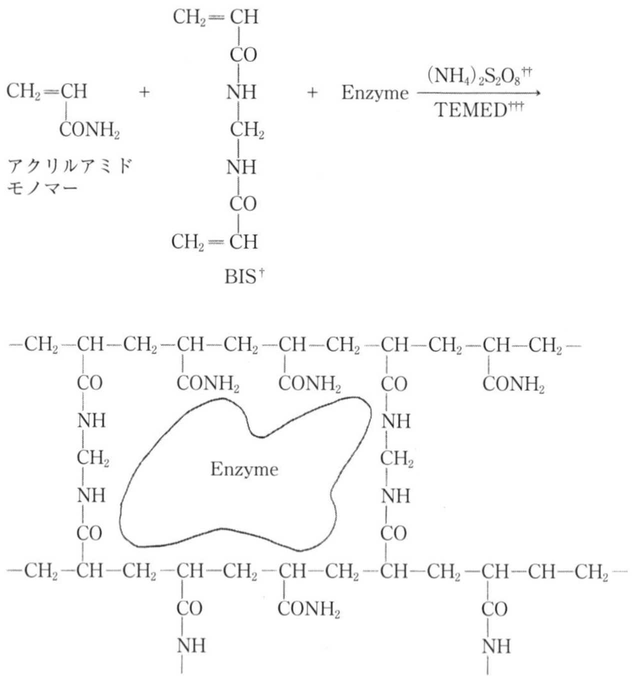

$$CH_2{=}CH\text{-}CONH_2 \;+\; CH_2{=}CH\text{-}CO\text{-}NH\text{-}CH_2\text{-}NH\text{-}CO\text{-}CH{=}CH_2 \;+\; \text{Enzyme} \xrightarrow[\text{TEMED}^{\dagger\dagger\dagger}]{(NH_4)_2S_2O_8{}^{\dagger\dagger}}$$

アクリルアミドモノマー　　　BIS†

$$-CH_2-CH(CO\text{-}NH\text{-}CH_2\text{-}NH\text{-}CO)-CH_2-CH(CONH_2)-CH_2-CH(CONH_2)-CH_2-CH(CO\text{-}NH\text{-}CH_2\text{-}NH\text{-}CO)-CH_2-CH(CONH_2)-CH_2-$$

Enzyme

$$-CH_2-CH-CH_2-CH(CO\text{-}NH\text{-})-CH_2-CH(CONH_2)-CH_2-CH-CH_2-CH(CO\text{-}NH\text{-})-CH-CH_2-$$

**図3.8**　アクリアミドゲルへの酵素の包括固定化.
BIS: *N*, *N′*-methylenebisacrylamide; $(NH_4)_2S_2O_8$: ammonium persulfate (PAS); TEMED: *N*, *N*, *N′*, *N′*-tetramethylethylenediamine.

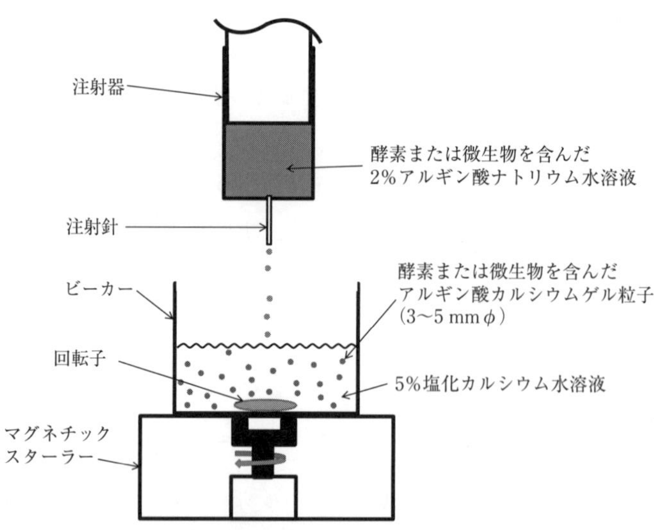


**図3.9**　酵素または微生物を含んだアルギン酸カルシウムゲル粒子の調製法（実験室での簡便な方法）.

(4)　複合法（combined method）

ゲル包括法だけでは，酵素が漏出しやすい場合に，図3.4に示したように，架橋法，イオン結合法，共有結合法などを併用する．たとえば，アルギン酸カルシウムゲルは簡便な

表3.3 固定化酵素の製法とその特性

| 特性＼種類 | 担体結合法 | | | 架橋法 | 包括法 |
|---|---|---|---|---|---|
| | 共有結合法 | イオン結合法 | 物理的吸着法 | | |
| 製法 | 難 | 易 | 易 | 難 | 難 |
| 酵素活性 | 高 | 高 | 低 | 中 | 高 |
| 基質特異性 | 変 | 不変 | 不変 | 変 | 不変 |
| 結合力 | 強 | 中 | 弱 | 強 | 強 |
| 再生 | 不可 | 可能 | 可能 | 不可 | 不可 |
| 製法の普遍性 | 中 | 高 | 低 | 低 | 高 |
| 固定化の価格 | 高 | 低 | 低 | 中 | 中 |

千畑一郎編著：固定化生体触媒，101，講談社（1986）.

包括法であるが，それだけでは酵素が漏出しやすいので，包括固定化後，架橋が必要であろう．担体結合法と架橋法の複合もよく用いられる．

また，死滅微生物を固定化するには包括法（とくにゲル包括法）が一番望ましいであろう．他の方法では，細胞壁が破れた場合，酵素が漏出する恐れがある．

これらの固定化方法を比較して，表3.3に，固定化酵素の製法とその特性を引用してある．

これらの固定化方法のどれを採用するかは，場合，場合によって異なるが，工業的固定化法としては，次のような条件を備えていることが望ましい．

1）担体は安価であり，かつ，固定化の費用も安価であること．使い捨てにする場合は，特にこのことが必要である．
2）担体を使い捨てにしない場合は，担体が容易に再生できることが望ましい．
3）調製が容易で，固定化の収率が高く，かつ結合力が強いこと．
4）担体の機械的強度が高いこと．
5）化学的に安定であること．
6）食品加工に使用する場合は安全であること．

現在までに，おびただしい数の酵素固定化法が報告されているが，これらの条件を満たす方法は意外と少ない．

### 3.1.4 酵素反応の特徴

今日では，酵素は溶液状態か固定化された状態で用いられる．いずれの状態で用いられるにせよ，酵素反応の特徴は，酵素の特性から由来する．

1）酵素反応は，常温，常圧，中性付近（若干の例外を除いて）で行われる．したがって，省エネルギー的である．
2）一般の化学反応および微生物反応では，大かれ少なかれ副反応は避けられないが，酵素反応では，その作用特異性のゆえ，副産物は生じない．このことは，反応終了後の精製プロセスが格段に容易となることを意味し，工業的観点から重要である．

3）酵素は，その立体特異性のゆえに，異性体のうちどちらか一方のみにしか作用しない．酵素を有機合成反応に利用する際に，この性質は最も重要である．非酵素的不斉合成反応が知られているが，それらの多くは酵素ほどには優秀でない．
4）酵素のなかには基質特異性に乏しいものもあり，種々の類縁化合物の合成が可能である．すなわち，酵素のもつ特異性の許す限り，基質の種々の類縁体を用いると，天然にない多種類の類縁化合物が合成される．
5）微生物反応と比較すると，反応混合物は格段に単純であり，プロセスの最適条件が設定しやすい．
6）酵素反応では，微生物反応より反応生成物の濃度を高めることが可能である．
7）酵素反応では，通常1種類の酵素を用いるので1段階の反応となるが，その生成物を基質とする第2の酵素を混合すれば2段階の反応をすすめることができる．このようにして数段階の合成・変換反応を行うこともできるが，反応の原料として生産物に近い構造をもつ基質を必要とする．この点微生物反応が微生物の生育に必要な比較的簡単な炭素源・窒素源・無機塩類を用いるのと対照的である．したがって，物質の生産プロセスとして考える場合，酵素反応は常に「基質の供給プロセス」，たとえば，天然原料の調製法，あるいは化学的合成法と関連してとらえていく必要がある．

以上は酵素反応の利点であるが，反面，次のような欠点を有する．

1）基質は，天然の有機化合物か，あるいはそれらの直接的な誘導体である場合が多い．合成化合物全体からすれば，限られた化合物にしか作用しないといえる．
2）常温，常圧，中性付近，天然有機化合物という反応条件は，微生物の繁殖しやすい条件である．反応中，雑菌汚染に陥りやすく，そのため反応率の低下や品質の低下を招きやすい．
3）酵素は一般に高価である．精製するのに大変手間がかかる．明らかに，酵素（とくに菌体内酵素）がもっと安価に精製できれば，酵素の用途はさらに広がるであろう．
4）現在までのところ，1ステップか2ステップの反応に限られている．微生物反応のように，安価な材料から，工程としては10以上を必要とするような変換を一挙に成しとげ，複雑な化合物を合成するところまでは，酵素反応では経済的に成功していない．
5）種々な方法（固定化，蛋白質の修飾，蛋白質工学的手法によるアミノ酸配列の変更など）により安定性を増大できるとはいえ，いずれ失活する．一度失活したものは，元にもどらない．
6）酵素が触媒作用を発現するためには，特定の高次構造をとる必要があり，一般に水溶液中で用いられる．したがって，一部の例外を除き，酵素反応は水溶液中で用いられる．しかし，有機溶媒中でも活性を示す酵素もいくつかある（トピック3.2参照）．

触媒として考えると，特異性が高く，過酷な条件下でも十分使用でき，半永久的に長持ちすることが理想である．この観点からすると，酵素は脆弱な触媒といえよう．

**〈トピック3.2〉　酵素は有機溶媒中でも働く**

酵素反応や微生物反応は，一般的には大過剰の水の中に存在する酵素もしくは微生物によって引き起こされる反応である．しかし，反応系内の水の量を可能な限り減らすことによって，収率や生産性が飛躍的に向上する場合がある（エステルやアミドの合成など）．有機溶媒を用いる生体触媒反応がこの範疇に入る．そして，いくつかの酵素（リパーゼやプロテアーゼなど）は，その使用形態を工夫して，微水分に注意を払えば，有機溶媒中でも十分活性を示すことが分かってきた．微生物でも，その疎水性表層の故に，容易に有機溶媒中に分散懸濁する微生物群がある（ミコール酸を有する *Mycobacterium* 属や *Nocardia* 属や *Rhodococcus* 属の細菌など）．有機溶媒中の酵素反応は，(1)溶媒系（solvent system），と(2)無溶媒系（solvent-free system）の２つがある．(2)の系については，有機溶媒中の酵素反応と言いながら無溶媒系というのは一見自己撞着しているようであるが，基質が液状の疎水性有機化合物でこの中に（固定化）酵素のみを分散懸濁させたような系を想定している（最終的にはバイオリアクター内には生成物と使用酵素のみしか存在しない）．

この分野で考慮しなければならない点は，１）適切な有機溶媒の撰択，２）酵素の使用形態，３）酵素の純度，４）酵素の特性（基質特異性定数 $k_{cat}/K_m$ や半減期 $t_{1/2}$ など）の変化，５）反応系の微水分，などである．

５）の微水分の影響については，有機溶媒中の微量の水分が，反応速度，収率や選択率，操作安定性，などに影響する．水系の反対は非水系または無水系であるが，文字通り全くの「水無し」では，酵素の分子活性は極めて低くなる．酵素は蛋白質でありその触媒活性発現のためには分子の「ゆらぎ」が必要で，それを保証するのが，結合水である．ひからびた蛋白質では揺らぐことは難しい．ひからびた酵素はスルメやメザシのようなものであろう．そこで，微量の水分の重要性を強調するため，「微水有機溶媒（microaqueous organic solvent）」，「微水系（microaqueous system）」という用語が提唱された（T. Yamane, *Biocatalysis*, 2,1 (1988)）．酵素分子周り（場合によっては分子内）の水分は「結合水」と「遊離水」とに区別されるが，非常に低い微水分領域では反応速度は酵素蛋白質分子の結合水量によって律速される（水和律速）．有機溶媒中の微水分の影響は水分活性（water activity），$a_w$，によってある程度統一的に整理できるが，微水分の影響を厳密に定量的に調べた研究は多くはないが，著者らの論文[†1, †2, †3]が参考になる．微水分の影響は酵素の由来や純度によっても異なる．有機溶媒中の酵素反応についてのより詳しい情報は下記の書籍[†4, †5]にある．

---

†1　T. Yamane et al, *Biotechnol. Bioeng.*, **34**(6), 838-843 (1989).
†2　T. Yamane et al, *Biotechnol. Bioeng.*, **36**(10), 1063-1069 (1990).
†3　W. Piyatheerawong, Y. Iwasaki, X. Xu and T. Yamane, *J. Mol. Catalysis B: Enzymatic*, **28**, 19-24 (2004).
†4　山根恒夫：生物反応工学（第３版），産業図書（株），p.115-126 (2016).
†5　Vulfson EN, Halling PJ & Holland HL: Enzymes in Nonaqueous Solvents, Methods and Protocols, Humana Press Inc. (2001).

# 3.2 均相系酵素反応速度論

### 酵素反応速度論研究の歴史

均相系とは，相が1つの系であり，ここでは酵素の水溶液を意味している．次節で述べる固定化酵素系に対比した系である．

酵素反応速度論は，V. Henriが1902年，3種類の酵素，invertase，emulsin，amylaseによる触媒反応に対して実験を行い，反応機構を考え速度式を導いたのに端を発する．しかし，彼の実験には不正確を点があったので，これらについて十分考慮して詳細な研究を行い，1913年，L. MichaelisとM. L. Mentenは，「迅速平衡法（rapid equilibrium method, RE）」というべき解析法により，今日ミカエリス・メンテンの式（Michaelis-Menten equation，以後M-M式と呼ぶ）としてよく知られている速度式を発表した．次いで，1925年，G. E. BriggsとJ. B. S. Haldaneは「擬定常状態法（quasi-steady state method，略してQSS）（定常状態近似）」とよばれる解析法を発表した．さらに，ずっと後になって，2種類以上の基質による複雑な酵素反応の速度式を導く上でのE. L. KingとC. Altman（1956年）やW. W. Cleland（1963年）の業績，J. Monod，J. WymanとJ-P. Changeux（1965年）によるアロステリック酵素（allosteric enzyme）による反応の速度に対する理論的解析などが歴史上意義深い．

まず，均相系酵素反応速度に影響を及ぼす諸因子を全体として知っておこう．これら諸因子を表3.4に示す．このうち，基本をなすのは濃度因子であり，濃度因子に関する実験から求められる速度定数がさらに外的因子と内的因子という2種の因子に依存すると考えるのが，均相系酵素反応速度論の骨子である．

## 3.2.1 1基質反応

ただ1種類の基質だけが不可逆的に反応する（S → P）という，最も簡単な場合を考える．加水分解反応や異性化反応がこれに相当する．前者の場合，当然ながら水が関与しているが，普通の条件においては，水は大過剰存在しているから，その濃度は一定と考えられ，反応速度式から除外できるからである．1基質不可逆反応の速度論は，より複雑な反応の速度論の出発点として重要である．

**表3.4 酵素反応速度に影響する諸因子**

| | 速度を支配する因子 | | その研究から得られる知見 | 摘　要 |
|---|---|---|---|---|
| | 分　類 | 要　因 | | |
| 1 | 濃度因子 | 酵素濃度，基質濃度，生成物濃度，エフェクターの濃度 | 反応機構，反応速度定数（速度パラメータ）． | 反応機構と速度式 |
| 2 | 外的因子（反応環境） | 温度 | 標準熱力学量および活性化熱力学量，速度パラメータの物理的意味など． | 熱力学および絶対反応速度論の基本則の応用． |
| | | pH | 反応に関与する活性解離の p*K* 値とその解離熱（p*K* 値への温度の影響より）．解離基の種類とその役割． | ［$H^+$］を含む速度式の解析 |
| | | イオン強度 | 塩類の濃度の影響 | |
| | | 圧力 | 標準体積変化と活性化体積 | 熱力学および絶対反応速度論の基本則の応用 |
| | | 溶媒の特性値 | 反応に伴う静電気的変化（電荷の分布状態の変化など） | 同上<br>静電気理論 |
| 3 | 内的因子（構造因子） | 基質およびエフェクターの構造 | 基質やエフェクターと酵素との結合の性質．酵素の活性部位の構造など． | 分子構造と親和力との関係の系統的な考察． |
| | | 酵素の構造（1次，2次，3次，4次構造） | 酵素の触媒活性および基質との結合に必要なアミノ酸残基．活性に必要な立体構造など． | 化学修飾，高次構造の修飾． |

廣海啓太郎：酵素反応解析の実際，16，講談社（1978）に一部追加．

## ミカエリス・メンテンの式

1基質不可逆反応に対する速度式は Michaelis-Menten の迅速平衡法でも，Briggs-Haldane の擬定常状態法でも導ける．後者の方が前者より現実の機構に近く，より進んだ解析法であるが，前者の方が後者より簡単である．したがって，複雑な酵素反応になると，迅速平衡法も時として適用される．迅速平衡法と擬定常状態法を表にまとめると，表3.5のようになる．

表3.5でⅠ，1）に示してある反応スキームは，総ての生化学の教科書に出てくる標準的な表示形式であるが，以下の様な表示形式の方が理解しやすい．

E
S　　　　P
ES

反応中，酵素Eは上の図で示されるサイクル（遊離酵素Eと酵素・基質複合体（ES complex）ESの間）をくるくる回って，S→Pという全反応を繰り返し触媒している（turn over している）のである．そのくるくる回る速さがTONである．

さて，いかなる酵素反応に対しても，まずⅠの1）を記述し，それに対してⅠの2）とⅡとⅢを適用することにより速度式を導くことができる．

**表3.5**　迅速平衡法と擬定常状態法の比較

| | 迅速平衡法（Michaelis-Menten） | 擬定常状態法（Briggs-Haldane） |
|---|---|---|
| Ⅰ．仮　定 | 1）酵素Eと基質Sは不安定な複合体ES（ES　complex）を形成し，酵素反応はこの中間体を経て起こる． | 1）左と同じ |
| | $$\underset{e_{\mathrm{free}}\ \ s}{\mathrm{E+S}} \underset{k_{-1}}{\overset{k_{+1}}{\rightleftarrows}} \underset{x}{\mathrm{ES}} \xrightarrow{k_{\mathrm{cat}}} \underset{e_{\mathrm{free}}\ \ p}{\mathrm{E+P}}$$ | |
| | 2）ES複合体は，反応開始後すみやかに，E，Sと動的な平衡に達する．<br>$\dfrac{e_{\mathrm{free}}\cdot s}{x}=\dfrac{k_{-1}}{k_{+1}}=K_s$　(1) | 2）ES複合体は，反応開始後すみやかに擬定常状態になり，したがって，その生成速度とその分解速度は等しく，$x$ は時間的に変化しない．<br>$dx/dt=k_{+1}e_{\mathrm{free}}\cdot s-(k_{-1}+k_{\mathrm{cat}})x$<br>$=0$　(1′) |
| | 3）基質の濃度は全過程を通じてほとんど変化しない．いいかえると，回分式反応では，反応開始直後の反応速度を考える（初速度の概念）． | 3）左と同じ |
| Ⅱ．酵素種の保存則 | 酵素の全濃度 $e$（＝一定）は，遊離酵素 $e_{\mathrm{free}}$ とES複合体の濃度 $x$ との和である．<br>$e=e_{\mathrm{free}}+x$　(2) | |
| Ⅲ．生成物の生成速度 | 生成物の生成速度 $r_p$ は，　$r_p=k_{\mathrm{cat}}x$　(3) | |
| Ⅳ．速度式 | (1)，(2)，(3)式より<br>$-r_s=r_p=\dfrac{k_{\mathrm{cat}}es}{K_s+s}$　(3.1) | (1′)，(2)，(3)式より<br>$-r_s=r_p=\dfrac{k_{\mathrm{cat}}es}{K_{\mathrm{m}}+s}$　(3.2) |
| Ⅴ．$K_s$, $K_m$ の内容 | $K_s\equiv k_{-1}/k_{+1}$　(3.1a) | $K_{\mathrm{m}}\equiv(k_{-1}+k_{\mathrm{cat}})/k_{+1}$　(3.2a) |

(3.1) 式と (3.2) 式はまったく同形であるが，分母の定数の内容が (3.1a) 式と (3.2a) 式のように異なる．ずっと後になってわかったことであるが，多くの酵素反応では，$k_{\mathrm{cat}} \ll k_{-1}$ であり，したがって，$K_{\mathrm{m}} \fallingdotseq K_s$ なのである．現在においてはミカエリス・メンテンの式（Michaelis-Menten equation，略してM-M式，M-M equation）といえば，一般に (3.2) 式をさすので，本書でも (3.2) 式をM-M式とよぶことにする．

(3.2) 式は $s$ に関して直角双曲線形であり，図3.10のようになる†．この図から，定性的には，次のことがいえる．いま，ある一定量の酵素を用いて，基質濃度をしだいに増やしてゆくと，それにつれてES複合体状態の酵素の量が増え，反応速度が増し，ついには事実上すべての酵素がES複合体となり，酵素は飽和状態になる．そのとき反応速度は $k_{\mathrm{cat}}\times e$ であり最大となる．明らかに，反応速度は $e$ に比例する，通常，生化学のテキストでは，$k_{\mathrm{cat}}\times e$ は $v_{\max}$ のように1つのパラメータにまとめて表示されるが，本章では，$e$ も操作変数であることを明示するため，(3.2) 式のように表現する．

† M-M式そのもののグラフはどの生化学の教科書にも載っているので，図3.10は異なる観点から示してある．すなわち，$x$-軸は $s$ が $K_{\mathrm{m}}$ の何倍かを示し，$y$-軸は $r$ が最大反応速度 $r_{p,\max}$ の何倍か，で示してある．いいかえると，両軸共に，無次元化されている．

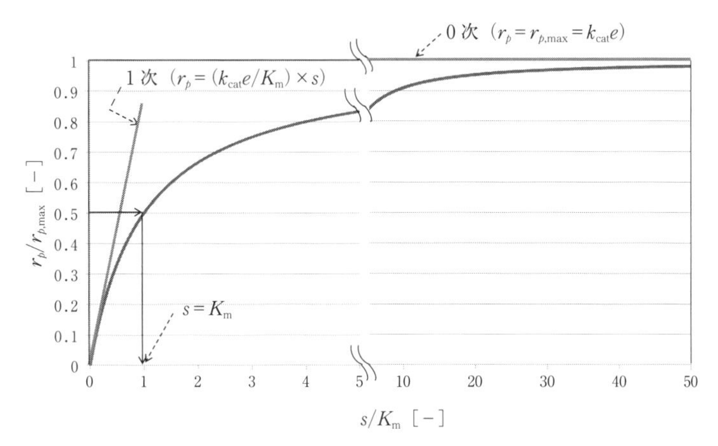


**図3.10**　ミカエリス・メンテンの式のグラフ
（$e$ 一定の時の $s$ と $r_p$ との関係，直角双曲線型）
両軸とも無次元化されている．なお，$r_{p,\max} = k_{cat}e$ である．

なお，$k_{cat}/K_m$ は特異性定数（specificity constant）と呼ばれる．同一酵素の各種類縁体の反応性，あるいは同一反応を触媒する複数の酵素間の優劣を比較するのに有益なパラメータである．

(3.2) 式には $s$ と $K_m$ の相対的大きさにより 2 つの極限状態がある．もし，$s \ll K_m$ のときは，

$$r_p = \frac{k_{cat}e}{K_m}s \tag{3.3}$$

すなわち，基質濃度に対して 1 次となる．一方，$s \gg K_m$ のときは，

$$r_p = r_{p,\max} \equiv k_{cat}e \tag{3.4}$$

すなわち，基質濃度に対して 0 次となる．

また，$s = K_m$ のとき $r_p = r_{p,\max}/2$ となる．いいかえると，$K_m$ とは，$k_{cat}e$（最大反応速度）の半分の反応速度を与える基質濃度である．$K_m$ をミカエリス定数（Michaelis constant）という．$K_m$ が大きいということは，酵素を基質で飽和させるのに，高い基質濃度が必要となり．酵素のその基質に対する親和性が低いことを意味し，$K_m$ 値の小さい基質は，優先的に酵素と結合し，親和性が高い．$K_m$ 値は，由来する生物種，pH，温度，イオン強度によって変わるが，おおむね$10^{-2}$～10 [mM] の範囲にある．

M-M 式に従うような酵素反応において，実験データから速度パラメータ $K_m$ と $k_{cat}e$ を求める方法としては，5 つ知られている．

1）図解法

(a) Lineweaver-Burk plot（$1/r_p$ 対 $1/s$）（ラインウィーバー・バークプロット）
（略して L-B plot あるいは二重逆数プロット，double reciprocal plot，という）

(b) Hofstee plot（$s/r_p$ 対 $s$）

(c) Eadie plot（$r_p$ 対 $r_p/s$）

(d)　積分法（$\{s_0-s(t)\}$ 対 $(1/t)\ln\{s_0/s(t)\}$）（但し，$t$ は反応時間）

2）直接法（非線形最小自乗法）

1）図解法はいずれも，(3.2) 式を直線関係に変形し，その勾配と両軸切片から速度パラメータを決める方法であるが，2）は (3.2) 式をそのまま実測データと比較し，非線形最小自乗法で速度パラメータを決める方法である．実は，この方法が一番精度がよい．現在は，非線形最小二乗法（非線形回帰分析）によるパラメータ推算のための種々のパソコンソフトが入手できるので，それを利用することを推奨したい．

ここで，酵素の濃度に関連した事項を述べる．酵素は，精製していけば結晶化まで純度を高めることは可能であるが，酵素の精製は大変手間のかかることであり，このような高純度の酵素を一般的に工業触媒として用いることはまれである．不純なままで使用可能ならば，そのまま用いるであろう．市販の試薬としての酵素でさえ，純度はさほど高くはない．このような場合，酵素の量を mol とか mg とかで表わすことはできないので，触媒活性（反応速度）をもってその量の相対的大小を表現する．高基質濃度では $r_p$ は $s$ に依存せず，$e$ のみに比例するからである．

以上のような背景から，「酵素単位」の考えが生まれた．

酵素単位（enzyme unit，U）：定義された条件（論文に明記すること）において，1分間に $n$ $\mu$mole の基質の変化を触媒する酵素量を $n$ 単位（$n$U）とする．

比活性（specific activity）：試料中の全蛋白質 1 mg 当たりの酵素単位数（U/mg）．

上記の単位・定義は今日でもよく使用されるが，1972年，国際酵素委員会は，活性はすべて1秒間に基質 1 mol の変化を触媒する量をもって表わし，これを“katal”（kat と表示）とよぶことを提案した．したがって，1 kat = $6\times10^7$ U，1 U = 17 n kat となる（nkat = $10^{-9}$ kat）．1 $\mu$kat = 60 U と憶えておくとよい．比活性についても，kat·(kg 蛋白質)$^{-1}$，の単位で表わすことを勧告している．

**M-M 式の拡張**

(1)　阻害

一般に阻害剤 I（濃度 $i$）の影響は次式で表わされる．

$$r_p=\frac{k_{\mathrm{cat}}es}{\left(1+\dfrac{i}{K_{is}}\right)K_{\mathrm{m}}+\left(1+\dfrac{i}{K_{ii}}\right)s} \tag{3.5}$$

$K_{is}=K_{ii}$ の時は，純粋な非括抗的阻害であり，$K_{ii}=\infty$ の時は，純粋な括抗的阻害とよばれ，$K_{is}=\infty$ の時は，純粋な反桔抗的阻害とよばれる．

また，反応速度が半分に低下する $i$ の値を $\mathrm{IC}_{50}$ と称し，医薬品や農薬の開発に重要な値である．

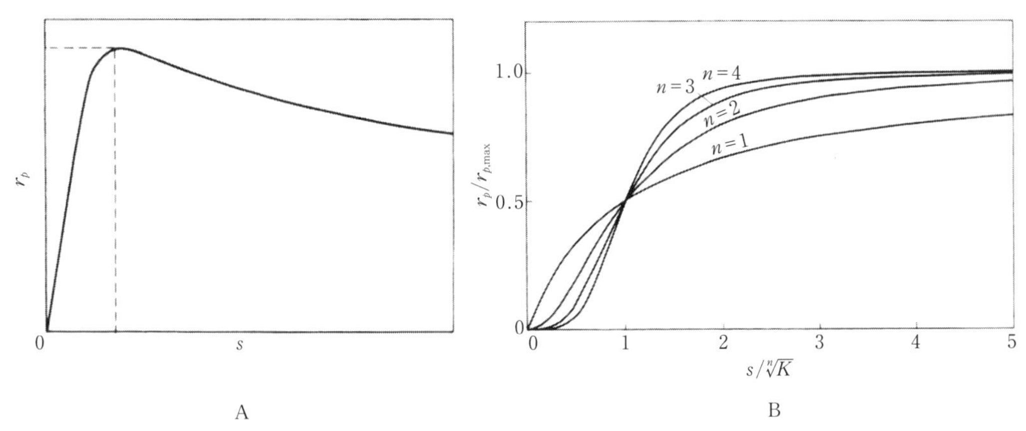


**図3.11** ミカエリス・メンテンの式の拡張.
A：基質阻害のある場合の $r_p$ 対 $s$ のプロット.
B：アロステリック酵素（ヒルの式（(3.7) 式）による $r_p$ 対 $s$ のプロット）.

(2) 基質阻害

$s$ の高いところで，$r_p$ が低下してくる場合があり，これを高濃度基質阻害あるいは単に基質阻害（substrate inhibition）型反応とよび，反応速度に最大点が現われる（図3.11A）. これは，酵素の活性中心を複数の基質が拮抗的に奪い合うことから生ずる.

反応模式としては，

$$\left.\begin{array}{l} \mathrm{E+S} \underset{k_{-1}}{\overset{k_{+1}}{\rightleftarrows}} \mathrm{ES} \xrightarrow{k_{\mathrm{cat}}} \mathrm{E+P} \\ \mathrm{ES+S} \underset{k'_{-1}}{\overset{k'_{+1}}{\rightleftarrows}} \mathrm{ES_2} \end{array}\right\}$$

ここで $ES_2$ 複合体は不活性とする．ES，$ES_2$ に対して擬定常状態法を適用すると，

$$r_p=\frac{k_{\mathrm{cat}}e}{1+(K_1/s)+(s/K_2)} \tag{3.6}$$

となる．(3.6) 式に従う酵素反応では $s=\sqrt{K_1K_2}$ のとき最大の反応速度を示す.

(3) アロステリック酵素

不可逆反応で非双曲線型のもう一つの例としてアロステリック酵素の反応速度式がある. この種の酵素では，$r_p$ 対 $s$ のプロットがS字型（シグモイド）を示すのが特徴である．このS字型の挙動は正の協同性（positive cooperativity）とよばれ，基質が酵素と結合すると酵素蛋白質の立体構造が変化し，酵素の基質による活性化が起きているのである．多量体酵素のアロスチリック相互作用を説明する分子モデルとしては，Monod-Wyman-Changeu の理論，Koshland，Némethy-Filmer の理論その他がある．アロスチリック酵素に対する実験式としては，ヒルの式（Hill equation）が知られている.

$$r_p=\frac{r_{p,\max}s^n}{K+s^n} \tag{3.7}$$

$n$ をヒル係数（Hill　coefficient）とよぶ．$n=1$ のときは，ヒルの式はM-M式と一致する．ただし，ヒルの式は一種の経験式であり，$\log\left(\dfrac{r_{p,\max}s^n}{r_{p,\max}-r_p}\right)$ 対 $\log s$ のプロットの勾配から実験的に求められる $n$ は整数になるとは限らない．図3.11Bに $n$ をパラメータとしてヒルの式によって描いた曲線を示す．$n$ が大きいほどシグモイド性は強くなる．

⑷　可逆反応

1基質の可逆酵素反応（reversible enzyme reaction）S ⇄ Pの反応模式は，

$$\mathrm{E+S} \underset{k_{-1}}{\overset{k_{+1}}{\rightleftarrows}} \mathrm{ES} \underset{k_{-2}}{\overset{k_{+2}}{\rightleftarrows}} \mathrm{E+P}$$

これに対して，擬定常状態法を通用すると，正反応速度式（Pを生成する反応の速度）が得られ，適当に変数変換すると，M-M式と類似の式（一般化M-M式（generalized Michaelis-Menten equation））が得られる．

工業的に重要な1基質可逆酵素反応としてはxylose isomeraseによるブドウ糖の果糖への異性化反応がある．この反応では平衡定数 $K_{eq}=0.92\sim1.15$ であるから最終製品はブドウ糖と果糖がほぼ等量ずつ混ざったものとなる．これをブドウ糖果糖液糖（あるいは異性化糖）といい，固定化酵素を用いて多量に生産されている．

⑸　生成物阻害（product inhibition）

生成物と酵素が複合体を形成し，それが行き止まりとなる場合もあろう．とくに，生成物濃度が高くなってくると，この可能性が生じてくる．

このような場合，基質と生成物は構造的に類似しているから，生成物は酵素の非活性部位と結合するよりは，むしろ活性部位と結合しがちである．反応模式は，

$$\left.\begin{aligned}&\mathrm{E+S} \underset{k_{-1}}{\overset{k_{+1}}{\rightleftarrows}} \mathrm{ES} \xrightarrow{k_{\mathrm{cat}}} \mathrm{E+P}\\&\mathrm{ES+P} \underset{k'_{-1}}{\overset{k'_{+1}}{\rightleftarrows}} \mathrm{EP}\end{aligned}\right\}$$

この機構に対して擬定常状態法を適用すると，反応速度式として次式を得る．

$$r_p=\frac{k_{\mathrm{cat}}es}{(1+p/K_i)K_{\mathrm{m}}+s} \tag{3.8}$$

(3.8) 式より，生成物阻害のない場合のM-M式（(3.2) 式）と比較して，最大反応速度は変わらないが，$K_{\mathrm{m}}$ が $(1+p/K_i)$ 倍となることがわかる．すなわち，桔抗的阻害型となっている．

**pHの影響**

3.1節で酵素反応には至適pHが存在することを述べた．ここで，もう少し詳しく立ち入って考えると，酵素反応に対するpHの影響には，2つの異なった側面があることがわかる．まず，考えているpH範囲で，pHによる不可逆的（ないしはおそい可逆的）な変性

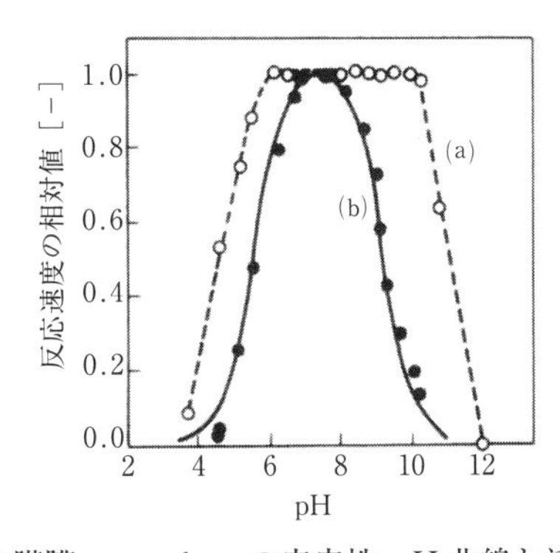


**図3.12**　ブタ膵臓 α-amylase の安定性-pH 曲線と活性-pH 曲線.
(a)○：残存活性（相対値），(b)●：分子活性（相対値）
廣海啓太郎：酵素反応解析の実際, 58, 講談社（1978）

がどの程度起こるか，逆にいうと，酵素活性がどの程度安定に保持されるかという安定性の面と，その安定性が保障された pH の範囲内で，あるいは失活を考慮に入れて，反応速度が pH によって変化するという面である．前者の関係を示すのが，安定性-pH 曲線であり通常台形状となり，後者の関係を示すのが活性（反応速度）-pH 曲線であり通常釣鐘形となる．図3.12にこれら２つの曲線を例示する．この図のように，活性-pH 曲線は安定性-pH 曲線の内側にあるのが常である．

釣鐘型の活性-pH 曲線を表現するモデルとしてミカエリスの３態モデルがあり，そのモデルを数式で表すとミカエリス pH 関数（Michaelis pH function）となり，任意の固定された基質濃度 $s$ における $r_p$ の pH 依存性は左右対称の釣鐘形が数式表現される．

### 温度の影響

多くの酵素反応の ES → E＋P の過程の速度定数に対しても，一般の化学反応の速度定数と温度との関係と同様に，アレニウスの式（Arrhenius equation）が成立する．

$$k_{\mathrm{cat}} = A\exp(-E_a/RT) \tag{3.9}$$

ただし，$E_a$ は活性化エネルギー，$R$ は気体定数，$T$ は絶対温度である．

しかし，Eryring の遷移状態理論によると，

$$k_{\mathrm{cat}} = A'T\exp(-\Delta H^*/RT) \tag{3.10}$$

となり，$k_{\mathrm{cat}}$ の $T$ 依存性が少し異なる．

(3.9) 式より，$\log k_{\mathrm{cat}}$ を $1/T$ に対してプロットすると直線となり，その勾配より $E_a$ が求まる．このようなプロットをアレニウスプロット（Arrhenius plot）とよぶ．図3.13の右下がりの直線は実例である．(3.10) 式の場合は，$\log(k_{\mathrm{cat}}/T)$ 対 $1/T$ をプロットすれば直線となる．

酵素反応の $E_a$ は一般に正であり，(3.9) 式に従えば，温度を上昇させると，反応速度はどんどん増すことが期待されるが，実際にはそうはならない．(3.9)）が成立するのは低温の比較的狭い温度範囲に限られるといってよい．それは，高温側では，酵素の熱失活

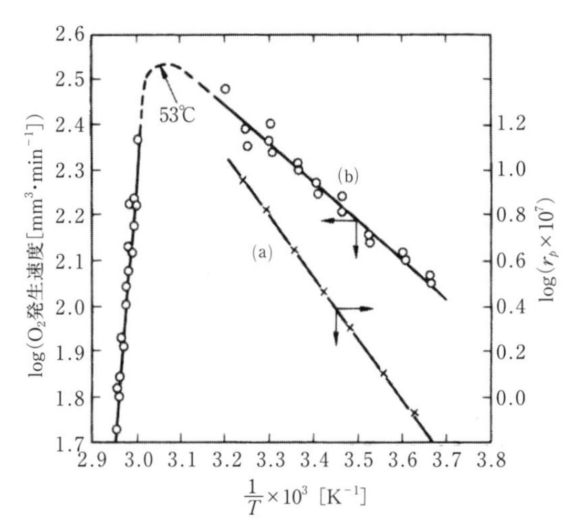


**図3.13** 酵素反応速度のアレニウスプロット.
(a)myosinを触媒としたATPの加水分解（採用した高基質濃度条件では，$r_p$は$k_{cat}$に比例する.）
(b)catalaseによる$H_2O_2$の分解速度（反応速度＝$O_2$発生速度）

が起こり，活性な酵素量が減少するからである．失活の速度論については，次節で述べるが，低温側における温度の上昇とともに反応速度が増大する効果と，高温側における酵素蛋白質熱変性による反応速度の減少効果が相殺された結果，酵素反応に及ぼす温度の影響は，前に述べたように一般には山型となる．図3.13(b)に実例を示す.

次に，酵素反応がM-M機構に基づくとき，平衡定数$K_s$（$\fallingdotseq K_m$）と温度の関係は，次のファントホッフの式（van't Hoff equation）に従う.

$$K_s \propto \exp(-\Delta H/RT) \tag{3.11}$$

(3.11) 式から，酵素反応の反応熱$\Delta H$は，基質飽和定数$K_s$の温度変化を調べることによって求められる．酵素反応では，基質のさほど著しい構造変化が起こらないので，反応熱は一般の化学反応に比較すると小さい.

## 3.2.2 2基質反応

今までは1種類の基質が反応して1種類の生成物が生成する最も単純な場合について述べたが，現実に行われている酵素反応では，2基質の反応もある．すなわち，

$$A + B \rightleftarrows P + Q$$

このような場合の反応速度式には，A，BやP，Qの濃度の項も含まれてくるので，速度式は複雑となり，含まれる速度パラメータも増えてくる.

いわゆる最も狭義のバイオリアクターでの反応は，$NAD^+$（あるいは$NADP^+$）やATPなどの補基質が関与し，2基質反応となる.

$$S_{ox} + NADH + H^+ \rightleftarrows S_{red} + NAD^+$$

$$S + ATP \rightleftarrows S \sim Ⓟ + ADP$$

Clelandは上記のような，酸化還元酵素や転移酵素として，よく出くわす型の，2つの基質（その1つは補基質であってもよい）から2つの生成物を生じる可逆反応 $A + B \rightleftarrows P + Q$ を基質の結合および生成物の解離の順序の違いから分類し，反応式を提出しているが，複雑となるので省略する．

### 3.2.3　失活（安定性）の速度論

3.1節で述べたように，酵素は，種々の要因により失活する．その中でも熱による失活（熱失活，または熱変成）が最も重要である．酵素の熱失活は温度が高いほど激しい．酵素の熱失活（熱安定性）は，非反応時（基質や生成物の非存在下）と反応時とで区別して考える必要がある．

#### 非反応時の熱安定性

非反応時の熱安定性は，実用上は酵素の保存時の安定性と関連している．非反応時の酵素の熱安定性を知る簡便法として，酵素溶液の失活を起こさせる一定の条件下に一定時間保温し，然る後，残存酵素活性を，その酵素反応に適した一定の至適条件（至適pH，低温）のもとで初速度法で測定する．これを種々の温度で実施すると，図3.14に示す曲線群のうちの一つの曲線を得る．このような曲線で示される性質は熱安定性（thermal stability）と称されている．もし，保温時間を変えると曲線は図3.14のように変化する．したがって，このような曲線は保温時間の長さに依存し，みかけの熱安定性を示すに過ぎない．より定量的に熱失活速度の測定を行うには，前述の実験で，一定時間間隔でその一部を取り出し，残存酵素活性を前述の方法で次々と測定する．これを失活処理時間に対してプロットした

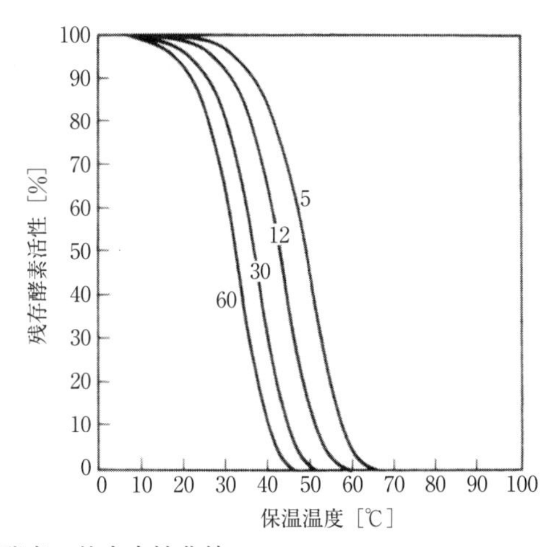


**図3.14**　酵素の熱安定性曲線

曲線の数字は保温時間［min］．（3.16）式において，$A_d = 4 \times 10^{17}$ $[s^{-1}]$，$E_d = 30[kcal \cdot mol^{-1}]$，$R = 2[cal \cdot mol^{-1} \cdot K^{-1}]$ として計算．

グラフを失活曲線（inactivation curve）（図3.15A）とよぶ．このような曲線を種々な保温温度で得れば，これらの曲線群こそ真の熱安定性を示すことになる．

変性失活は複雑であるが，可逆的な反応と不可逆的な反応が考えられる．以下に，いくつかの数式モデルを紹介する．

(1) 1段階モデル（one step model, 1次失活モデル）

今，活性な酵素をE，失活した酵素をDとすると，

$$E \rightarrow D$$

と表わせる．ただし，$k_d$ は正反応の速度定数である．

$$de_t/dt = -k_d e_t \qquad (3.12)$$

酵素の全濃度を $e_0$，時間 $t$ における E の濃度を $e_t$ とし，初期条件（$t=0$，$e_t=e_0$）を用いると，(3.12) 式の解は

$$a_t \equiv e_t/e_0 = \exp(-k_d t) \qquad (3.13)$$

多くの酵素の熱失活は (3.13) 式に従う（図3.15A）．$k_d$ を崩壊定数（decay constant）または1次失活定数（first order deactivation constant）とよび，$(\mathrm{time})^{-1}$の次元をもっている．$k_d$ の逆数 $t_c$ を時定数（time constant）という．また，$e_t$ が $e_0$の半分になる時間を半減期（half life）$t_{1/2}$とよぶ．$k_d$，$t_c$，$t_{1/2}$の間には次の関係がある．

$$k_d = 1/t_c = \ln 2/t_{1/2} \qquad (3.14)$$

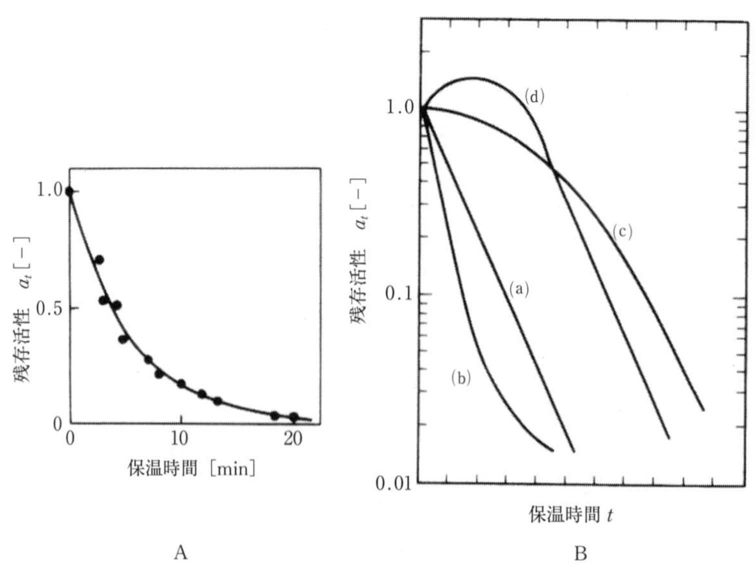


**図3.15** 失活曲線（$a_t \equiv e_t/e_0$）
A：失活曲線（実測データの1例），
B：種々の失活曲線プロフィール（Bの(a)はAのデータをプロットしたグラフ）

(2) 多段階モデル（multistep model）

これには，並列モデル（parallel model）と逐次モデル（series model）がある．並列モデルでは，酵素分子の全集合が熱安定性の異なるいくつかの部分集合から成立っていると考える．一方，逐次モデルでは，失活の過程が一段階ではなく，中間的な状態を経て進行すると考える．最も簡単な場合は，

$$E \rightarrow E_1 \rightarrow E_2$$

これらのモデルに従って数式を表せば，パラメータの数は3～4に増えるが1次失活モデルでは表わせない種々の失活曲線プロフィール（図3.15B，(b)，(c)，(d)）も表現できる．

(3) 非反応時の熱安定性に及ぼす温度の影響

温度の影響は速度定数に現われる．この関数形は，一般にはアレニウスの式で表わされる．1次失活モデルでは，

$$k_d = A_d \exp(-E_d/RT) \tag{3.15}$$

(3.13) 式と (3.15) 式より，

$$a(t, T) \equiv e_t/e_0 = \exp(-A_d t \cdot \exp(-E_d/RT)) \tag{3.16}$$

(3.16) 式が温度と時間の関数としての失活曲線を表現する式である（図3.14参照のこと）．

一般に蛋白質の変性や失活の活性化エネルギーは，30 [kcal·mol$^{-1}$] 以上であり，通常の反応の活性化エネルギーよりかなり大きい．このことは，変性や失活の速度が温度に対して敏感なことを意味する．

さて，回分反応時の酵素の熱失活を定性的に表わすパラメータとして，「至適温度(optimum temperature)」なる言葉がしばしば用いられる．すなわち，基質の変化量を種々な温度で測定すると，上に凸の曲線が得られ，変化量が最も高い温度があり，この温度を越えると反応速度は急激に減少すると言われる．しかし，このようにして求めた「至適温

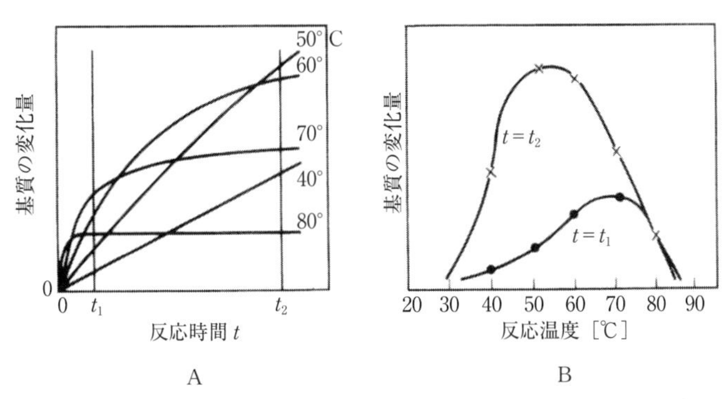


**図3.16** 種々の温度における酵素反応の典型的経時変化曲線．
みかけの「至適温度」が反応時間に依存することを示す．

度」は，反応時間の長さに依存し，何ら本質的意味を持たないことに注意すべきである．以下にこの事を説明しよう．もし，種々の温度で反応の経時変化曲線（progress curve）をプロットすると，得られる結果は一般に図3.16Aのようになる．温度の上昇とともに，真の初速度は常に増大するが，図3.16Bに示したように，ある一定時間の間に変換される基質量は増大し，次いで減少し，みかけの「至適温度」を与える．しかし，この「至適温度」は不変ではなく，反応時間が長いほど減少する（図3.16Bの$t_1$と$t_2$の場合を比較せよ）．ここでは，2つの異なる温度効果が同時複合的に作用している．すなわち，真の初速度（あるいは酵素の真の触媒活性）の増大と，熱失活による活性酵素量の減少である．後者のために時間対反応量の曲線は寝てしまい，最後に生成速度は零となる．「至適温度」は酵素反応速度に及ぼす温度の影響と酵素失活速度に及ぼす温度の影響との間の兼ね合いによって決まることになる．

### 反応時の熱安定性

反応時の酵素の安定性は，触媒の寿命と関連しており，実用上重視される．連続反応中の酵素の安定性は，操作安定性（operational stability）ともよばれる．反応時の酵素の熱安定性を測定するには，次のような方法がある．

⑴ 回分法．遊離酵素および固定化酵素に適用できるが，次の連続法と比較すると，より高温側での短時間の熱安定性を評価することになる．

⑵ 連続法．管型反応器や攪拌槽型反応器（3.4節に記述）を用いる連続反応時の失活測定は，固定化酵素の場合のみに可能である．しかし，限外濾過膜型反応器（3.4節に記述）を用いれば，酵素は遊離状態で反応器内に保持され，基質や生成物は連続的に流入・流出するので，遊離状態の酵素の場合でも，その熱失活を測定できる．

固定化酵素を充填したバイオリアクター全体の半減期としては，

ⅰ）定流量方式：一定流量で基質溶液を供給し続けて，反応率（3.4節に記述）が初期値の半分になった時間，

ⅱ）定反応率方式：一定の反応率（工業的にはほぼ100％）を維持するように，徐々に基質溶液流量を低下させていき，流量が半分になった時間．

工業的には，ⅱ）がより有意義であるが，実験室ではⅰ）が多用される．このようにして定義した半減期は，一般に，個々の固定化酵素粒子内における酵素分子の真の半減期より必ず長くなる。その値は，反応器形式，反応速度式，初期反応率など多くの因子によって影響を受ける。したがって，上記のような定義で求めた半減期を酵素分子そのものの半減期と誤解してはならない。

# 3.3
# 固定化酵素の反応速度論

## 3.3.1　固定化酵素単一粒子の総括反応速度

固定化酵素粒子を含む反応系は，反応工学的視点から分類すると，不均一系触媒反応とみなされる．少なくとも液相と固相（固定化酵素）の2相が存在し，さらに，反応成分として酸素が関与し通気によりその酸素を供給する場合，気相も含まれる．基質は連続相である水中に存在する．固定化酵素粒子がこの水中に懸濁されていて，S → P なる反応が酵素により進行するためには，図3.17A に示すように，基質 S は水溶液の流れ（これを液本体という）からまず粒子の外表面へ到達し，さらに粒子の中の酵素分子まで移動しなければならない．生成物 P はこれと逆の経路をたどって，液本体へ出てくる．測定分析して知りうるのは，液本体中の基質や生成物の濃度であるから，この濃度を基準にして，観測される反応速度（これを総括反応速度，overall reaction rate，といい，真の反応速度，intrinsic reaction rate，と区別する）がどのような因子によって影響されるかを知っておかねばならない．つまり，真の反応速度ばかりでなく基質や生成物の担体界面近傍での移

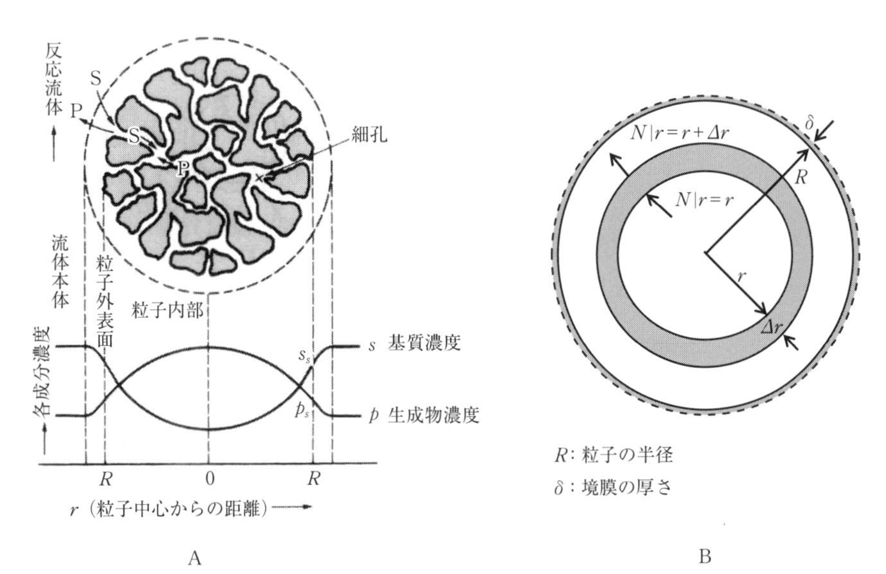


**図3.17**　固定化酵素単粒子内外の物質の移動と濃度および移動流束
A：担体内の基質と生成物の移動およびのそれらの濃度分布
B：担体粒子外境膜の物質移動と粒子内の微小球殻での基質収支

動と，粒子内での移動に関して正しく定量的に把握すれば，正しい反応速度の知見を得ることができる．図3.17Aに，粒子内外の基質および生成物の濃度分布を概念的に示す．

**固体粒子外表面近傍における物質移動**

一様な流れの場におかれた電気的に不活性な固定化酵素の単一球形粒子を考える．液本体中の濃度が $s$ であっても，粒子外表面近傍では決して $s$ とはならない．それは固体近傍では，流体の粘性により，必ず流れがよどみ，国体表面では流速は0となるからである．そのような流れがよどんだ部分では，濃度分布が生じ，その濃度差によって物質移動が起こる．粒子まわりの場における濃度分布を概念的に把握するために，しばしば液本体の濃度 $s$ の99%の位置を結ぶ包路線が描かれる．この包絡線を濃度境界層（concentration boundary layer）とよび，粒子内の反応速度と，粒子まわりの流体力学との両者に依存する．そして，一般に，粒子まわりの濃度変化の様相は粒子表面の場所場所により異なる．しかしながら，工学的には濃度境界層の厚さはどこでも一定と仮定するのが普通である．実際，現実の反応器においては，他の粒子の隣接効果により，これは現実的である．流速を増すと，粒子近傍の濃度は液本体の濃度 $s$ に近づき濃度勾配は減少する．仮想的境界層の外側では濃度は一定と考える．

この状況は図3.17Aに示してある．化学工学においては，図3.17Bに示したような仮想的境界層を境膜（fi1m）といい，それを適用した物質移動論を境膜説（film theory）という．図3.17Bで $\delta$ は境膜厚さである．要するに，粒子外表面における物質移動の抵抗はすべて境膜にあると考えるわけである．定常状態では，境膜内での基質の移動は分子拡散のみに由来し拡散移動は一定である．すなわち，

$$4\pi r^2 N = \text{const.} \tag{3.17}$$

$N$ は単位断面積当りの基質の移動速度であり，これを流束（flux）とよぶ（付録1.3.2参照）．分子拡散に関するフィックの第1法則（Fick's first law）より

$$N = -\mathcal{D}\frac{ds_r}{dr} \tag{3.18}$$

ただし，$\mathcal{D}$ は液中での基質の拡散係数である．(3.18) 式を (3.17) 式に代入し，$r$ について積分し，境界条件：$r=R$ で $s_r=s_s$，$r=R+\delta$ で $s_r=s$ を用いると，粒子表面における流束 $N|_{r=R}$ は，

$$N|_{r=R} = -\frac{D}{\delta R/(\delta+R)}(s-s_s) \tag{3.19}$$

となる．マイナスがついているのは，いま考えている場合では，$r$ が減少する方向（液本体から粒子表面方向）へ物質移動が起きているからである．一般に，境膜厚さ $\delta$ は大きくてせいぜい数十 $\mu$m 程度で $\delta \ll R$ と考えられるから，

$$N|_{r=R} = \frac{D}{\delta}(s-s_s) \tag{3.20}$$

(3.20) 式では，流束を実際，物質移動が起きている方向にとった．

$$k_F \equiv \mathcal{D}/\delta \tag{3.21}$$

とおくと，((3.20) 式は次のようになる．

$$N|_{r=R} = k_F(s - s_s) \tag{3.22}$$

$k_F$ は物質移動係数（mass transfer coefficient）とよばれ物質移動論では大変重要な係数である．$k_F$ の単位は (3.21) 式からもわかるように［$L \cdot T^{-1}$］である．

$s - s_F$ は濃度差であり，これを濃度の推進力（driving force）とよぶこともある．(3.21) 式より，$\delta$ が小さくなり，$\mathcal{D}$ が大きいと，$k_F$ が大きくなり，結果として物質移動速度は大きくなる．固定化酵素粒子が水中に懸濁されている場合は，よく攪拌すること，充填層の場合は，液の流量を大きくすることが $k_F$ の増大をもたらす．$1/k_F$ を境膜抵抗（film resistance）とよぶ．$k_F$ は反応器内の粒子まわりの流れの状態によって変わる．

### 固定化酵素粒子内の拡散ー反応の基礎式

酵素もしくは微生物が均一に固定分布している球形粒子によって，定常状態で不可逆反応 S → P が進行しているとする．微生物のサイズは分子よりはるかに大きく数 $\mu$m であるが，普通，固定化微生物粒子は数 mm であるから，個々の微生物を活性点と考え，担体内全体に均一に分布していると仮定する．

さて，粒子内では，流れは存在しないので，基質は粒子の細孔を通って拡散しなから反応を受けることになる．つまり，拡散と反応が並列的に，あるいは同時的に起こっているのである．このような場合の基礎方程式を以下に導く．図3.17B に示した微小な球殻内で基質の物質収支式，(S の流入速度) − (S の流出速度) = (反応による S の消失速度）を定常状態で適用すると（付録 (A2a) 式参照），

$$N|_{r=r} \times 4\pi r^2 - N|_{r=r+\Delta r} \times 4\pi (r+\Delta r)^2 = (-r_s) \times 4\pi r^2 \Delta r \tag{3.23}$$

(3.23) 式を変形すると，

$$\frac{r^2 N|_{r=r} - (r+\Delta r)^2 N_{r=r+\Delta r}}{r^2 \Delta r} = (-r_s) \tag{3.24}$$

$(r+\Delta r)^2 N|_{r=r+\Delta r} - r^2 N|_{r=r} = \Delta(r^2 N)$ であるから，微小量の極限として，

$$\frac{1}{r^2}\frac{d}{dr}\left(-r^2 N\right) = (-r_s) \tag{3.25}$$

粒子内には酵素や基質の存在しえない部分が存在し，単位断面積当りの拡散に有効な面積は小さく，また基質は屈曲した細孔内を拡散していくので，結果として拡散流束は自由な溶液内で測定される流束よりかなり小さい．しかし，このような場合でも，単位体積当りの濃度 $s_g$ の $r$ 方向での平均的勾配を考え，フィックの法則を通用する．

$$N = -\mathcal{D}_e \frac{ds_g}{dr} \tag{3.26}$$

$\mathcal{D}_e$ は有効拡散係数（effective diffusion coefficient）とよばれる．(3.26) 式は $\mathcal{D}_e$ の定義

式でもある．$\mathcal{D}_e$ は $r$ や $s_g$ によらず一定であるとする．一般に $\mathcal{D}_e<\mathcal{D}$ であるが，マイクロカプセル化酵素の場合，内部は外部の水溶液とほぼ同じであるから，$\mathcal{D}_e \fallingdotseq \mathcal{D}$ と考えてよい．そして，内部では循環流はほとんどなく，拡散と生化学反応が並行して起こる静止液領域とみなせるので，(3.25) 式がそのまま適用できる．

(3.26) 式を (3.25) 式に代入すると，

$$\frac{D_e}{r^2}\frac{d}{dr}\left(r^2\frac{ds_g}{dr}\right)=(-r_s) \tag{3.27a}$$

すなわち，

$$\mathcal{D}_e\left(\frac{d^2s_g}{dr^2}+\frac{2}{r}\frac{ds_g}{dr}\right)=(-r_s) \tag{3.27b}$$

(3.27b) 式は2階常微分方程式であり，その一義的な解を得るには2つの境界条件が必要である．第1の境界条件は球の中心で与えられ，

$$\left.\frac{ds_g}{dr}\right|_{r=0}=0 \tag{3.28a}$$

この条件は，$r=0$で濃度分布が対称であることを定義し，また $r=0$で拡散移動がないことを意味する．

第2の境界条件は粒子（球）の外表面で与えられる．

ここで，粒子の界面のすぐ内側 $s_g|_{r=R}$ とすぐ外側 $s_s$ との間では，一般に基質濃度は同じではなく，次式で表わされる関係がいつも成立していると考える．

$$\frac{s_g|_{r=R}}{s_s}=K_p \tag{3.29}$$

ただし，$K_p$ は分配係数（partition coefficient）とよばれる一種の平衡定数である．

次に，第2の境界条件は，表面において粒子に入っていく流束が，粒子外の境膜へ入っていく流束と等しいという事実である．数式で表現すると (3.22) 式と (3.26) 式より，

$$\mathcal{D}_e\left.\frac{ds_g}{dr}\right|_{r=R}=k_F(s-s_s) \tag{3.30}$$

(3.30) 式に (3.29) 式を代入すると，

$$\mathcal{D}_e\left.\frac{ds_g}{dr}\right|_{r=R}=k_F\left(s-\frac{s_g|_{r=R}}{K_p}\right) \tag{3.31a}$$

(3.31a) 式のような境界条件をロビンの境界条件（Robin boundary condition）とよぶ．表面における境界条件としてはもう一つ，次のような条件が考えられる．

$$s_g|_{r=R}=K_p s \tag{3.32}$$

$k_F$ の性質から考えて，(3.32) 式の境界条件は (3.31a) 式の境界条件において $k_F\to\infty$ という極限状態に対応する．いいかえると，(3.32) 式は (3.31a) 式に含まれる．(3.32) 式で表わされる境界条件はディリクレの境界条件（Dirichlet boundary condition）とよばれる．

2つの条件 (3.28a) 式と (3.31a) 式の下で (3.27b) 式を解けば $s_g$ は $r$ の関数として表わされるわけであるが，濃度プロフィールを知ってもこれといった利点はなく，総括反応速

度式を求める上では表面における流束 $N|_{r=R}$ が大切である．なぜならば，定常状態では一つの球形粒子当りの統括反応速度 $\hat{r}_p$ は次式で与えられるからである．

$$\hat{r}_p = -N|_{r=R} \times 4\pi R^2 = \mathcal{D}_e \left.\frac{d_{s_g}}{dr}\right|_{r=R} \times 4\pi R^2 \tag{3.33}$$

**無次元化**

先の数学的問題を一般的に論ずるために，無次元化を行い整理する．そのため，次のような無次元変数と無次元パラメータを定義する．

$$S \equiv \frac{s_g}{s},\quad \rho \equiv \frac{r}{R},\quad R_s \equiv \left.\frac{r_s(s_g)}{r_s(s)}\right|_{s_g/s=s} \tag{3.34}$$

$$\phi^2 \equiv \frac{R^2}{D_e s}\cdot(-r_s),\quad Bi \equiv \frac{k_F R}{D_e} \tag{3.35}$$

ただし，(3.34) 式において，$R_s$ は $S=1$ のとき $R_s=1$ となるように定めた無次元反応速度式である．(3.35) 式の $\phi$ をシーレモジュラス（Thiele　modulus），$Bi$ をビオ数（Biot number）とよぶ．このとき，基礎式 (3.27b) と，境界条件 (3.28a) 式と (3.31a) 式，とは次のようになる．

$$\frac{d^2S}{dx^2} + \frac{2}{\rho}\frac{ds}{d\rho} = \phi^2(-R_s) \tag{3.27c}$$

$$\left.\frac{dS}{d\rho}\right|_{\rho=0} = 0 \tag{3.28b}$$

$$\left.\frac{dS}{d\rho}\right|_{\rho=1} = Bi\left(1 - \frac{S|_{\rho=1}}{K_p}\right) \tag{3.31b}$$

**有効係数**

多孔質固体が気相成分間の反応の触媒として用いられるとき，その触媒粒子が内部の反応に対して，どれだけ有効に働くかを表わす係数として有効係数（effectiveness　factor）という概念が用いられている．固定化酵素も固体触媒の一種であるから，この概念が通用される．固定化酵素粒子１個当りに着目して，総括有効係数（overall effectiveness factor），$\eta$，を次のように定義する．

$$\eta \equiv \frac{(\text{触媒粒子１個当たりの実際の反応速度})}{\left(\begin{array}{l}\text{触媒粒子内部の濃度が粒子外部液本体中の濃度と同一}\\ \text{であるとしたときの粒子１個当たりの仮想的反応速度}\end{array}\right)}$$

$$\equiv \frac{\hat{r}_p}{(r_p|_{s_g=s}) \times v_g} \tag{3.36}$$

その定義から，一般に$0<\eta\leqq 1$であるが，場合によっては$\eta>1$となることもありえる．有効係数は，通例 $s_g|_{r=R}$ を基準に定義されるので，これと区別するため，上式で定義した有効係数を総括有効係数とよぶことにする．総括有効係数は次のような利点を有している．

1）境膜抵抗と粒内拡散抵抗の相対的大きさを推定できる．

2）界面濃度基準の有効係数を求めるためには，界面濃度を知らねばならぬが，境膜抵抗がある場合は，これを推定するにはかなりの計算を必要とする．

有効係数の重要さは，固定化酵素がいかに有効に使われているかの尺度となる点にあるばかりではない．(3.27c) 式を解いて，粒子内部の濃度分布を求め，それから反応速度を計算する仕方は，大変めんどうである．ところが，$\eta$ がわかっていると，実測される総括反応速度を液本体中の基質濃度を基準にしてきわめて容易に表現することができる．すなわち，(3.36) 式より

$$\hat{r}_p=\eta\times\left(r_p|_{s_g=s}\right)\times v_g \tag{3.37}$$

球形の固定化酵素粒子に対しては

$$\eta=\frac{D_e\left.\dfrac{ds_g}{dr}\right|_{r=R}\times 4\pi R^2}{(-r_s)\times\dfrac{4}{3}\pi R^3} \tag{3.38}$$

(3.34) 式と (3.35) 式を用いると，

$$\eta=\frac{3}{\phi^2}\left.\frac{dS}{d\rho}\right|_{\rho=1} \tag{3.39}$$

以後，$-r_s$ が M-M 式

$$-r_s=\frac{k'_{\mathrm{cat}}e's_g}{K'_{\mathrm{m}}+s_g} \tag{3.40}$$

で表わされる場合について述べる．(1.40) 式で，$K'_{\mathrm{m}}$，$k'_{\mathrm{cat}}$，と $'$ をつけたのは，一般に，固定化された酵素のこれらの速度パラメータが元の酵素（native enzyme）のそれらと異なると考えられるからである．$e'$ は固定化酵素単位体積当りの活性な酵素の量，すなわち活性な酵素の濃度である．(3.40) 式に対して，(3.34) 式，(3.35) 式より

$$\phi^2\equiv\phi_1^2\frac{\kappa'}{\kappa'+1},\qquad -R_s=\frac{(\kappa'+1)S}{\kappa'+S} \tag{3.41}$$

ここで，

$$\phi^2\equiv\phi_1^2\frac{\kappa'_{\mathrm{cat}}e'R^2}{K'_{\mathrm{m}}\mathcal{D}_e},\qquad \kappa'\equiv\frac{K'_{\mathrm{m}}}{s} \tag{3.42}$$

$\phi_1$は速度定数が（$k'_{\mathrm{cat}}e'/K'_{\mathrm{m}}$）であるような1次反応のシーレモジュラスである．残念ながら，(3.40) 式は非線形のため，(3.27c) 式の解析解を得ることは不可能であり，数値解に頼らざるをえない†．一般的に，M-M 式の場合，

$$\eta=\text{a function of }(\phi_1,\ \kappa',\ Bi,\ K_p) \tag{3.43}$$

(3.37) 式と (3.43) 式とから，不均一系の総括反応速度 $\hat{r}_p$ がいかに多くのパラメータに依存しているかがわかる．含まれるパラメータのうち，$k'_{\mathrm{cat}}$，$K'_{\mathrm{m}}$ は酵素に固有のパラメー

---

† 1次反応と0次反応の場合は，解析解がえられ，$\eta$ も求まる．1次反応の $\eta$ は，

$$\frac{1}{\eta_1}=\frac{\phi_1^2}{3K_p(\phi_1\coth\phi_1-1)}+\frac{\phi_1^2}{3Bi}$$

タであり，$e'$，$R$，$\kappa'$ は比較的容易に制御でき，$\mathcal{D}_e$，$K_p$ は担体固有のパラメータであり，$Bi$ の中に含まれている $k_F$ は反応器の形式や操作条件に依存するパラメータである．$\eta$ が1よりかなり小さいということは，$\phi_1$が大きいか，$Bi$ が小さいか，$K_p$ が1より小さいか，あるいはそれらが複合されているか，である．さらに，$\phi_1$が大きいということは，$e$ が大きい（より正確には $k'_{\mathrm{cat}}e'/K'_{\mathrm{m}}$ が大きい）か，$R$ が大きいか，$\mathcal{D}_{\mathrm{e}}$ が小さいか，のいずれかである．

図3.18に球状固定化酵素に対する $\eta$ が示してある．この図において，$\phi$ が小さいところでは $\eta$ が一定となっているが，このような状況を反応律速（reaction-limited）であるという．逆に，$\phi$ が大きいところでは，$\eta$ は1よりずっと低くなり，反応は粒子の表面近くのみで完了してしまうことになる．言いかえると，表面近くの部分は反応に有効に働くが，内部はまったく反応に寄与せず無駄となっている．このような状況を拡散律速（diffusion-limited）であるという．

基質阻害のある場合，$\phi_1$の値によっては $\eta$ が1より大きくなる．言いかえると，$\phi_1$が適当な値になるように条件を設定すれば，物質移動抵抗を活用して，反応速度を増大させることができる．

酵素固有のパラメータ，$k'_{\mathrm{cat}}$，$K'_{\mathrm{m}}$ は，拡散や分配の影響を消去した真の値でなければならない．通例は，固定化酵素をできるだけ細かくつぶすか，破砕して，反応速度を測定す

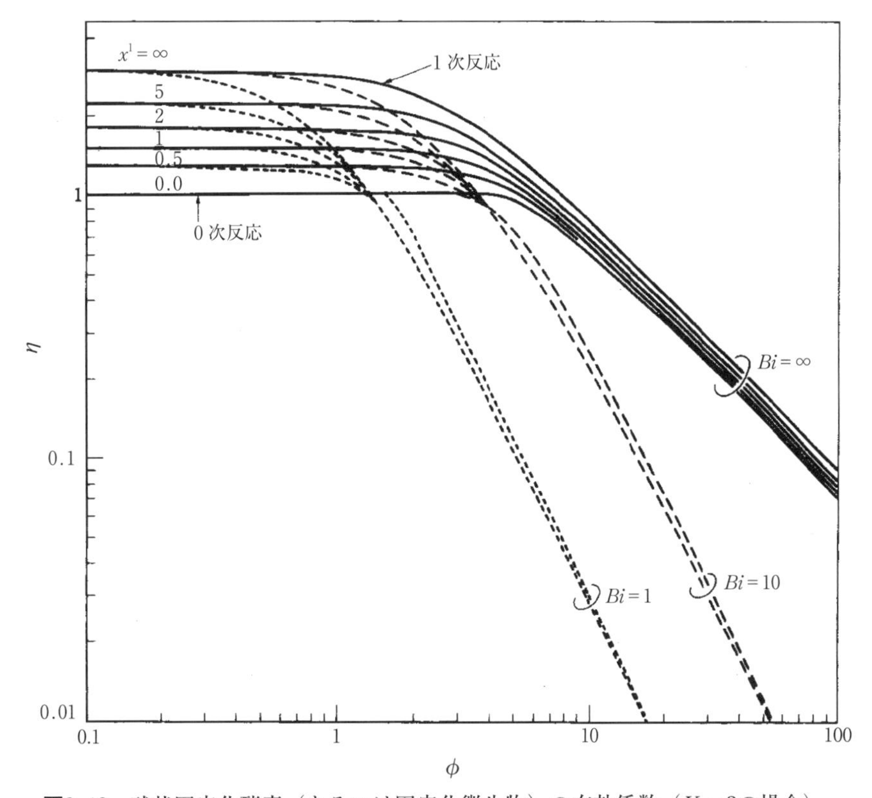


**図3.18** 球状固定化酵素（あるいは固定化微生物）の有効係数（$K_p$ = 3の場合）．

る．こうすれば，あたかも均相系のごとく考えて常法通り速度パラメータが求まる．

分配係数 $K_p$ で表わされる担体一外液間の基質の分配現象は，気液平衡と同様に，熱力学的な概念である．すなわち，恒温・恒圧下で平衡状態において，担体内の基質濃度と外液中の基質濃度の比が $K_p$ である．

$\eta$ は元来，固体触媒による固気相反応に対して生まれ用いられてきた概念であるが，この分野では $K_p$ の概念は使われていない．したがって，固定化酵素の反応工学に関する論文においても，$K_p=1$ を自明とするものが多い．しかし，濃度分配の考えは，膜やゲルクロマトグラフィーでは確立された概念である．よって本章で定義した $\eta$ も固定化酵素膜や，ゲル包括法で調製された固定化酵素に対して最も有効なのかもしれない．(3.31a) 式の境界条件の下で (3.36) 式で定義した $\eta$ には $K_p$ が陽関数的に組み込まれており，$\eta$ は拡散の影響のみを表わしてはいない．粒子内外の拡散効果を同時に表わす総括的な $\eta$ は，かなり以前から用いられている．ゲルクロマトグラフィーに用いられるゲルのように不活性ゲルに対しては，ゲル内の自由体積はゲル全体の体積より少ないから $K_p<1$ である．ところが，ポリアニオニック（polyanionic）な担体に対する陽イオン性基質，ポリカチオニック（polycationic）な担体に対する陰イオン性基質，疎水性担体に対する疎水性基質などの系では $K_p>1$ となることもある．$K_p>1$ のようなゲルやイオン交換樹脂などでは，粒内拡散抵抗を幾分でも和らげる効果があり，この効果を積極的に活用するとよい．担体が濃度［$X^{z-}$］のごとく負に荷電しており，これと緩衝液（平衡時のカナオン濃度［$A^+$］，アニオン濃度［$B^-$］の間の解離性基質 $S^+$（平衡時の濃度［$S^+$］）の分配係数は，$K_p>1$ となる．

## 3.3.2　酵素固定化の効率評価

酵素の固定化に当たっては，どのような方法が最も有効かを調べなければならない．この評価尺度として，いくつかの指標が考えられる．一般に，酵素を固定化すると，一部は固定されないで液中に残り，また酵素の一部は失活してしまう．場合によっては，使った酵素のほんの数%しか活性ある固定化酵素として保持されないこともある．これは固定化方法が悪いのであり，このような場合は，固定化方法そのものを抜本的に検討し直す．元の酵素活性と比較して固定化時に保持された活性の程度は，酵素活性収率，残存活性，固定化効率，カップリング収率など種々な名称でよばれてきたが，これらは粒子内外の拡散抵抗の影響も含まれていることを念頭に入れておく．

1）酵素蛋白質の固定化率（または固定化収率）

使用した酵素蛋白質のうち，固定化された蛋白質の割合である．固定化された蛋白質の量は，使用した蛋白質の量から，固定化されずに残った蛋白質の量を差し引くことにより求められる．

2）活性発現率

固定化されたすべての酵素蛋白質が溶液状態で示す活性を基準にしたとき，固定化酵素が実際に示す活性の割合である．

3）活性収率

使用した酵素の全活性に対する固定化酵素の実測される全活性の割合．（酵素の固定化率）×（活性発現率）と考えられる．基質濃度によって変動する可能性があるので，0次反応領域で測定する．

4）有効係数

このパラメータは既に，(3.36) 式で定義し，くわしく述べた．もし，固定化された酵素蛋白質がもとの遊離酵素と同一の活性な状態にあれば，活性発現率と有効係数は一致する．

固定化時の酵素活性の減少，すなわち，固定時の失活は，固定化に用いた試薬による酵素蛋白質の変性，酵素分子の立体構造の変化，酵素分子と担体との結合点の制約など化学的な原因と，担体内外の拡散抵抗という物理的原因に大別される．この2つの原因を別々に評価することは，固定化方法を改良する上で大切である．

### 3.3.3　固定化酵素の性質

酵素を固定化すると，いろいろな面で性質が変わってくる．これらの変化には，担体の存在のために性質がみかけ上変化したようにみえる場合と，ほんとうに酵素の性質が変わった場合とがある．

**基質に対する親和性の変化**

固定化酵素が M-M 式に従うとき，$K_p \neq 1$の場合は，$K_m$ 値が変化する．反応律速条件下で実験を行い，担体内の濃度で表現した定数を $K'_m$ とすると，外液濃度を変えて求めたみかけの $K_m$ 値，$K_{m(app)}$ は，

$$K_{m(app)} = K'_m / K_p \tag{3.43}$$

多くの場合，$K'_m$ は均相系実験で求められる $K_m$ とほぼ等しいであろうから，「$K_p>1$のときは $K_m$ が小さくなり，$K_p<1$のときは $K_m$ が大きくなる」といえる．荷電担体に固定化された酵素に対する荷電基質の $K_m$ の変化は，担体内外の基質の分配係数 $K_p$ と密接に関係している．前述のように，$K_p$ はイオン強度に依存するから，$K_{m(app)}$ もイオン強度に依存する．

**pH の影響の変化**

反応律速下では，pH の影響は，速度パラメータの pH 依存性のみを考えればよい．担体がイオン的に不活性で，溶液が緩衝化されていれば，活性-pH 曲線は遊離酵素のそれとさほど変わらないと考えられる．担体が荷電している場合は，至適 pH が移動する．Katchalski らは図3.19A に示したような固定化 trypsin を調製し，種々なイオン強度

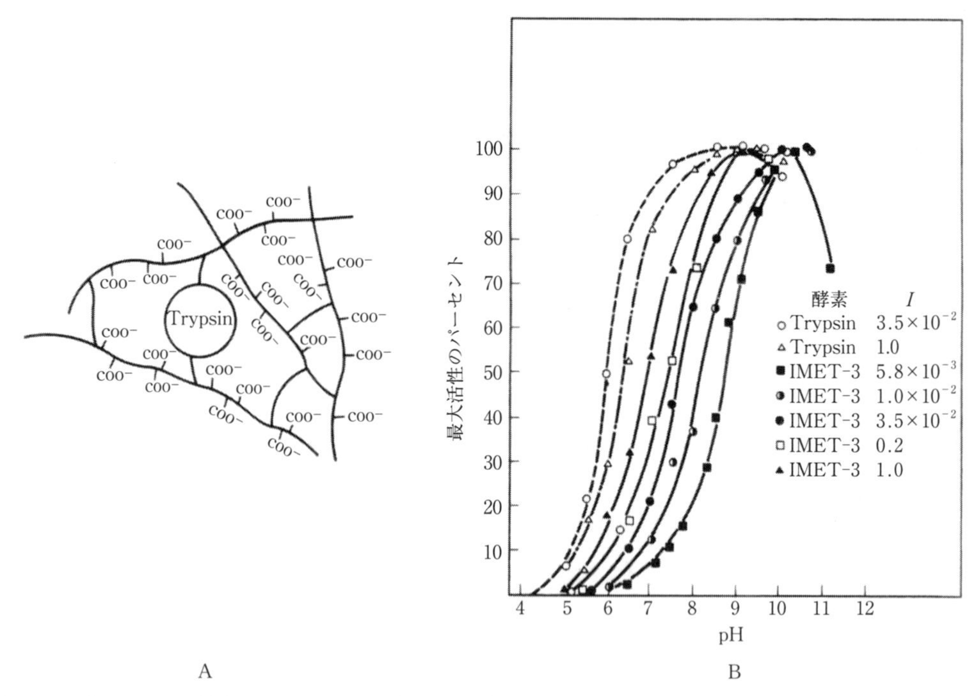


**図3.19**　多アニオン性固定化トリプシン（IMET-3）.
A. 模式図
B. 遊離 trypsin と固定化 trypsin（IMET-3）の pH-活性曲線に及ぼすイオン強度の影響. 基質：ベンゾイル-アルギニンエチルエステル.
（L. Goldstein, Y. Levin and E. Katchalski: *Biochem.*, 3, 1915（1964））

（NaCl で調整）で反応速度を実測し，図3.19B のような活性-pH 曲線を得た．至適 pH はイオン強度が低いほどアルカリ側に移行している．定性的には，これは次のように説明される．すなわち，平衡状態では，電気的中性の条件を満足しなければならないから，担体の負の荷電（カルボキシル基）を打ち消すために担体内の陽イオン（$H^+$ と $Na^+$）濃度が外液より高くなければならない．すなわち，pH が小さくなければならない．逆にいえば，担体内部で，至適 pH がもとの酵素と等しかったとしても，外液の pH はそれより高くなってくるから，みかけ上，至適 pH がアルカリ側へ移行したようにみえることになる．イオン強度が大きくなると，負の荷電を打ち消すのに $H^+$ より $Na^+$ がより多く寄与するから，内外の pH 差は小さくなり，したがって至適 pH のずれも小さくなる．同様に，担体が正に荷電しているときは，至適 pH は酸性側にシフトする．

以上は，反応律速下での議論である．拡散の影響がある場合，状況は複雑となる．この場合でも，緩衝液系，あるいは非緩衝液系でも反応によって $H^+$ が生成したり消費されたりしない系においては，基質の分配効果と拡散効果のみを考慮すればよい．

非緩衡液系で反応によって $H^+$ が生成したり消費されたりする系（たとえば，エステルの加水分解，アミド結合の生成など）では，粒子内で $[H^+]_g$ の分布が生じ，物理化学的状況は複雑となる．なぜならば，粒子内の局所的反応速度は $[H^+]_g$ の変動により，位置によって変わるからである．一般的には，$[H^+]_g$ と $s_g$ に関する微分方程式を連立させて解かねばならない．

### 温度の影響の変化

温度の影響は $k'_{cat}$，$K'_m$，$\mathcal{D}_e$ の温度依存性による．簡単のため，1次反応について結論を述べると，$k'_{cat}$ と $\mathcal{D}_e$ が共にアレニウスの式型（それぞれの活性化エネルギーを $E$，$E_D$ とする）で表せるとすれば，みかけの活性化エネルギー，$E_{app}$ は

$$E_{app}=(E+E_D)/2 \tag{3.44}$$

通常は，$E \gg E_D$ であるから，(3.44) 式の右辺はほぼ E/2に等しい．したがって，拡散律速下では，真の活性化エネルギーの約1/2の値が，みかけの活性化エネルギーとして観察される．

### 熱安定性の変化（固定化酵素単一粒子の失活に対する速度論）

酵素は固定化すると，各種試薬に対する安定性，蛋白質分解酵素に対する安定性，高温側における熱安定性，低温（0～4℃）における保存時の安定性，使用時の安定性などが向上する．しかし，回定化酵素・固定化微生物も，程度の差はあれ，熱失括し，触媒活性は徐々に失われてゆく．経済的観点から固定化酵素・固定微生物の寿命は重要である．なぜならば，寿命が長いほど，工業的連続操作の操業時間を長くすることができるからである．

固定化酵素単一粒子の半減期に及ぼす物質移動の影響は以下のように考察される．

いま，固定化されている酵素の失活速度が1分子反応に従うとする．すなわち，(3.13) 式と同様に，

$$e'_t=e'_0\exp(-k'_d t)=e'_0\exp(-t/t'_c) \tag{3.45}$$

$\theta \equiv k'_d t \equiv t/t'_c$ とおくと，

$$e'_\theta=e'_0\exp(-\theta) \tag{3.46}$$

粒子内外の拡散抵抗が無視できる場合は，観察される半減期は，真の半減期に等しい．しかし，総括反応速度に物質移動が影響している場合は，観察される熱失活速度も物質移動によって影響を受ける．

M-M 式に従う一般の場合について拡散律速の場合は時間 $\theta$ において，

$$\hat{r}_p(\theta) \propto \sqrt{e'_\theta} \tag{3.47}$$

酵素失活が，(3.46) 式に従うならば，(3.47) 式は，

$$\hat{r}_p(\theta) \propto \exp(-\theta/2) \tag{3.48}$$

(3.48) 式より，内部拡散律速下ではみかけの半減期が2倍に増加することがわかる．

さらに境膜抵抗が存在すれば，みかけの半減期はもっと増大することがわかっている．一般に「粒子内外の物質移動抵抗は，固定化酵素・固定化微生物のみかけの熱安定性を増大させる」と結論される．

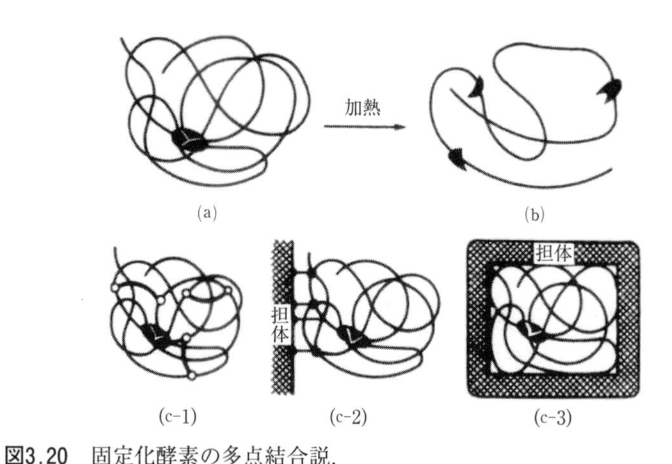


**図3.20** 固定化酵素の多点結合説.
活性な酵素(a)と熱変性した酵素(b). 酵素分子内の多点結合(c-1), 酵素と担体との多点結合(c-2), および狭い空間内の酵素の閉じ込め(c-3).
(K. Martinek, and I. V. Berezin: J. *Solid-Phase Biochem.*, **2**, 343(1977))

しかし, 固定化することにより, 10倍以上も安定性が向上する場合が多数報告されている. このような大きな熱安定性の増大は, 前述した拡散の影響のみでは説明しがたく, 固定化酵素・固定化微生物の熱安定性については, 物理化学的な原因も重要である. Martinek, Klibanov, Berezin らモスクワ大学一派は, 固定化することによる酵素の安定化を, 多点結合 (multipoint binding) 説で説明した. すなわち, 図3.20の(a)を(c)のように多点結合させると, 酵素が堅い構造となりコンホメーションのゆらぎが減少し, 加熱によっても蛋白質の分子鎖がほどけにくくなる. 結合点が多いほど (分子内架橋では架橋数が多いほど (c-1), 担体結合法では結合点を多くするほど (c-2), 包括法ではゲル濃度を増加して酵素の分子運動を抑えるほど (c-3)), 堅い構造になり, より安定化されることになる. しかしながら, このようにして堅い構造にすれば, 酵素の分子活性は低下することも考慮に入れねばならない.

# 3.4 酵素反応用バイオリアクター

## 3.4.1 酵素反応用バイオリアクターと反応操作

酵素を触媒として反応を行う場が酵素反応用バイオリアクター（enzyme bioreactor）である．酵素反応といえども反応には違いないから，原理的には酵素反応器形式およびその操作方式は反応工学で行われる反応器形式の分類およびその操作方式の分類に従う．表3.6に酵素反応器の分類を示す．主要な反応器と操作の分類の概念図を図3.21に示す．表3.6と図3.21を参照しつつ，以下に反応器の形式と操作方式について説明する．

酵素反応用バイオリアクターの形式は，幾何学的形状および構造に注目して，槽（tank）型と管（tubular）型，膜あるいはフイルム（membrane or film）型に大別できる．槽型反応器としては，一般に攪拌機を備えたいわゆる攪拌槽（stirred tank）が使用される．連続

**表3.6** 酵素反応用バイオリアクターの形式

| | 形式名 | 適する操作方式 | 説明 |
|---|---|---|---|
| 均相系酵素反応用バイオリアクター | 攪拌槽（stirred tank） | 回分，半回分 | 反応器の溶液は攪拌機によって機械的にかきまぜられ，混合される |
| 固定化酵素・固定化微生物反応用バイオリアクター | 攪拌槽 | 回分，半回分，連続 | 固定化酵素・固定化微生物は懸濁粒子として溶液中に存在し，攪拌機によりかきまぜられる．粒子は槽内に保持される． |
| | 固定層（fixed bed）または充填層（packed bed） | 連続 | 固定化酵素・固定化微生物反応器として最も広く利用されている．固定化酵素・固定化微生物粒子（粒径数百 $\mu$m～数 mm）をカラム内に充填し，通例，下から上へ基質溶液を通す． |
| | 流動層（fluidized bed） | 回分，連続 | 固定化酵素・固定化微生物の粒子が溶液の流れにより層内でかきまぜられ混合される． |
| | 膜型反応器（enzyme membrane bioreactor, EMBR） | 連続 | 反応器内の膜によって酵素を保持して，生成物（と未反応基質）のみを取り出す．膜としては，透析膜，限外濾過膜，精密濾過膜などを用いる．モジュールとしては，ホローファイバーが多く用いられる． |
| | 懸濁気泡塔 | 回分，半回分，連続 | 固定化酵素・固定化微生物の粒子を懸濁させた気泡塔．粒子は塔内に保持される．気体（とくに酸素）の関与する酵素反応に適用される． |

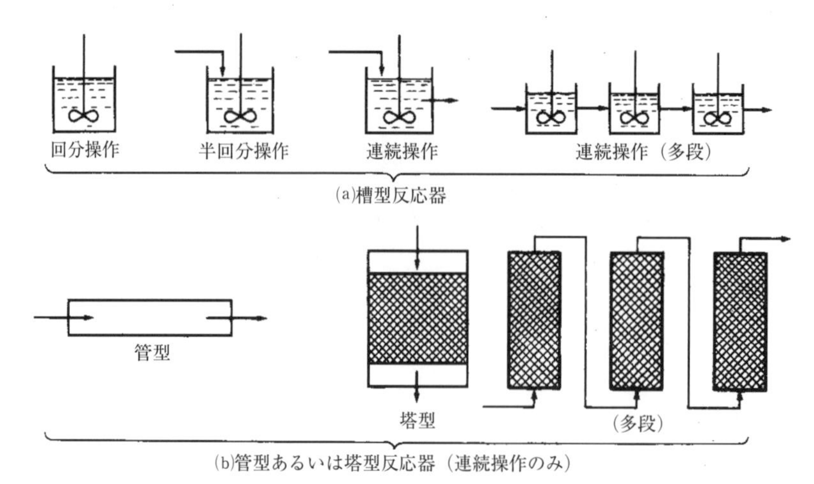


**図3.21　主要な反応器型式と操作**

操作の場合には，多段（multi-stage）にして用いられることもある．管型反応器において，縦型で使用され太短い場合は，塔（tower or column）型ともよばれる．この方式で，触媒粒子を内部に充填した反応器は固定層（fixed bed）あるいは充填層（packed bed）とよばれる．

操作方式は，回分操作（batch operation）と連続操作（continuous operation）に2大別される．回分操作とは酵素と基質を反応器にあらかじめ一度に仕込んで，適温にして反応を開始させ，ある時間反応させた後，反応系全体を取り出す操作方式をいう．反応器内の状態は非定常状態（unsteady state）にある．これに対して，反応器に基質を連続的に供給しながら，一方で生成物を連続的に取り出し，反応器内の状態が時間的に変化しないように（定常状態，steady state）操作される方式が連続操作である．連続操作は，回分操作に比べて，1）反応条件が一定である，2）生産性が高い，3）自動制御しやすい，4）製品の品質が一定している，5）労働力が節約できる，などの利点があるが，反面，1）同一装置を多目的に使えない，2）雑菌汚染（microbial contamination）やその他の事故の処理が面倒である，などの欠点が挙げられる．できるだけ均一な品質の同じ生成物を多量に生産しようという場合には連続操作が有利であり，これに対して，多品目の生成物を需要に合わせて少量ずつ生産したい場合は，回分操作が適している．なお，反応器に基質を徐々に加えながら反応させるが，反応器内から途中生成物は抜き取らないような操作方式を半回分操作（semi-batch operation）とよぶ．半回分操作は回分操作の一種であるが，基質阻害（3.2.1項，110ページ参照）が起こる場合などには回分操作より有利である．注意すべきは，攪拌槽は，回分，半回分，連続いずれの操作に対しても使用できるが，管型反応器は，連続操作のみが可能であることである．

連続操作の反応では，反応器内の流体の流れの状態が基質の反応率（conversion）（後述）に影響を与えるので，流れの状態，あるいは流体の混合の程度を把握することは大切である．この観点に立って，連続操作の反応器は表3.7のように分類される．

表3.7　連続式反応器の流れ状態

| | 流れの状態 | 反　応　器 | 実用反応器 |
|---|---|---|---|
| 1）理想流れ（ideal flow） | 1-1）押出し流れ（plug flow） | 押出し流れ反応器（Plug Flow Reactor 略して PFR） | 充填層（Packed Bed Reactor 略して PBR） |
| | 1-2）完全混合流れ（perfectly mixed flow or completely mixed flow or backmix） | 完全混合槽型反応器（Completely Mixed Reactor 略して CMR，または Continuous-flow Stirred-Tank Reactor 略して CSTR） | 高攪拌状態の連続攪拌槽 |
| 2）非理想流れ（non-ideal flow or incompletely mixed flow） | | | 逆混合のある管型反応器（TRAM）[a]<br>半径方向に混合のある管型反応器（TRRM）[b]<br>低攪拌状態の連続攪拌槽<br>層流反応器（LFR）[c] |

a: Tubular Reactor with Axial Mixing の略
b: Tubular Reactor with Radial Mixing の略
c: Laminar Flow Reactor の略

この表で，押出し流れ（plug flow）とは，反応器内を通過する物質が反応器入口から出口へと，直角方向には同じ速度でもって，しかも流れの方向に混合も拡散もなく，あたかもピストンのように平行移動する場合である．ピストン流れ（piston flow）ともいう．これに対して，完全混合流れとは，流入した液体は瞬時に完全に混合され反応器内であらゆる成分の濃度および粒子の分散が完全にどこでも一様になっているような状態をいう．したがって，出口濃度は槽内濃度に等しい．押出し流れ反応器（PFR）と連続完全混合槽型反応器（CSTR）は理想化された反応器の両極限である．

流入液が実際に反応器内に滞留する時間を滞留時間（residence time），$t_R$，という．PFR と CSTR では，液の滞留時間分布（residence time distribution，略して RTD）が著しく異なる（図3.22A と B）．PFR の場合，ある時刻に反応器に入った流体は，すべて一定の時間後に全部出てしまうが，CSTR の場合は，入った流体のうちすぐ出てしまうものもあれば，非常に長時間滞留するものもあり，その平均的な時間として，平均滞留時間（mean residence time），$\bar{t}_R$，が用いられる．一方，反応器の実体積を $v$，その反応器へ供給される基質溶液の流入体積流量を $f$ とすると，

$$\tau \equiv v/f \tag{3.49}$$

で定義される $\tau$ を空間時間（space time）という．また，その逆数を空間速度（space velocity，略して SV）という．

$$\mathrm{SV} \equiv 1/\tau \equiv f/v \tag{3.50}$$

均相系の CSTR では，$\tau$ は $\bar{t}_R$ に等しく，また均相系の PFR では，$\tau$ は流入液の真の $t_R$ である．一般に，$\tau$ と $t_R$ は区別する．$t_R$ は，あくまでも流入液が実際に反応器に滞留する

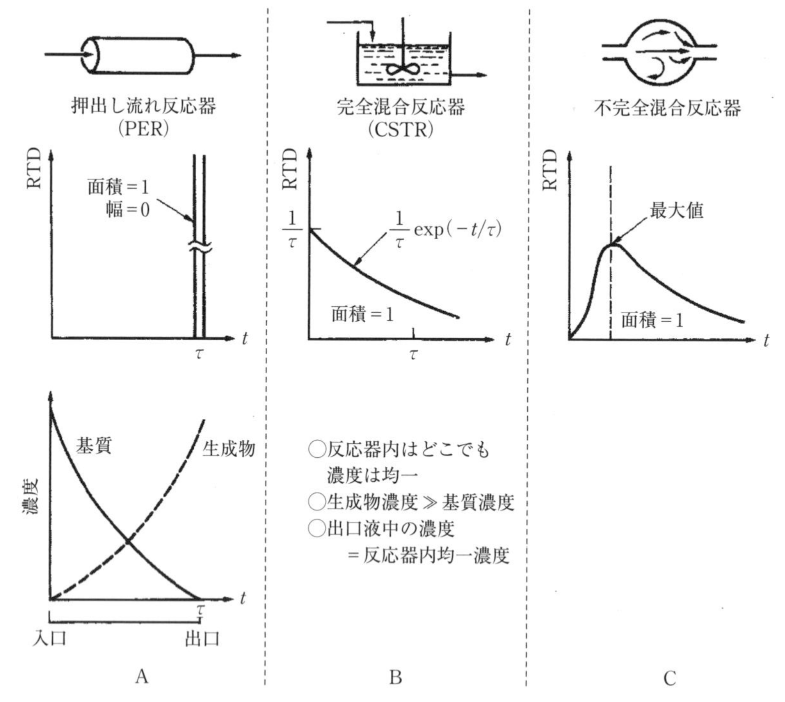


**図3.22**　各種連続反応器の滞留時間分布（RTD）と反応器内の基質および生成物の濃度分布

時間とするのがよい．均相系のCSTRでは，

$$\mathrm{RTD} = (1/\tau)\exp(-t/\tau) \tag{3.51}$$

回分式攪拌槽型反応器とPFRは，構造と流れ状態に著しい違いがあるにもかかわらず，経過時間（elapsed time）と滞留時間が同一の流体要素に着目すると，両反応器は相似であるという特徴がある．すなわち，PFRのある特定の位置における状態は，その位置を通過するまで流体が反応器に滞留した時間によって決まるから，両反応器は類似している．また，酵素反応を連続で実施する時，流れが層流とみなせる場合がある．流れが層流であるような反応器を層流反応器（laminar flow reactor，略してLFR）という（表3.7）．

### 反応器設計・操作パラメータ

反応器の性能や操作を表現する際，使用される重要なパラメータは，生成物濃度，空間速度（(3.50) 式で定義），反応率，生産性，収率，および半減期である．また，副反応が無視できない場合には，選択率も重要である．

転化率（反応率，変化率，ともいう，conversion または fractional conversion）とは，反応器に供給した反応成分（基質）がどれだけ変化したかを表わす量である．回分操作では，はじめに $s_0$ 存在した基質Sが，ある時間反応させ $s_t$ になったとすると，基質Sの転化率 $\chi_t$ は（反応による密度変化がない場合），

$$\chi_t \equiv (s_0 - s_t)/s_0 \tag{3.52a}$$

連続操作では，反応器への流入液中の基質濃度を $s_{in}$，流出液中の基質濃度を $s_{out}$ とすると（反応による密度変化がない場合），

$$\chi \equiv (s_{in} - s_{out})/s_{in} \tag{3.52b}$$

反応器の生産性 $Pr$（productivity）あるいは空間時間収率（space time yield，略して STY）とは，その反応器単位体積当り単位時間当りの生成物の生成量である．回分操作では，

$$Pr \equiv p_t/t \tag{3.53a}$$

連続操作では，

$$Pr \equiv p_{out}/\tau \equiv p_{out} f/v \equiv p_{out} \cdot SV \tag{3.53b}$$

副反応が無視できれば，(3.53a) 式，(3.53b) 式はそれぞれ，$\chi s_0/t$，$\chi s_{in}/\tau$ である．

酵素反応では，しばしば使用する酵素のコストが全体のコストの大きな部分を占める．この場合，使用する酵素の単位量当りの生産速度が有用な指標となる．使用酵素量基準の生産性 $Pr_e$ としては，微分的な値と積分的な値がある．

$$\text{微分的}\quad Pr_e = f p_{out}/e_{total} \tag{3.54a}$$

$$\text{積分的}\quad Pr_e = \int_0^{t_f} f(t) p_{out}(t) dt/e_{total} \tag{3.54b}$$

ただし，(3.54b) 式の $t_f$ は，１回の連続操作の期間である．

選択率（Selectivity）とは，副反応が起こるような複合反応において，目的生成物へ変化しうる基質の変化した総量のうち，実際に目的生成物へと変化した量の割合である．使用した酵素に不純物が含まれている場合や，固定化微生物の場合に重要となる．基質 S から目的生成物 P を得るものとすると，選択率 $S_{sp}$ は，

$$S_{sp} \equiv \frac{p}{a_{sp}(s_0 - s)},\quad S_{sp} \equiv \frac{p_{out}}{a_{sp}(s_{in} - s_{out})} \tag{3.55}$$

ここで，$a_{sp}$ は基質 S の１モルから生成しうる P のモル数（量論的係数）で，反応の量論式から決められる．

次に収率（yield）$Y_p$ は，供給基質からの目的生成物の量論生成量に対する実際の生成量の割合である．回分と連続操作におけるモル収率は，

$$Y_p \equiv p_t/a_{sp}s_0,\quad Y_p \equiv p_{out}/a_{sp}s_{in} \tag{3.56}$$

$\chi$ と $S_{sp}$ と $Y_p$ との間には，次の関係がある．

$$Y_p = \chi S_{sp} \tag{3.57}$$

## 3.4.2　均相系酵素反応用バイオリアクター

工業的に使用される酵素の大部分は比較的安く，不純な，高分子化合物の加水分解酵素であり，経済的・技術的に可能な酵素は固定化されつつあるとはいえ，依然として遊離酵素のままで使用されている．澱粉，蛋白質の加水分解酵素がこれに相当する．

澱粉溶液は高粘性であるから，充填塔式の固定化酵素では処理し難い．セルロース，ペクチン，キチンなど固体状の基質の場合は基質を微粉末にして，水溶液に溶解した遊離酵素に作用させる．

**回分式攪拌槽**

均相系酵素反応では，理論的見地から導かれる基本的反応器形式は，pH と温度を制御した回分式攪拌槽である．

食品加工業では多くの酵素が使われているが，そのほとんどは回分操作である．与えられた生産高を達成するに必要な液量は，所要生産高を (3.53a) 式で計算した $Pr$ で割り算すればよい．回分操作における，反応率と時間との関係は，3.2節で述べた反応速度式を積分して得られる．すなわち，

$$t=-\int_0^{s_t}\frac{ds}{r_s}=s_0\int_0^{\chi(t)}\frac{d\chi}{r_p} \tag{3.58}$$

S → P なる酵素反応の反応速度は，一般に次のように表わせる．

$$r_p(t)=\text{a function of }(s_0,\ e_0,\ T,\ \text{pH},\ t,\ \text{rate constants},\ k_d) \tag{3.59}$$

至適 pH，一定温度で実施される酵素反応が M-M 式 (3.2) に従い，かつ失活速度が1次式 (3.13) 式に従うときは，

$$r_p(t)=-\frac{ds}{dt}=\frac{k_{cat}\{e_0\exp(-k_d t)\}s}{K_\mathrm{m}+s} \tag{3.60}$$

(3.60) 式を積分して（付録2.2(a)参照．変数分離形である)，(3.52a) 式に代入すると，

$$s_0\chi-K_\mathrm{m}\ln(1-\chi)=\frac{k_\mathrm{cat}e_0}{k_d}\{1-\exp(-k_d t)\} \tag{3.61}$$

失活が無視できれば，(3.61) 式において $k_d\to 0$として，

$$s_0\chi-K_\mathrm{m}\ln(1-\chi)=k_\mathrm{cat}e_0 t \tag{3.62}$$

(3.62) 式を Henri の式という．

残存基質濃度をゼロ近くまで落とすにはかなり長時間を要するので，適当な時点で反応を打ち切る．この間，0次反応とみなせれば，

$$\chi=\frac{k_\mathrm{cat}e_0}{s_0k_d}\{1-\exp(-k_d t)\} \tag{3.63}$$

一般に，$t$ を短くしようとすれば，$e_0$を多量に増やさなければならない．

### 3.4.3　固定化酵素反応用バイオリアクター

表3.6に示したように，固定化酵素・固定化微生物反応器には種々の形式が考えられる．反応器の選定にあたっては，種々の因子を考慮する．

固定化酵素の形状には，粒子状 (particle, pellet)，膜状 (membrane, film, plate, tubing)，繊維状 (fiber) の3種類がある．この中で，粒子状のものが圧倒的に多い．理

由は比表面積が大きいからである．触媒の形状によって，採用すべき反応器の大まかな形式がほぼ決まる．すなわち，粒子状の触媒ならば，撹拌槽，固定層，流動層，懸濁気泡塔が適する．微粒子触媒を充填した固定層では，圧力損失（圧損，pressure loss）が増大し，流量を幅広く取れないが，そのような場合流動層が適する．膜状の場合は，スパイラル，回転円板，プレート，中空糸などの膜型バイオリアクター（後述）が考えられる．

固定化酵素の機械的強度は，強いほど望ましい．しかしながら，ゲル包括法やマイクロカプセル法で調製された触媒は，純粋の固体を担体にした触媒より機械的強度ははるかに劣る．よって，撹拌槽にしても充填層にしても対策が必要である（後述）．

固定化酵素反応では，反応混合物は生化学的な有機化合物である場合が多く，長時間の連続操作では雑菌汚染の恐れが絶えずつきまとう．触媒を含んだ反応器全体を滅菌することは不可能であるから，反応器は清掃が容易にできるような構造的対策が必要である．

固定化酵素は必ず失活するので，触媒の再生，新しい触媒の追加もしくは総入替えを行い，活性を保持しなければならず，反応器はこれを可能ならしめる構造でなければならない．その他，基質の性質，基質溶液の粘度，反応がpHに敏感ならばpH調節の可否，反応速度式のタイプなども反応器形式を決める重要な因子である．

以上の考察からわかるように，考えている固定化酵素に対して最適な反応器形式を選定するのに，明確な規則はなく種々の因子を総合して決定する．

**撹拌槽型バイオリアクター**

触媒粒子の投入率が高いときはスラリー反応器とよばれる．撹拌槽は回分式であれ，CSTRであれ，１）温度やpH制御が容易である，２）コロイド状基質や不溶性基質でも処理できる，３）触媒の入替えが容易である，４）連続撹拌槽型反応器では，反応器内の基質濃度は低くなるので基質阻害のあるような酵素反応に適している，などの利点がある．しかし，回転する撹拌翼の剪断力により破傷しやすい．タービン翼やプロペラ翼よりも，ラセン軸撹拌翼やリボン撹拌翼のほうが望ましい（図3.23，A1）．なお，図3.23，A2は一見充填層バイオリアクターに見えるが，全体としては回分式撹拌槽である．

回分式撹拌槽型反応器は，最も簡単な反応器であり，小規模な実験室的研究にしばしば用いられる．工業的反応器としては最も原始的操作法であるが，１回１回ごとに濾過か遠心分離か重力沈降によって反応液と固定化酵素粒子を分離し，繰り返し使用する．これを反復回分操作（repeated batch operation）とよぶ．失活がある場合は反応時間が段階的に長くなる．

CSTRでは，液出口にフィルターを設けるなどして触媒粒子を反応器内に保持する．

回分式撹拌槽型反応器の設計方程式は，付録の（A2a）式適用して，体積要素を反応器内の流体（連続相）全体とし基質の流入も流出も0であるから，$0=\eta\cdot(1-\varepsilon)v\cdot r_p(\mathrm{s})+\varepsilon v\cdot ds/dt$，より次のようになる．

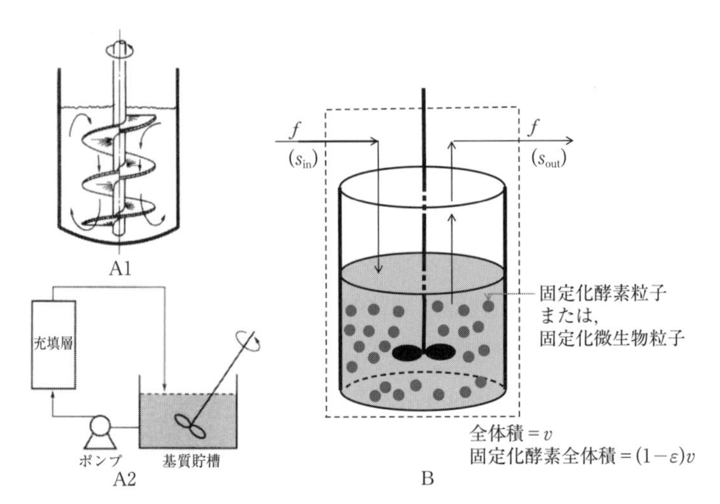


**図3.23**　撹拌槽型バイオリアクター
A1：ラセン軸撹拌翼を取り付けた撹拌槽（スラリー状固定化酵素粒子群をよく混合するため）
A2：循環する回分操作
B　：連続式撹拌槽型固定化酵素反応器

$$t=-\frac{\varepsilon}{1-\varepsilon}\int_{s_0}^{s_t}\frac{ds}{\eta r_p(s)} \tag{3.64a}$$

ただし，$r_p(s)$ は固定化酵素単位体積当りの真の反応速度式において濃度を $s$ とした場合の仮想的反応速度であり，$\varepsilon$ は空隙率（void fraction）である．

$\eta=1$で $r_p(s)$ が M-M 式の場合で酵素の失活がない場合は，(3.64a) 式は，

$$s_0\chi-K_m\ln(1-\chi)=\frac{(1-\varepsilon)}{\varepsilon}k'_{cat}e'_0t \tag{3.64b}$$

CSTRの設計方程式は，図3.23B の点線で囲まれた部分を参照にしなから，体積要素として反応器内の自由溶液部分全体（巨視的閉空間）を考え，付録の (A2a) 式を通用して導かれる．定常状態（~ で表す）では次のようになる．

$$fs_{in}=f\tilde{s}_{out}+\eta\cdot(1-\varepsilon)v\cdot r_p(\tilde{s}_{out}) \tag{3.65a}$$

(3.65a) 式を変形し，(3.49)，(3.52a) 両式を代入すると，

$$\tau=\frac{s_{in}-\tilde{s}_{out}}{(1-\varepsilon)\eta r_p(\tilde{s}_{out})} \tag{3.65b}$$

ただし，(3.65b) 式で，$\tau$ は空間時間である．供給液の真の平均滞留時間は $\varepsilon v/f$ である．反応律速下（$\eta=1$）で，M-M 式の場合は，(3.65b) 式は，

$$s_{in}\chi+K'_m\{\chi/(1-\chi)\}=(1-\varepsilon)k'_{cat}e'\tau \tag{3.66}$$

基質阻害や，生成物阻害がある場合にも，それぞれを表現する $r_p$ を (3.65b) 式に代入して変形すれば，(3.66) 式と同様な設計方程式が得られる．

### 固定層（充填層，PBR）型バイオリアクター

触媒粒子を充填した固定層（充填層ともいう）型反応器は，次のような利点を有し，効率のよい反応器である．1）反応器単位体積当りの固定化酵素粒子の充填量が多い（粒子の充填率は最密充填では74%であるが，実際は50～60%である場合が多い），2）構造が簡単であるため，スケールアップが容易である，3）剪断力が小さいので，摩耗に弱い固定化生体触媒に適している，4）流れが押出し流れに近い．現に稼働している工業的な固定化酵素用バイオリアクターの多くはこの形式である．

しかし，次のような欠点をもっている．1）ゲル粒子を充填する固定層反応器では，塔が長くなると，とくにゲル粒子のように機械的強度の弱い粒子を充填するとそれ自身の重み（自重）で圧縮，変形，目詰まりが起こり（圧密，compaction），圧損が増大する．層内にかなりの圧損があり，基質を流入するのに加圧せねばならない．

2）また，塔内を液が一様に流れないで半径方向に不均一な流れの分布（偏流，channelling）が起こることもある．これらを防ぐためには，塔を多孔板などで適当な間隔に仕切るなどの工夫が必要となる．3）温度やpHの制御が難しい．反応の進行とともにpHが変化するような場合は多段にして，各段の出口で調整される．4）触媒の部分的入替えはかなりめんどうである．層を多段にして，カスケード操作をすることが多い．すなわち，最も長時間使用して活性が最低になった充填層から順次，生体触媒を抜き，新しい触媒に交換する．

操作方式としては，基質溶液を下端から上方へ供給する上向流方式（upflow mode）（図3.24A）とその反対の下向流方式（downflow mode）がある．

充填層は液の流れている移動相と，流れのまったくない固定相（充填物の相）から成り立っている．基質溶液は移動相中を流れながら基質が固定化酵素粒子内に拡散して反応し，生成物は固定化酵素粒子から出て来て，移動相中に至る．移動相中の溶液の実際の流れは複雑であるが[†]，これを考慮せず一番理想的で単純な「押出し流れ」を仮定すると，図3.24Bの移動相体積（$\varepsilon A dz$，微視的閉空間）に微分物質収支（付録A2a式）を適用して，
$s \cdot u \varepsilon A = \{s \cdot u + d(s \cdot u)\}\varepsilon A + \eta \cdot r_p \cdot (1-\varepsilon) A dz$，より

$$u\frac{ds}{dz} + \frac{1-\varepsilon}{\varepsilon}\eta r_p(s) = 0 \tag{3.67}$$

ただし，$u$は移動相における実際の平均流速，$\varepsilon$は空隙率であり，$\varepsilon u \equiv u_s \equiv f/A$なる関係がある．かつ，$z=0$で$s=s_{\mathrm{in}}$，$z=L$で$s=s_{\mathrm{out}}$，また，$\tau \equiv AL/f$であるから，

$$\tau = -\frac{1}{1-\varepsilon}\int_{s_{\mathrm{in}}}^{s_{\mathrm{out}}} \frac{ds}{\eta r_p(s)} \tag{3.68}$$

† 現実の充填層型反応器内の移動相では，上流から下流に進むにつれて基質の濃度が異なっているから，分子運動に起因する分子拡散（molecular diffusion）と曲がりくねった移動相中の流れに起因する渦拡散（eddy diffusion）が重なった拡散・混合が軸方向および半径方向に起きる．軸方向の拡散・混合を逆混合（back-mixing）ともいう．拡散・混合による物質移動は濃度勾配に比例して起こり，この比例定数を混合拡散係数（dispersion coefficient）とよび，$\mathcal{D}_z$で表わす．$\mathcal{D}_z$を用いて反応器内の混合特性を考慮した数式モデルを分散モデル（dispersion model）という．1次反応の場合は，基礎式は定数係数の同次2階線形常微分方程式となり解析解が得られるが，反応式がM-M式の場合，解析解は得られない．0次反応の場合は逆混合の影響はない．

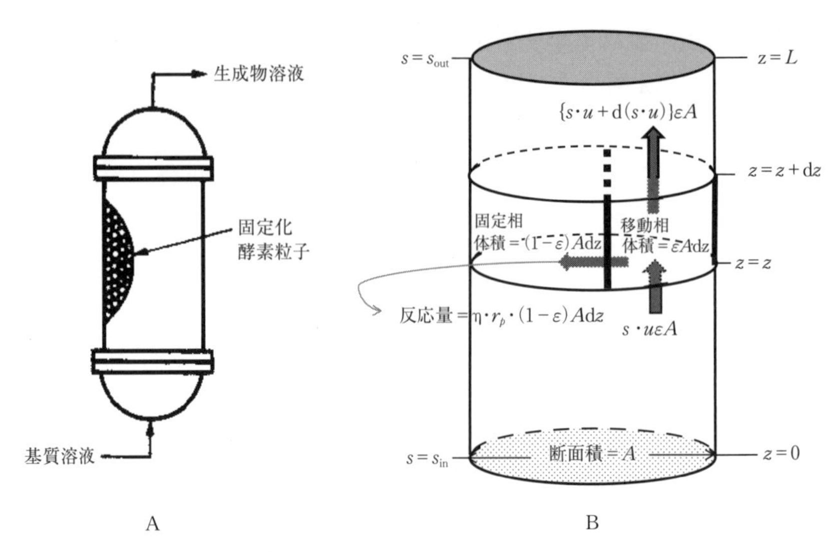


**図3.24** 充填層型バイオリアクター
A：上向流方式の充填層型バイオリアクター
B：充填層における微分物質収支（逆混合がない場合）

(3.68) 式がPFRの基礎式である．反応律速（$\eta=1$）でM-M式の場合は，(3.68) 式は積分できて，

$$s_{in}\chi_{out}-K'_m\ln(1-\chi_{out})=\frac{(1-\varepsilon)}{\varepsilon}k'_{cat}e'\bar{t}_R \tag{3.69}$$

ただし，(3.69) 式では，$\tau$の代わりに平均滞留時間 $\bar{t}_R$（$=\tau\times\varepsilon$）を用いた．

(3.64b) 式と (3.69) 式は類似していることを確認しよう．

基質阻害や生成物阻害がある場合にも，それぞれの場合を表現する $r_p$ を (3.67) 式に代入して積分すれば，(3.69) 式と同様な設計方程式が得られる．

### CSTRとPFRの比較

CSTRに対する基礎式，(3.65b) 式およびPFRに対する基礎式 (3.68) 式をグラフ上で図示すると，$\tau$は図3.25で斜線を引いた部分の面積に等しいことがわかる．M-M式や基質阻害のある場合に対してグラフを描いて比較すると，PFRの方がCSTRより$\tau$は小さくなり，有利である．ただし，図3.25において，点線で囲まれた部分では $\tau_{CSTR}<\tau_{PFR}$ である．一方，生成物阻害のあるような場合は，PFRの方がCSTRより有利と言える．このことは，図3.22に示した両反応器内の基質や生成物の濃度分布からも理解される．ただし，上述の比較は，両反応器内の固定化酵素の充填率は同一という仮定に基づいている．

次にM-M式に従う反応について，もう少し別の観点から比較してみよう．

真の反応速度がM-M式に従い，反応律速であるような固定化酵素のCSTRとPFRの設計方程式は，(3.66) 式と (3.69) 式で表わされる．いま，$k'_{cat}e'$，$s_{in}$，と$f$を同一として，PFRとCSTRを比較する．(3.66) 式および (3.69) 式において，$(1-\varepsilon)e'v$ は反応器内の

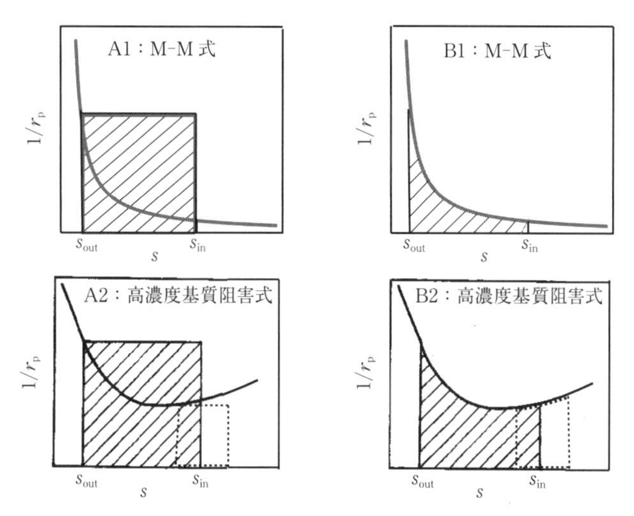


**図3.25** 反応器の $\tau$ $(=v/f$, $f$ 一定の時は $v)$ を示す図積分（斜線部）
A1とA2：CSTR,（3.65b）式；B1とB2：PFR,（3.68）式．いずれも，$\eta=1$, $\varepsilon=$ 同一と仮定している．

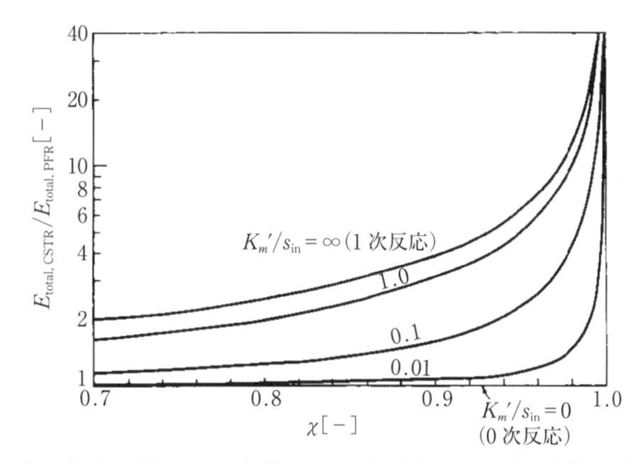


**図3.26** $f$ 一定のとき，同一の $\chi$ を得るのに必要な $E_{total}$ の反応器形式による比較．

総酵素量であるから，これを $E_{total}$ とする．

$$E_{total}=(1-\varepsilon)e'v \tag{3.70}$$

（3.70）式を用い，（3.66），（3.69）式より，同一の $\chi$ を達成するのに必要とする総酵素量の比は，

$$\frac{E_{total,CSTR}}{E_{total,PFR}}=\frac{\chi+(K_m'/s_{in})\{\chi/(1-\chi)\}}{\chi-(K_m'/s_{in})\ln(1-\chi)} \tag{3.71}$$

図3.26に，$\chi$ をパラメータとして，（3.71）式を示す．明らかにPFRよりCSTRの方が，多量の酵素を必要とする．その比は，反応次数に依存し，1次（$K_m'/s_{in}\to\infty$）で最も大きく，0次（$K_m'/s_{in}\to 0$）で最も小さい．もし，固定化酵素の充填率（$1-\varepsilon$）を同じにすれば，（3.70）式より，反応器容積 $v$ について $v_{CSTR}>v_{PFR}$ である．PFRで通常行うような高い充填率では，CSTRは実施できないから，$v$ の差はさらに著しくなる．

### 膜型バイオリアクター（EMBR）

酵素反応用膜型バイオリアクター（enzyme membrane bioreactor，以下 EMBR と略．なお単に membrane bioreactor とよぶこともある）は，きわめてユニークな反応器である．酵素は高分子化合物であるから，適切な細孔径の膜を使用すればその透過は阻止できる．EMBR は，このことを積極的に利用して，膜によって酵素を反応器内に閉じ込め生成物（と残存基質）のみを分離しようとしたり，膜面や膜内に酵素を「固定化」し生成物と残存基質を分離しようとしたり，あるいは膜を用いて相の分離を行おうとするような反応器である．すなわち，EMBR は膜の分離機能を利用して，反応と分離を同時に達成しようとするバイオリアクターであるといえよう．EMBR の特徴を列挙すれば，次のようになる．

1）特別な処理なしに酵素を「固定化」できる．

2）無菌的操作が可能である．これは，「古典的固定化法」では不可能であり，EMBR の大きな利点といえる．

3）酵素を何ら化学修飾することなく，遊離状態で使用することが多い．遊離状態の場合は，酵素への基質の接近に問題がないため，高分子基質の反応や基質のほかに補基質を必要とする共役反応に有利となる．

4）遊離状態で使用するということは，安定性の面では何ら改善されていないことになり，不安定な酵素の場合には，安定化物質の添加など，特別な配慮をしなければならない．

5）膜の汚れや目詰まりによる性能の低下がありうる．膜の効果的洗浄方法（バックフラッシュなど）を確立しなければならない．

6）工業的規模で実施する場合，広大な膜面積が必要であり，スケールアップにコストがかかる．

膜は分離される粒子の大きさによって分類される．すなわち，細孔の小さいほうから，逆浸透（reverse osmosis，RO と略）膜，ナノ濾過（nanofiltration）膜，限外濾過 ultrafiltration，UF と略）膜，精密濾過（microfiltration，MF と略）膜，そして一般濾過膜に分類されている．いわゆる透析膜は RO から UF の下限付近の範囲の膜を指すと思われる．しかし，これら各種の膜の境界は明確なものではない．膜が分離する粒子サイズ特性をより正確に表現するために，分画分子量（molecular weight cutoff 略して MWCO）というパラメータが用いられる．UF 膜は溶解している高分子化合物と低分子化合物とを分離するのに適用される．したがって，EMBR には主として UF 膜が使用されている．UF 膜は対称膜（均質膜）と非対称膜（異方性膜）に大別される．非対称膜は表面近くの薄いスキン層とその内側の厚いスポンジ層から成り立っており，濾過は主としてスキン層で行われ，スポンジ層は機械的強度をもたせるのに役立っている．しかし，EMBR の場合は，このスポンジ層を酵素固定化に活用することもできる．材料としては，合成高分子が多いが，最近はセラミックスが注目されつつある．MF 膜としては，微孔性ポリプロピレン，微孔性ポリエチレン，微孔性テフロン，微孔性ポリスルファン膜（耐熱性であり蒸気滅菌可能）などが知られている．

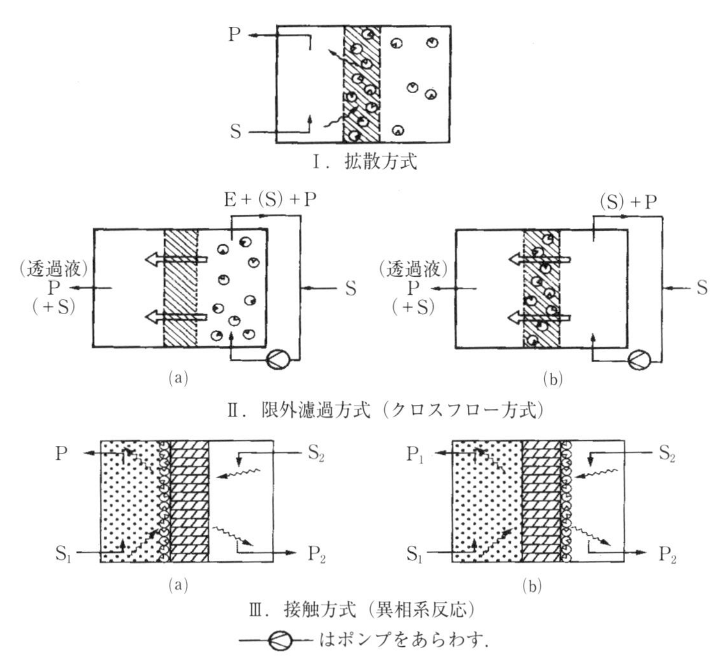


**図3.27** 膜を用いた酵素反応用バイオリアクターの操作法.

膜は，スパイラル型，中空糸（hollow fiber，HF と略）型，円管型（または細管，キャピラリー型），平板型などのモジュールで使用される．それぞれに特徴があるが，EMBR に使用する場合，雑菌汚染対策上からの洗浄の容易さ，目の詰まりにくさなどが重視される．膜交換の可否も考慮せねばならい場合もあろう．膜充填密度（反応器単位体積当りの膜面積）のみから判断すると中空糸モジュールが最も優れており，工業的 EMBR として有望である．しかし，流量が低いとすべての HF に液を均一に流すことは難しく，偏流しやすい欠点がある．

反応工学的観点から EMBR における膜の使用方式は，Ⅰ．拡散方式，Ⅱ．限外濾過方式（クロスフロー方式），Ⅲ．接触方式，の 3 方式に大別できる．これらを概念的に図3.27に示す．

Ⅲ．接触方式では，膜としては精密濾過膜あるいは限外濾過膜が用いられる．水に難溶性の基質 $S_1$は微孔性膜によって安定化された界面で反応し，生成物 $P_1$は界面から液本体へ拡散する．$S_2$は水溶性基質である．Ⅲ(a)では E は再循環されるが，(b)では E は膜面に固定されている．異相系の生化学反応のなかには，

$$S_1(\text{phase 1}) + S_2(\text{phase 2}) \rightarrow P_1(\text{phase 1}) + P_2(\text{phase 2})$$

のように，二つの基質 $S_1$，$S_2$が異なる相内に存在していて，主要生成物 $P_1$が一つの相内に存在する場合がある．通常はこのような 2 液相系反応は乳化状態で実施される．この場合は，反応終了後，もしくは反応器出口で乳化液を 2 液相へと分離する必要がある．そのため，遠心分離などの単位操作を付置せねばならない．このように，1）反応と液々分離の

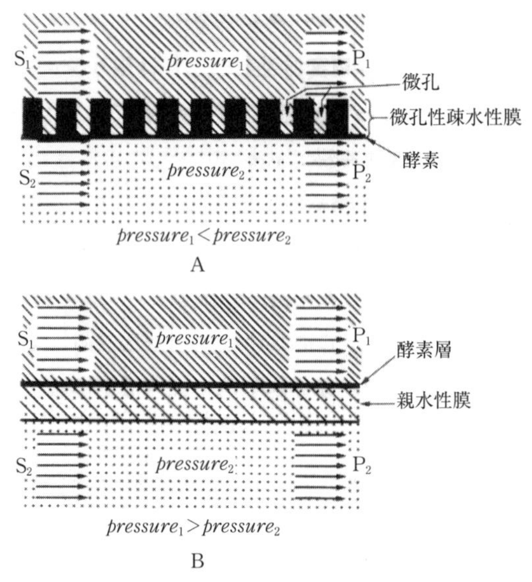


**図3.28** 液々接触方式の膜型バイオリアクター
$S_1$：親油性基質，$S_2$：親水性基質，
$P_1$：親油性生成物，$P_2$：親水性生成物．

同時的達成，２）酵素の反応器内保持，３）連続操作可能，の３点を可能ならしめるのが接触方式のバイオリアクターである[†]．液々分離を伴う接触方式の膜型バイオリアクターの原理を図3.28に示す．この方式のバイオリアクターでは膜を介して，膜の片方側に$S_1$を，もう一方の側に$S_2$を連続的に供給する．相互に溶解しない２種類の基質は，薄膜によって隔離されていて互いに混合することはないが，界面で接触し反応が行われる．２種の基質は，所定の反応率が達成されるまで接触し，反応により生じた生成物のうち，親水性成分は親水性液側本体へ，親油性成分は親油性液側本体へ，それぞれ移行し２液相の分離はおのずから達成される．液々接触方式のEMBRは，1990年台初頭に田辺製薬（当時）によって，医薬品ジルチャゼム合成の脂溶性中間体のリパーゼによる光学分割に適用され商業化された．

† 山根恒夫，液液接触方式の膜型バイオリアクター，膜，14,164（1989）．

# 3.5 第3章の参考書

1．井上國世（監修）：産業酵素の応用技術と最新動向，シーエムシー出版，(2015)．
2．虎谷哲夫，北爪智哉，吉村　徹，世良貴史，浦池利章：酵素――科学と工学（改訂版），講談社，(2012)．
3．José M. Guisán (ed). Immobilization of Enzymes and Cells (Methods in Biotechnology) (Second Edition), Humana press, (2010).
4．L. K. Doraiswamy and Deniz Uner: Chemical Reaction Engineering--Beyond the Fundamentals--, CRC Press, (2013).
5．千畑一郎編：固定化生体触媒，講談社，(1986)．

第 4 章

# 遺伝子工学

河原崎泰昌

## はじめに

遺伝子工学（genetic engineering）は，おおまかにいって(1)遺伝子の化学的実体であるDNAを増幅・加工する技術や解析する技術などの，遺伝子および遺伝子産物を「調べる」ことを目的とする技術群と，(2)生物に物質生産をさせることを目的とし，遺伝子を「利用（あるいは不活性化）する」ための技術群により構成される．

現在では遺伝子（DNA）をクローン化したり，切ったり，つないだり，増やしたり，細胞に入れて発現させたり，またその塩基配列の一部を任意に変えたり，また必要ならばある遺伝子を構成する塩基配列を全て試験管内で合成することも人間の手で自由に行えるようになっている．このような遺伝子工学の技術が可能となり改良されるまでには，様々な要素技術の開発・進歩があった．それらを表4.1に示す．この表から分かるように，遺伝子工学の基盤技術はほぼ1990年までに開発されており，それ以降はそれらの改良であると言える．しかしながら，それらの改良は劇的であり，改良の結果得られた科学的知見と相まって，これまで多くの優れた教科書に掲載されてきた遺伝子工学の諸技術は急速に「ロストテクノロジー」化しつつある．この現状をふまえ，本章では2014年時点において使用され，今後も使用されるであろう遺伝子工学の諸技術の説明に重点を置く．

**表4.1**　遺伝子工学に関わる科学と技術の発展の歴史

| 年（西暦） | 科学と技術（発見者または開発者） |
|---|---|
| 1928 | 遺伝子本体が核酸であることを証明した肺炎レンサ球菌を用いた実験（アベリー） |
| 1944 | アカパンカビ変異体を用いた実験による1遺伝子＝1酵素説の提唱（ビードルとテータム） |
| 1950年代 | バクテリオファージを用いた分子遺伝学研究（ハーシーとチェイスなど） |
| 1950年代 | 染色体外遺伝因子としてのプラスミドの発見 |
| 1951 | 蛋白質のアミノ酸配列決定法の開発（サンガー） |
| 1953 | DNA二重らせん構造の決定（ワトソンとクリック） |
| 1961-64 | 遺伝暗号の解明と普遍性（ニレンバーグ，オチョア，コラーナ） |
| 1967 | T4 DNAリガーゼの発見と利用 |
| 1968 | 制限酵素の発見（アーバー，スミス） |
| 1970 | 逆転写酵素の発見（デミン，ボルティモア） |
| 1973 | 制限酵素とリガーゼ，プラスミドを用いた最初の「遺伝子組換え」実験（バーグ，ボイヤーとコーエン） |
| 1975 | サザンブロッティング（サザン） |
| 1977 | ジデオキシリボヌクレオチドを用いたDNAの塩基配列決定法（サンガー） |
| 1981 | ウェスタンブロッティング（バーネット） |
| 1985 | 耐熱性DNAポリメラーゼを用いたPCR（マリス） |
| 1991 | PCRによるDNA1分子からの増幅（ジェフリーズ） |
| 1996 | 出芽酵母ゲノムの全塩基配列の決定 |
| 2000 | ヒトゲノムのドラフトシーケンス |
| 2000年代 | “次世代”DNAシーケンサーの開発 |

# 4.1 プラスミドとファージ

プラスミドやバクテリオファージ（ファージ）は，宿主となる細胞に寄生（感染）して自己の子孫を増やす寄生性の核酸分子ととらえることができる．これらは，遺伝子工学においては任意の遺伝子を運ぶためのベクター（次節参照）として使用されている．本節ではこれらの分子の諸性質について紹介する．

## 4.1.1 プラスミド

プラスミド（plasmid，図4.1）は，染色体（核様体）外の遺伝因子であり，染色体とは独立して自律的に複製し，細胞が分裂する時には染色体と同様に姉妹細胞に分配される．プラスミドの化学的な実体はポリヌクレオチド（多くの場合二本鎖環状 DNA）であり，その大きさは数 kb から数十 kb である．細胞内においてプラスミドは独自の調節機構により自身の複製速度（頻度）を調節するため，それぞれのプラスミドは細胞内で固有の数（コピー数，copy number）を維持する．プラスミド上には複数の遺伝子（蛋白質コード領域や機能性 RNA コード領域）が存在し，その遺伝子の数や種類はプラスミドにより異なるが，細胞内で固有のコピー数を維持するための調節領域（*ori* と呼ばれる）を必ずもつ点は全てのプラスミドに共通する特徴である．プラスミドは弛緩した環状構造で図示される（図4.2）が，細胞内ではトポイソメラーゼのはたらきにより負の超らせん構造をとっている．このため同じプラスミドであっても，細胞から取り出された無傷のプラスミドは，見かけ上のサイズが異なる複数の DNA として検出される．プラスミドは全て p（小文字）から始まる名称で表記される．

自然界においてプラスミドは多くのバクテリアに見出されるほか，一部の酵母にも存在が認められている．同一の菌体内に互いに異なるタイプの *ori* を持った複数種のプラスミ

**図4.1** 細菌細胞とプラスミド

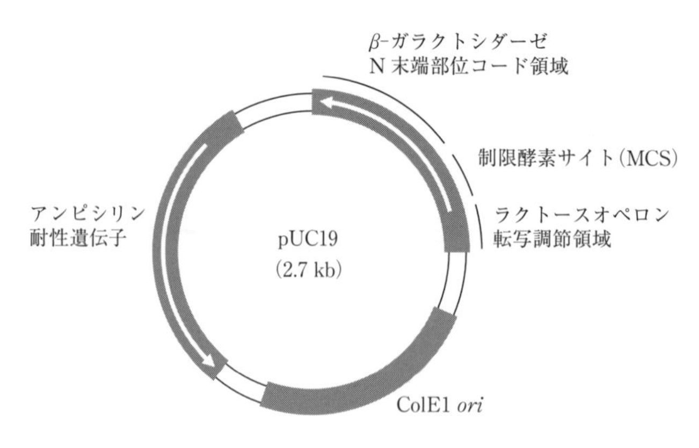


**図4.2** プラスミド pUC19（模式図）

ドが共存していることも少なくない．同一菌体内で異なるプラスミドが共存できることを，和合性（compatibility）と呼ぶ．一方，同じタイプの *ori* およびプラスミド分配機構をもつ2種類またはそれ以上のプラスミドは，複製・分配が互いに競合するため，それぞれに対する適切な選択圧が無い状態では，同一菌体内で安定して共存しない．これをプラスミドの不和合性（incompatibility）と呼ぶ．

宿主細胞内におけるプラスミドの複製および分配は自律的であるが，複製および分配には多くの宿主由来の蛋白質も関わる．このため，あるバクテリアのプラスミドは別の種類のバクテリアの細胞内では維持されないことがある．これをプラスミドの宿主特異性（host specificity）と呼ぶ．他方，別のプラスミドには複数種のバクテリアで保持されるものがあり，この *ori* を利用して開発されたベクター（運び屋，次節参照）は広宿主域ベクター（broad host-range vector）と呼ばれる．このような *ori* をもつプラスミドは，自然界ではバクテリア間の接合を介して他の種のバクテリアに感染（水平伝播と呼ばれる）する．

### 産業とプラスミド保有バクテリア

プラスミドは必ずしも宿主の生育にとって必須ではないが，特に抗生物質が多用・濫用される環境においては，薬剤耐性遺伝子をもつプラスミドは宿主の生存に有利にはたらく．水平伝播する性質をもつプラスミドと組み合わされることで，様々な薬剤耐性菌が現れる原因となっている．

プラスミドを持つこと（あるいは失うこと）で，宿主の生育および代謝は様々な影響を受ける．ストックしていた菌株や，自然界より単離したバクテリアが，培養あるいは継代を繰り返す内に性質が変化することがあるが，こうした現象の一部はプラスミドの脱落に起因する．逆に，複数種類のプラスミドを同時に保有する菌体からプラスミドを人為的に脱落させるには，菌体を熱や複製阻害剤などにより処理し，希釈して寒天培地に塗り広げるなどの方法がとられる．

**遺伝子工学で使われるプラスミドとその種類**

遺伝子工学で使われるプラスミドは，大腸菌（*Escherichia coli*）内で複製・維持されるプラスミドである．天然の大腸菌プラスミドは殺菌性蛋白質遺伝子をもつColE1系，稔性（雌雄決定）因子をもつF因子系，薬剤耐性遺伝子をもつR因子系に大別される．遺伝子工学においては，これらの天然型のプラスミドをそのままの形で用いることはほとんど無い．多くは，外来遺伝子の挿入がしやすいよう複数の制限酵素サイトが設置されたり，幾つかの薬剤耐性遺伝子のうちの一つが含まれていたり，他の生物の細胞でも自律複製・安定分配されるように第二の*ori*が挿入されたりと，極めて人工的な配列で構成されたものが用いられる．例として遺伝子クローニングに使われているプラスミドpUC19の模式図を図4.2に示す．

### 4.1.2 バクテリオファージ

バクテリオファージ（bacteriophage）はバクテリアに感染する様々なウイルスの総称である．多くのバクテリオファージは，それぞれ特定の種のバクテリアに感染して増殖する（宿主特異性）．真核生物に感染するウイルスと同様，バクテリオファージは遺伝情報を運ぶポリヌクレオチドと，それを包み込むコート蛋白質と，感染・増殖に必要な制御蛋白質により構成される．これらに加え一部のバクテリオファージは，宿主細胞由来の生体分子（細胞膜など）を含むことがある．バクテリオファージ粒子の形状はバクテリオファージにより大きく異なるが，大別すると(1)正多面体構造の頭部のみからなるもの，(2)頭部に加え，宿主認識および感染に関わる頚部および脚部様構造をもつもの，(3)繊維状のもの，の3種類である（図4.3）．いずれの形状であっても，コート蛋白質の自発的な自己集合により，規則正しいウイルスの粒子構造が形成される．

遺伝情報を運ぶポリヌクレオチドもバクテリオファージの種類により異なり，直鎖状，または環状の二本鎖あるいは一本鎖DNAであったり，RNAであったりする．それらのサイズも，含まれている遺伝子の種類および数も様々である．

バクテリアに感染したバクテリオファージは，(1)宿主の生命機能を乗っ取って大量の子ファージを合成し，その子ファージが次々と感染を拡大する溶菌サイクル（lytic cycle）か，

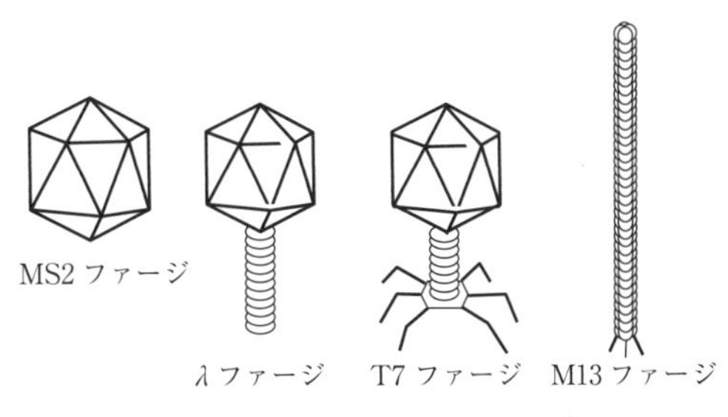


**図4.3** バクテリオファージ

⑵宿主染色体DNAに自身のゲノムを挿入してテンペレートファージとして潜伏し，宿主の増殖に便乗して自身の遺伝情報を増やす溶原サイクル（lysogenic cycle）のいずれかの方法で子孫を増やす．大腸菌に感染するM13ファージ（図4.3）のように，宿主の明確な溶菌を伴わないものであっても，ファージゲノムの宿主染色体への挿入が起こらない（宿主の生育とファージの増殖が連動しない）場合には溶菌サイクルで増殖すると見なされる．また，宿主の生育条件によって溶原サイクルから溶菌サイクルへと生活環を切り替えるファージも存在し，大腸菌に感染するλファージが典型的である（図4.4）.

溶原サイクルに入ったファージはプロファージと呼ばれ，ウイルス粒子の生産や宿主細胞の破壊に関わる遺伝子の発現は抑制され，プロファージの状態が安定化される．従って，溶原サイクルのファージからは，ウイルス粒子は検出されない．この状態で宿主と共存するファージのことをテンペレート（temperate；温和な）ファージと呼ぶこともある．宿主細胞の生育環境の変化（栄養状態や紫外線などの刺激）によりプロファージは宿主ゲノムから切り出されて脱溶原化し，溶菌サイクルへ移行する.

バクテリオファージの単離は，宿主微生物培養液とバクテリオファージ含有試料を混合し，温めた軟寒天とともに寒天培地に塗布することによって行われる．即ち，寒天培地上で宿主微生物は増殖して叢を形成するが，ファージが感染し，宿主が溶菌するとその部分は溶菌斑（クリアゾーン，clear zoneまたはプラーク，plaque）が形成され，バクテリオファージが視覚化される.

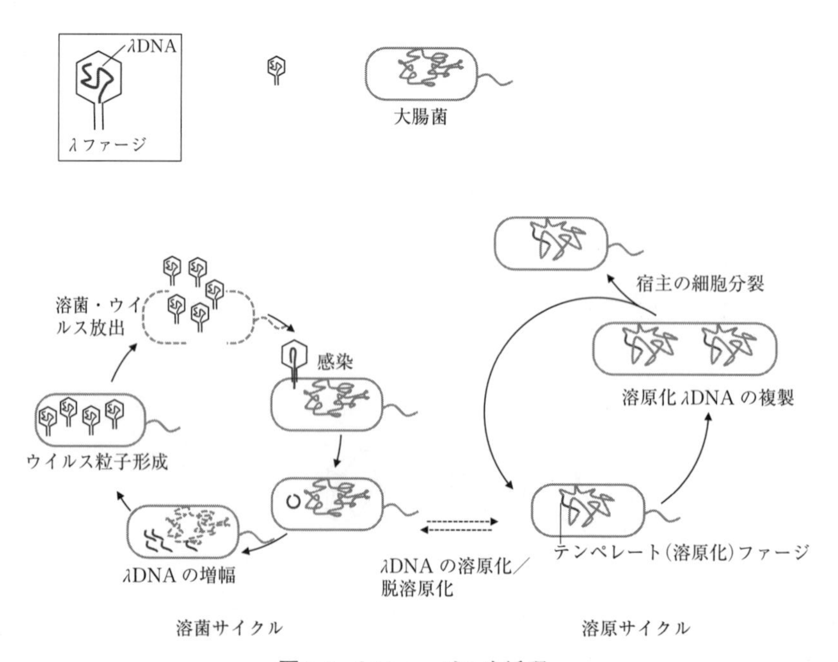


**図4.4** λファージの生活環

### 産業とバクテリオファージ

どのようなバクテリアにも，それに感染するバクテリオファージがいるといわれる．ある環境中，例えば堆肥中などである微生物種が頻繁に見出される際には，その微生物種に感染するバクテリオファージも同じ環境中に存在するようである．これは，自然界におけるバクテリア個体数の調節の一部が，バクテリオファージによって担われていることを示している．病原性バクテリアに対して高い宿主特異性を示すバクテリオファージを見つけ，そのバクテリオファージを治療薬として用いる研究も進められている．

一方，バクテリアを用いる発酵・醸造（納豆など）においては，バクテリオファージの混入は大変深刻な問題をもたらす．バクテリオファージはウイルスであり，環境中での安定性は高いものが多い．エタノール殺菌などの温和かつ人体に対して安全性の高い殺菌法では容易に死滅しない．このため，ひとたび製品製造プロセスのどこかでバクテリオファージを増殖させてしまうと，再び製造を開始できるようになるまでには大変な時間と労力を払ってバクテリオファージの除去作業をすることになる．

### 遺伝子工学とバクテリオファージ

大腸菌を宿主とする$\lambda$ファージやM13ファージなどがゲノムDNAライブラリーの作成やDNA配列決定などの遺伝子工学的手法に用いられてきた．しかしながら，主要生物の全ゲノム配列の決定，試験管内全ゲノム増幅法の確立，長鎖DNAのPCR技術，さらに次世代DNAシーケンサーの登場などの技術革新により，遺伝子クローニングを目的としてバクテリオファージを使用する機会はほぼ無くなった．現在は，ファージディスプレイなど新規蛋白質（特に人工抗体）のスクリーニングシステムの基幹技術としてバクテリオファージが利用されているほか，遺伝子工学的手法に使われる各種核酸関連酵素（DNAリガーゼ（連結酵素）やDNAポリメラーゼなど）の給源として用いられている．

# 4.2 宿主とベクター

生物一般において，寄生した寄生性生物に対し，エネルギーや栄養源を提供する側の生物を「宿主（host)」という．これに対し，遺伝子組換えなどの遺伝子工学の分野においては，外来の遺伝子を受容し，保持する生物（ウイルスを含む）を宿主（host）と呼ぶ．また，宿主に外来遺伝子を受容させ，維持させるための生体分子装置をベクター（vector，運び屋）と呼ぶ．つまり，着目している遺伝子操作における役割で「宿主」および「ベクター」の呼称が定まる．例えば，外来遺伝子が挿入された組換えλファージを作成する時，λファージは宿主である．同じ組換えλファージを大腸菌に感染させ，プロファージとして溶原化させる時，このλファージは外来遺伝子を運ぶベクターであり，大腸菌が宿主となる．

これまでに様々な宿主と，さらに多くの種類のベクターが開発されている．宿主とベクターの具体例をそれぞれ列挙する記述スタイルでは，逆に学生の理解の妨げになる懼れがある．本節では，形質転換法が宿主により異なる関係上，宿主ごとに項目を分け，その宿主とともに使われるベクター，用途および形質転換法を記載している．学生は，「用途」とそれに対応する「宿主とベクターのセット」という枠組みで本節の内容を理解して欲しい．

## 4.2.1 大腸菌（*Escherichia coli*）

大腸菌（*Escherichia coli*）は哺乳類の腸管に寄生する通性嫌気性のグラム陰性桿菌である．重篤な食中毒を引き起こす大腸菌O株と異なり，健康なヒトの腸内に常在しているK株は病原性を持たないとされており，特にK-12株が遺伝子解析に活用されている．同じくB株やC株の大腸菌も安全とされ，とくに遺伝子産物（組換え蛋白質）の生産に用いられる．

大腸菌の世代時間は，最適な生育条件下でおよそ30分である．このことは，300分（5時間）程度の培養により，菌体数が$2^{10}$倍にもなることを意味する．短時間のうちに生化学的，遺伝学的に均一な細胞の集団を調製できることは，他の生物と比べて大変な研究上のメリットである．

大腸菌は分子遺伝学研究の黎明期を支えた生物である．大腸菌は性繊毛を介した接合

(conjugation）が可能であり，雌雄株間で染色体の一部や染色体外の遺伝因子であるプラスミド（F 因子）の授受が起こる．各種バクテリオファージの宿主であり，バクテリオファージを介した DNA の導入（形質導入・transduction）が起こる．簡単な操作により環境中の DNA を受容できるようになり，形質転換（transformation）を起こす．これらの大腸菌の性質は，遺伝子欠損とその相補などの遺伝学的な解析を可能にした．これら大腸菌を対象として行われた研究は，大腸菌を遺伝子操作や遺伝子解析をするための優れた道具にした．

遺伝子解析に用いられる大腸菌は，K-12株に由来する変異体が多く使われる．これら変異体は，野生株がもつ遺伝子の幾つかが欠損している．それらの遺伝子は，大腸菌が非自己である外来 DNA を識別し，攻撃し，分解して無効化するはたらきを担うものが多い．従って，これらの遺伝子の欠損により，外来 DNA は取り込まれやすくなり，菌体内でより安定して保持されるようになる．組換え蛋白質の生産に用いられる B 株および C 株の大腸菌においても同様に，組換え蛋白質をより安定化できる遺伝子欠損をもった変異体が使用される．以下に，頻繁に使われる大腸菌 K-12株の名称と遺伝子型，およびそれぞれの遺伝子の機能を表4.2および4.3にまとめた．

**表4.2**　遺伝子操作や組換え蛋白質生産に用いられる大腸菌

| Strain | Genotype |
|---|---|
| ABLE C | lac(LacZω$^{-}$)［Kan$^{r}$ McrA- McrCB- McrF- Mrr- HsdR(rK- mK-)］<br>［F' proAB lacI$^{q}$ZΔM15 Tn10(Tet$^{r}$)］（C 株由来） |
| BL21(DE3) | F$^{-}$, ompT, hsdS$_{B}$(r$_{B}$- m$_{B}$-), gal(λcI 857, ind1, Sam7, nin5, lacUV5-T7gene1),<br>dcm(DE3)（B 株由来） |
| DH5 | supE44, hsdR17, recA1, endA1, gyrA96, thi$^{-}$1, relA1 |
| DH5α | F$^{-}$, Φ80d lacZΔM15, Δ(lacZYA-argF) U169, deoR, recA1, endA1, hsdR17(r$_{K}^{-}$ mK$^{+}$),<br>phoA, supE44, λ$^{-}$, thi$^{-}$1, gyrA96, relA1 |
| DH10B | F-, mcrA, Δ(mrr$^{-}$ hsdRMS$^{-}$ mcrBC), Φ80dlacZ, ΔM15, ΔlacX74, deoR, recA1,<br>araD139, Δ(ara-leu) 7697, galU, galK, λ$^{-}$, rpsL, endA1, nupG |
| HB101 | supE44, Δ(mcrC-mrr), recA13, ara-14, proA2, lacY1, galK2, rpsL20, xyl-5, mtl-1,<br>leuB6, thi-1 |
| HST02 | F'[traD36, proA$^{+}$B$^{+}$, lacIq, lacZΔM15]/Δ(lac-proAB), recA, endA, gyrA96, thi,<br>e14-(mcrA-), supE44, relA, ΔdeoR, Δ(mrr-hsdRMS-mcrBC) |
| JM109 | recA1, endA1, gyrA96, thi, hsdR17(r$_{K}^{-}$ m$_{K}^{+}$), e14-(mcrA-), supE44, relA1,<br>Δ(lac-proAB)/F'[traD36, proAB$^{+}$, lac I$^{q}$, lacZΔM15] |
| MV1184 | ara, Δ(lac-proAB), rpsL, thi(Φ80 lacZΔM15),<br>Δ(srl-recA) 306::Tn10(tetr)/F'[traD36, proAB$^{+}$, lac Iq, lacZΔM15] |
| NovaBlue | endA1, hsdR17, (r$_{K}^{-}$ m$_{K}^{+}$), supE44, thi$^{-}$1, gyrA96, relA1, lac, recA1/F',<br>[proAB$^{+}$, lac I$^{q}$ ZΔM15, Tn10(tet$^{r}$)] |
| XL1-Blue | hsdR17, supE44, recA1, endA1, gyrA46, thi, relA1,<br>lac/F'〔proAB$^{+}$, lac I$^{q}$, lacZΔM15::Tn10(tet$^{r}$)〕 |

表4.3 大腸菌の遺伝子型に記載される遺伝子とその欠損

| 遺伝子名 | 遺伝子型に記載された場合の意味 |
|---|---|
| *ala* | アラニン要求性変異 |
| *ara* | アラビノース代謝系欠損 |
| *dam* | GATC 配列中 Adenine の N-6位メチル化能欠損 |
| *dcm* | CCWGG 配列中2番目 Cytosine の5位メチル化能欠損 |
| *deoR* | *deo* オペロン制御因子欠損（大きなサイズのプラスミドの安定性が向上） |
| *dut* | dUTPase 活性欠損 |
| *endA* | Endonuclease I 活性欠損 |
| *gor* | グルタチオンレダクターゼ欠損 |
| *gyr* | DNA gyrase 欠損 |
| *hsd* (*R-M-S*) | EcoK 制限修飾系遺伝子；hsdR：制限系欠損，hsdS：制限修飾系欠損 |
| *lacI*$^q$ | lacI プロモーター変異 lacI の過剰発現 |
| *lacY* | Lactose permease 欠損 |
| *lacZ* | *β*-ガラクトシダーゼ欠損 |
| *lacZΔM15* | *β*-ガラクトシダーゼ N 末端領域欠損（　） |
| *lon* | ATP 依存性プロテアーゼ欠損 |
| *mcrA* | 5'-meCpG 配列の制限欠損 |
| *mcrB, C* | 5'-GpmeC 配列の制限欠損 |
| *mrr* | メチル化 Adenine による制限系欠損；dam および EcoK によるメチル化塩基には関与しない． |
| *ompT* | 外膜プロテアーゼ欠損 |
| *recA* | 相同組換え能欠損 |
| *recBC* | Exonuclease V 活性および相同組換え能欠損 |
| *recD* | Exonuclease V 活性欠損 |
| *relA* | 緊縮応答因子（ppGpp）合成酵素欠損； |
| *rpsL* | ストレプトマイシン耐性（リボゾームタンパク質の変異） |
| *supE* | Amber(UAG)suppressor tRNA(glutamine) |
| *supF* | Amber(UAG)suppressor tRNA(tyrosine). |
| *Tn10* | テトラサイクリン耐性（トランスポゾン10由来） |
| *Tn5* | カナマイシン耐性（トランスポゾン5由来） |
| *Δ(mcrC-mrr)* | mcrC，merB，hsdS，hsdM，hsdR，mrr 欠損 |

| 名称 | 遺伝子型に記載された菌株が示す表現型 |
|---|---|
| F | 接合因子 |
| $Ap^r$ | アンピシリン耐性 |
| $Cm^r$ | クロラムフェニコール耐性 |
| $Km^r$ | カナマイシン耐性 |
| $Sm^r$ | ストレプトマイシン耐性 |
| $Tet^r$ | テトラサイクリン耐性 |

**〈トピック4.1〉 大腸菌遺伝子命名法と遺伝型表記法について**

分子遺伝学は，大腸菌を用いて大きく発展してきた．その名残は，大腸菌の遺伝子名と大腸菌遺伝子型表記法に色濃く残っている．

大腸菌の遺伝子は，変異原処理された大腸菌の変異株が，ある特定の着目する条件下で示す特定の表現型に因んでイタリック体の小文字3文字＋大文字の添え字1文字で命名された．例えば，紫外線への耐性（UV resistance）に関与する遺伝子は *uvr* と命名され，DNAの組換え（recombination）に関与する遺伝子は，*rec* と命名された．次に，同じプロセスに関わる幾つかの遺伝子は，大文字の添え字1文字（*A*，*B*，*C* 等）をつけることによって互いに区別された．概ね遺伝子が発見された順に大文字の添え字がA，B，Cと付けられるが，当該遺伝子があるプロセスの抑制因子（制御因子）の場合は，I（inhibitor）やR（repressor）が，あるプロセスの最終段階に関わる遺伝子の場合はZが充てられることが多い．また遺伝子産物である蛋白質のサイズによってL，M，Sの添え字が充てられることがある．大腸菌のどの遺伝子がどんな機能を担っているかを知るには，http://genolist.pasteur.fr/Colibri/ などのデータベースを検索すると良い．

これから遺伝子工学や分子生物学を学ぼうとする学生がとまどう原因となるのが，基本的に大腸菌やバクテリアの遺伝子名は，遺伝子機能が欠損した株の表現型に因んでいるという点である．遺伝子名の命名は，塩基配列決定などの遺伝子同定技術が未発達だったころに行われたことがこの背景にある．同じ遺伝子であるにも関わらず別々の名前を与えられて研究が進められ，その後いずれかに統一された遺伝子は数多い．例えば，*recA* は *rexB*，*recH*，*rnmB*，*srf* などの名前で呼ばれていた．この遺伝子名の統一により，ある一つの細胞プロセスを担う一連の遺伝子群であっても，一見して互いに無関係な遺伝子であるかのように見える．例えば，大腸菌のDNAポリメラーゼⅢのサブユニットは，*polC*，*dnaQ*，*holE*，*dnaX*，*holA*，*holB*，*holC*，*holD*，*dnaN* などの遺伝子にコードされている．その一方で *dnaB* はDNAヘリカーゼを，*dnaK* や *dnaJ* は蛋白質シャペロンをコードしている，といった具合である．

さらに学生を混乱させるのが，「菌株の遺伝子型（genotype）に書かれている遺伝子名は，その菌株において欠損している遺伝子を示している」という点である（表3.2参照）．遺伝子機能を欠損させる変異は多様であり，それは点突然変異であったり，一部の領域の欠損であったりする．これらを区別するため，菌株の遺伝子型に書かれている遺伝子名には数字が追記される．そして，欠損していない正常型（野生型）の遺伝子は，通常，遺伝子型に表記されない．あえて野生型の遺伝子をもつことを強調する場合は，遺伝子名称の右肩に＋の添え字をして表記する．

もう一つ学生を混乱させるのが，溶原性ファージやF因子は，あえて存在しないことを強調するために，－を添え字にして遺伝子型に書かれる（例，$\lambda^-$ や $F^-$）事である．逆に，抗生物質耐性遺伝子は，存在することを強調するために，小文字rを添え字とする大文字から始まる正体の2～3文字で遺伝子型に表記される（例，$Ap^r$ や $Km^r$）．しかし，これらの抗生物質耐性遺伝子の正式な名称は別にあり（例，*bla* や *npt*），これらは遺伝子型として表記されることはない（遺伝子名称の表記は，常に欠損を表すため）．

### 4.2.2 大腸菌とプラスミドベクター

「組換えを行って外来DNAを増やす」といった場合，一般的には大腸菌のプラスミドをベクターとして外来DNA（～数千塩基対）を挿入し，この組換えプラスミドを用いて大腸菌（宿主）を形質転換し，形質転換した大腸菌を培養する操作を指す（図4.5）．この一連の実験操作は，(1)切る，(2)つなぐ，(3)入れる，(4)増やす，(5)選ぶ，の5つのステップで構成される．選ばれたプラスミドは，塩基配列の決定などのさらなる解析に用いられるほか，挿入断片を他のプラスミドに移し替え，別の宿主を形質転換するなどして応用・利用される．

このような操作においてベクターとして使われるプラスミドは，天然のものではなく，外来DNAの挿入がしやすくなるよう，多数の制限酵素サイトが1つの領域に集積されていたり（マルチプルクローニングサイト，multi-cloning site，という），外来DNAの挿入の有無が判別しやすいような工夫がなされていたり，形質転換体が判別しやすいよう，R因子系プラスミドに由来する抗生物質耐性遺伝子をもたせたりと，遺伝子操作がしやすくなるよう人工的な改変が加えられたものが使われる．プラスミド上の抗生物質耐性遺伝子などの形質転換体の選択を容易にするための遺伝子は，選択マーカー（selectable marker）とも呼ばれる．

ある組換えプラスミドが大腸菌細胞内で何分子となるかは，そのプラスミドがもつ*ori*により決定される．この1細胞あたりのプラスミド数は，プラスミドコピー数とよばれる．遺伝子クローニングに用いられるプラスミドベクターの多くは改良されたColE1 *ori*をも

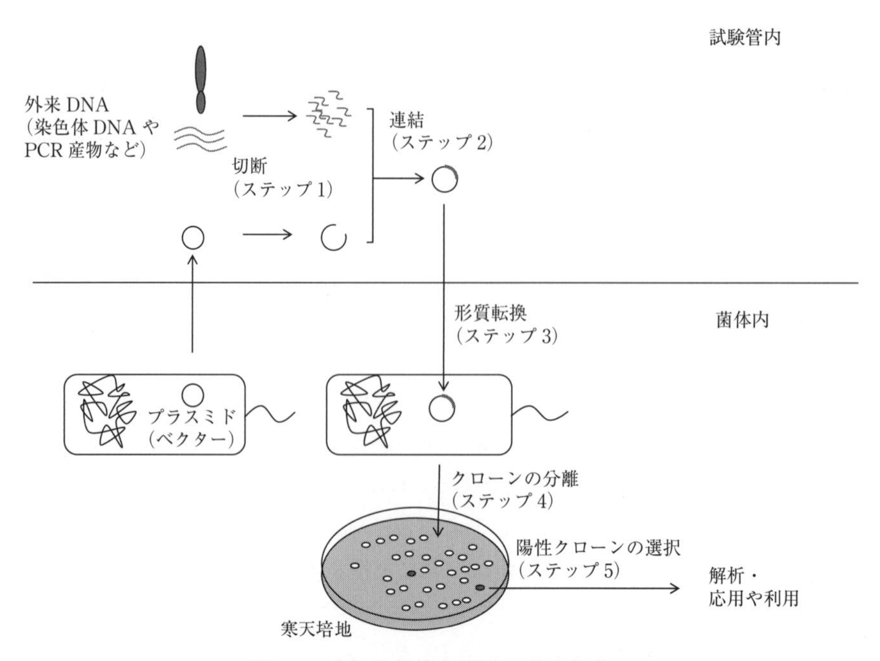


**図4.5** 遺伝子組換え実験の基本操作

ち，例えばpUC19のプラスミドコピー数は100以上に達する．このようなコピー数が高いプラスミドのことを，高コピー数プラスミド（high copy-number plasmid）と呼ぶ．一方，組換え蛋白質の生産に用いられるプラスミドベクターは低コピーであるほうが都合が良いことがある．

最終宿主が別の生物であっても，大腸菌と大腸菌のプラスミドベクターが用いられることが多い．この場合，最終宿主の細胞内ではたらく，第2の複製起点をもったプラスミドベクターが用いられる．このような複数種類の複製起点をもち，大腸菌とその他の生物細胞の両方で安定して保持されるよう改良されたプラスミドベクターをシャトルベクター（shuttle vector）と呼ぶ．シャトルベクターの一例として，大腸菌と出芽酵母のシャトルベクターとして多用されているpYES2を図4.6に示す．これ以外にも，放線菌や枯草菌，動植物細胞で安定に保持される各種シャトルベクターが利用できる．いずれの場合も，図4.5で示される遺伝子組換え実験の基本操作によりプラスミドを構築し，正しいプラスミドを保有する大腸菌クローンを選択した後（図4.5 ステップ5），プラスミドを精製し，最終宿主細胞に導入する．

受容細胞が外来の遺伝物質を取り込んだ結果，受容細胞の遺伝的な性質（形質）が変化することを一般に形質転換（transformation）とよぶ．このため，プラスミドを大腸菌細胞に導入する操作は，大腸菌の形質転換と呼ばれる．用語上注意すべきは，『プラスミド「を」大腸菌「に」形質転換する』のは正しくない表現であり，正確には『プラスミド「で」大腸菌「を」形質転換する』あるいは『プラスミドを獲得した大腸菌「が」形質転換する』という表現がなされる点である．酵母をはじめとする真核細胞もプラスミドで形質転換することができるが，単細胞生物の形質転換は英語でtransformationと呼ばれるのに対し，高等植物あるいは動物細胞の形質転換はtransfectionと呼ばれる．

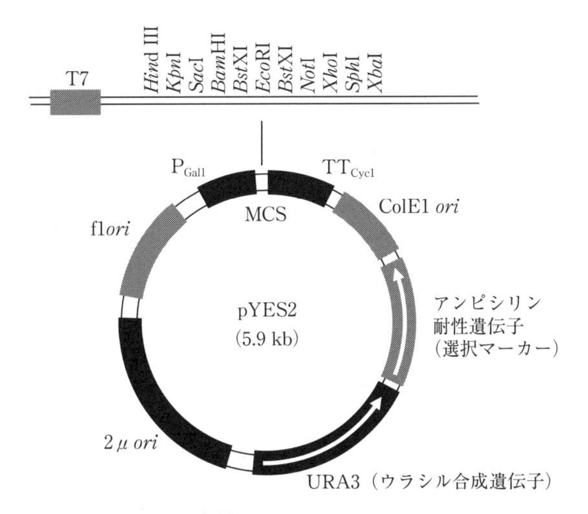


**図4.6**　酵母シャトルベクターpYES2

### 4.2.3 バクテリオファージ

λファージのゲノムは約50 kbのサイズを持つ直鎖状二本鎖DNAで構成されている．ファージ粒子を形成するコート蛋白質の遺伝子群および溶原サイクルと溶菌サイクルに必要な約50の遺伝子がコードされている．このうち，約20 kbのゲノム領域にコードされている遺伝子群はファージの増殖に必須では無く，他の同程度のサイズの外来DNAに置換することが可能である．このことを利用し，真核生物染色体DNAなどの長鎖DNAのクローニングにλファージが用いられてきた（図4.7）．

### 4.2.4 酵母

真核生物の遺伝子を原核生物である大腸菌内で効率よく発現させ，活性型の組換え蛋白質を得るのは，時として非常に困難である．原因は幾つかあるのだが，原因が分かったからといって単純に問題が解決しないことが多い．この問題については，次章の蛋白質工学で取り扱う．

酵母は，糖を分解して二酸化炭素とエタノールを生産する単細胞真核生物の総称である．生物界ではカビ・キノコ類と同じ菌界に属し，胞子を細胞内の胞子嚢（子嚢）に作ることから子嚢菌門に分類される．酵母の細胞は基本的に我々と同じく核，ミトコンドリア，小胞体，ゴルジ体などの細胞内小器官を持つが，動物細胞と異なり，厚い細胞壁や液胞をもっている．運動性はなく，また光合成を行うことはない．自然界では樹液や果実表面などの糖分の多いところに見出される．分裂または出芽により増殖する．酵母の分類や，各酵母の特性については，C. P. Kurtzman & J. F. Fell, editors: The Yeasts, a Taxonomoic

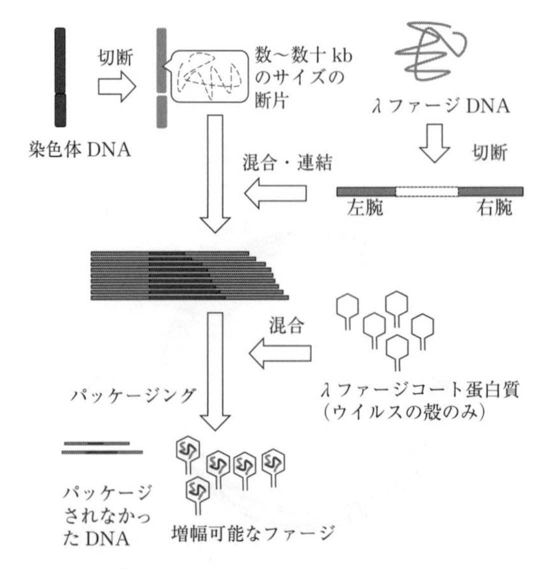


**図4.7** λファージを宿主とする遺伝子操作（ゲノムライブラリーの作製）

Study, 4th ed., Elsevier, 1997が最も信頼できる本である．

酵母の中でもとりわけ産業上重要なのが，出芽酵母（パン酵母・*Saccharomyces cerevisiae*）およびその交雑体（いわゆるビール酵母など）である．なお，味噌や醤油の発酵に関わる酵母は *S. cerevisiae* によく似ているが，*Zygosaccharomyces rouxii* という好塩性酵母（産膜酵母とも呼ばれる）であり，*S. cerevisae* とは別種である．

出芽酵母 *S. cerevisiae* は，アルコール飲料やパン製造に深く関わっているため，古くから研究の対象となってきた．出芽酵母は文字通り出芽によって増殖する．出芽酵母は一倍体と二倍体の世代をもつが，ともに栄養細胞として増殖する．最適な栄養培地における世代時間は１～２時間である．一倍体の酵母は別の性別の一倍体酵母と接合によって二倍体となる．二倍体となった酵母は，栄養成長を続けたのち，栄養源の枯渇に伴って減数分裂を起こして一倍体の胞子を４つ作る．一倍体と二倍体の世代が安定しており，安価な培地で増殖させられることから，遺伝学的な解析に用いられてきた．酵母の細胞は，一倍体で数 $\mu$m，二倍体で10 $\mu$m 程度の大きさの楕円形（レモン型と呼ばれる）であり，光学顕微鏡でも細胞の形をはっきりと観察することができ，細胞生物学においても真核生物のモデルとして解析が進められてきた．

一倍体酵母細胞は16本の染色体をもち，ゲノムサイズは約12 Mb である．1996年には真核生物として初めて全ゲノム配列が決定された．遺伝子の総数はおよそ6000といわれる．酵母を塩化リチウム溶液で処理すると外来 DNA を効率よく取り込むようになる．また，電気穿孔法でも外来 DNA の取り込みは大変良好である．遺伝子工学の道具としては大変優れた特質をもつ生物である．取り込まれた DNA に酵母の染色体 DNA と類似した配列があると，酵母の組換え修復系がはたらき，相同組換えによって外来 DNA が酵母染色体に組み込まれる．このことを利用し，任意の非必須酵母遺伝子を欠損させたり，加工したりすることが可能である．さらに，外来遺伝子を酵母染色体の任意の場所に挿入することも可能である．

2 $\mu$ DNA は，天然の出芽酵母に見られるプラスミドであり，二本鎖環状 DNA である．染色体とは独立して複製され，１細胞あたり100コピー程度のコピー数となる．このプラスミドを基盤として，ベクターとなるプラスミドが多数開発されてきた．代表的な2 $\mu$ DNA 由来酵母シャトルベクターである pYES2を図4.6に示した．このベクターは，酵母の2 $\mu$ の *ori* と大腸菌プラスミドに由来する ColE1 *ori* を持つため，双方で複製が可能である．大腸菌で使用する場合の選択マーカーとして，$Ap^r$（アンピシリン耐性遺伝子）を，酵母の選択マーカーとして *URA3*（ウラシル合成酵素遺伝子）を持っている．一般に，バクテリアの選択マーカーは抗生物質耐性遺伝子が使われるが，酵母の選択マーカーは宿主酵母株の栄養要求性（ロイシン，ヒスチジン，トリプトファン，アスパラギン酸，アデニンやウラシル等）を相補するものが使われる．このように大腸菌と別の生物の間の両方で使えるプラスミドベクターのことを，シャトルベクターと呼ぶ．使用法としては，大腸菌を用いてプラスミドの構築を行い，完成版ができたところで大腸菌からプラスミドを回収し，対応する栄養要求性をもった酵母宿主株を形質転換するのが一般的である．形質転換された酵母株は，特定の栄養成分を含まない寒天培地でコロニーを形成するので，容易に分離することができる．

2μ *ori* をもち，異種遺伝子の発現が可能な酵母プラスミドは，一般に YEp（Yeast Episomal（Expression）plasmid）タイプと呼ばれる．これに対し，2μ ori をもたず，かわりに酵母染色体型の自立複製配列（ARS）とセントロメア（CEN）をもった，低コピーの YCp（Yeast Centromere plasmid）タイプのプラスミドや，自立複製配列を持たない，染色体組込み型の YIp（Yeast Integrating plasmid）プラスミドもベクターとして用いられている．出芽酵母の分子生物学・細胞生物学については，H. Feldman ed. “Yeast: Molecular and Cell Biology” 2nd Ed, Wiley-Blackwell（2012）が詳しい．和書であれば，大隅良典・下田親 編「酵母のすべて」丸善出版2012が基礎から最先端研究までカバーされており，良書である．

# 4.3 制限と修飾

バクテリアは，バクテリオファージの感染を防ぎ（制限），同時に自身の染色体DNAを識別して守る（修飾）ため，固有の制限・修飾系を進化させている．制限や修飾に関わる酵素のうち，幾つかはDNAの解析や加工に用いられ，今日まで続く遺伝子操作技術の基礎となっている．

## 4.3.1　制限と修飾（原義）

バクテリオファージは決まった種類のバクテリアに感染し，これを宿主として子孫を残すことができる．これをバクテリオファージの宿主選択性という．このバクテリオファージの宿主選択性は非常に厳密であり，例えば同じ大腸菌（*E. coli*）であっても，異なる株（strain）の大腸菌には感染できないことがある．裏を返せば，異なる種類のバクテリアはそれぞれ独自の感染防御機構をもち，限られた少数のバクテリオファージ以外の，大多数のファージの感染から自身を防衛していることを意味する．この感染防御機構の中核を担っているのが制限と修飾である．

制限（restriction）は，バクテリアがバクテリオファージの感染を制限することから名付けられ，菌体内の制限酵素（restriction enzymes）により実行されている．制限酵素の実体は，DNAを分解するヌクレアーゼである．即ち制限酵素は，外部から侵入した外来DNAを認識し，これを切断して不活性化する役割を担う酵素である．修飾（modification）は，バクテリアが自身の染色体DNAを自身の制限酵素による切断から守るためのシステムであり，それは自身の染色体DNAをメチル化することによりなされる．このDNAのメチル化酵素が，本来の意味の修飾酵素（modification enzymes）である．

1973年，コーエンやボイヤーらにより制限酵素とDNAリガーゼを用いた遺伝子組換えの基礎技術が確立されたことを契機として，様々な微生物から様々な制限酵素が単離され，遺伝子組換えに広く活用されるようになった．同時に，DNAを基質とする様々な酵素群の単離・解析も進み，そのうちの幾つかは遺伝子組換え操作を効率化する酵素として利用されるようになった．その結果，本来の「制限酵素」「修飾酵素」の定義が変質し，現在では「エンドヌクレアーゼのうち，DNAの特定の塩基配列を認識して切断するもの」を制限酵素，「DNAを基質とする様々な酵素のうち，制限酵素でないもの」を修飾酵素と呼ぶようになり，現在に至っている．

### 4.3.2 制限酵素（restriction enzymes）

遺伝子工学における「制限酵素」は，厳密にはDNAの塩基配列を認識して切断するエンドヌクレアーゼ（制限エンドヌクレアーゼ）群の総称である．制限エンドヌクレアーゼは，DNAの他に必要とする基質および切断様式の違いにより，大まかにType I，II，IIIの三種類に分類される（表4.4）．遺伝子組換え操作に用いられるのは，もっぱらType IIの制限エンドヌクレアーゼに限られる．このため，「制限酵素」を「Type II制限エンドヌクレアーゼ」と同義として取り扱う書籍や研究論文，試薬カタログも多い．通例に従い，本書もこれ以降Type II制限エンドヌクレアーゼを制限酵素と呼ぶ．

制限酵素は，二本鎖DNAの特定の配列を認識し，その配列内部またはその近傍の特定のホスホジエステル結合を加水分解（切断）する酵素である．制限酵素によるDNAの分解は，消化とも呼ばれる．それぞれの制限酵素により認識される配列は認識配列と呼ばれ，それらは4～8塩基対の長さである．認識配列に多く見られるのが，5'-GGATCC-3'のような回文配列（相補鎖の塩基配列が同じ）である．ホスホジエステル結合の切断も，両方のDNA鎖の同じ位置のホスホジエステル結合が切断される（図4.8）．これは多くの制限酵素がホモ二量体の蛋白質であることと関係がある．切断された二本鎖DNAは，5'端にモノリン酸基を，3'端に水酸基をもった複数の二本鎖DNA断片となる．

バクテリアは，それぞれに固有の制限酵素（のセット）とそれに対応したDNAメチル化酵素（のセット）をもつ．これまでに多くの制限酵素が単離され，性質決定されてきた．市販されている制限酵素だけでも100種類以上におよぶ．制限酵素は，抽出源のバクテリアの学名および株に因んで命名される（図4.9）．同一菌株に複数の制限酵素がある場合，発見された順にローマ数字（I，II，III，IV，Vなど）が割り振られる．従って制限酵素は，例えばEcoRVの場合は“エコ・アール・ファイブ”と読まれる．菌の学名（ラテン語）に由来する最初の3文字はイタリックで表記される習わしであったが，最近はこれに従わ

**表4.4** 制限酵素の種類

| | Type I | **Type II** | Type III |
|---|---|---|---|
| 基質 | （二本鎖DNA）<br>ATP, S-アデノシルメチオニン | （二本鎖DNA） | （二本鎖DNA）<br>ATP |
| 認識する配列 | 数塩基の決まった配列（認識配列・Recognition siteとも呼ばれる） | 4塩基～8塩基からなる決まった配列（基本的にパリンドロームと呼ばれる対称な回文配列） | 数塩基の決まった配列 |
| 切断部位 | 認識配列の近傍～数キロ（ランダム） | 認識配列内部（またはごく近傍）のきまった位置 | 認識配列の近傍（およそ25 bp）ややランダム |

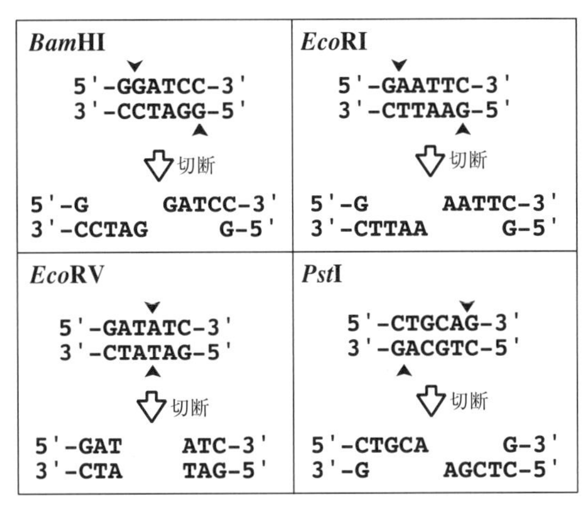


図4.8　制限酵素の認識配列と切断パターン

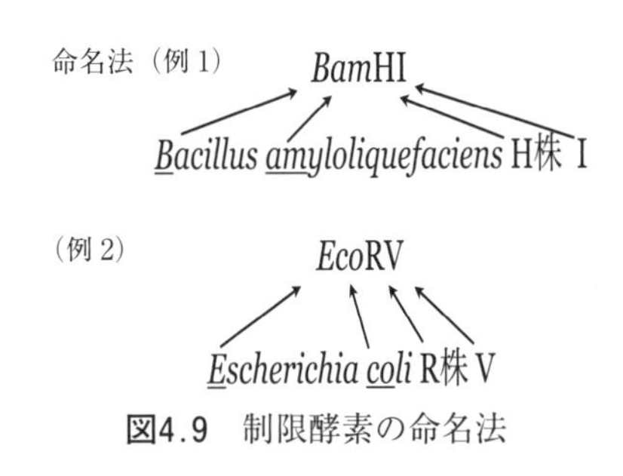


図4.9　制限酵素の命名法

ないケースも増えてきた．

制限酵素による DNA の切断において，遺伝子工学的に重要な点が 2 つある．1 つは，それぞれの制限酵素は特定の塩基配列を厳密に認識して切断することである．2 つめは，それぞれの制限酵素による切断の結果，用いた制限酵素に特有の末端形状が DNA 断片に与えられるという点である．末端は，平滑末端（blunt end）となる場合と，5'または3'末端が飛び出した突出末端（protruding end）になる場合とがある（図4.8）．

1 つめの特徴は，長さの似通った DNA 断片，例えば 2 つの PCR 産物の塩基配列が異なっているかどうかを，制限酵素処理と電気泳動のみで簡便に判定することを可能にする．詳しくは4.4.2　PCR の利用の項で説明する．

2 つめの特徴は，遺伝子組換えの基礎に関わる重要な特徴である．同じ制限酵素で切断された 2 つの DNA 断片同士は，同じ形状の末端構造となる．末端が突出する場合は，突出した部分のヌクレオチドの塩基配列は互いに相補的である．しばしば DNA を切断する制限酵素はハサミに，切断された DNA を連結する DNA リガーゼは糊（のり）に喩えられるが，この突出末端の塩基配列は，DNA リガーゼによる糊付けの際に特異的な糊代（のりしろ）としてはたらく．この糊代は，常温では 2 つの DNA 断片をつなぎ止めておけるほどの結合力はない（従って遺伝子組換えの操作では DNA リガーゼによる糊付けが必要である）が，反応温度を十分低く（12〜16℃）することでDNA断片間の結合を安定化させ，糊付けの効率を高めることができる．この性質のため，突出末端はしばしば粘着末端（cohesive endあるいはsticky end）とも呼ばれる．ここで，一方のDNAとしてプラスミドなどのベクターDNAを用い，他方を制限酵素で切断された外来DNA（例えばヒト染色体DNA）とし，両者を連結して適当な宿主細胞を形質転換すれば，遺伝子組換えの基本操作は完結する．

**〈トピック4.2〉 人工制限酵素によるゲノム編集**

ゲノム編集とは，細胞内のゲノムDNAの任意の部位を切断・加工することである．ゲノム編集技術は試験研究用の遺伝子ノックアウト動物の作成や，農作物の育種・改良に用いられはじめている最新技術である．

CRISPR（クリスパー）はある種のバクテリアがもつ遺伝子領域であり，cas蛋白質群をコードするcas遺伝子群と，ステムループ構造をとるRNA（ガイドRNA）をコードする複数のリピート配列により構成され，バクテリアの獲得免疫システムを担っている．外来性DNAの切断には，ガイドRNAと複合体を形成したcas9蛋白質が関与する．cas9蛋白質複合体は外来性DNAを部分的に2本の1本鎖DNAに解離させ，ガイドRNAがRNA-DNA間の塩基対形成（約20ヌクレオチド）を介して標的配列を認識し，cas9のヌクレアーゼドメインが外来の2本鎖DNAを切断する．

cas9複合体は真核生物などの異種生物の細胞内でも機能する．ガイドRNAによる標的配列の認識はRNA-DNA間の塩基対形成に依存するため，この部分の配列を変更することでゲノム中の任意のDNA領域を標的として切断できるcas9複合体を容易に作製できる．切断されたゲノムDNAの両末端は，不完全な修復を受けた後に連結されるため，欠失や挿入などの変異が導入される．その結果，標的DNA領域に位置していた遺伝子にフレームシフト変異を引き起こすことができる．また，標的DNA領域に相同な配列を両端にもった外来DNAを共存させることにより，相同組換えによる外来DNA断片のゲノム配列への挿入も可能である．（p.232，図6.6を参照のこと）

### 4.3.3 修飾酵素

適当な制限酵素で外来DNAとベクターDNAを切断し，連結酵素（DNAリガーゼ）で両者を連結すれば，試験管内で行う遺伝子操作は基本的には完結する．しかしながら，目的とするDNA断片が挿入されたベクターを高い収率で得ることは，多くの場合極めて難しい．DNAを加工し挿入効率を高めるため，あるいは外来DNAが挿入されたプラスミドをさらに加工するため，さまざまな核酸関連酵素が遺伝子組換え操作では利用される．これらはいずれもDNAを加工（修飾）するために用いられるので，いつしかこれら核酸関連酵素は「修飾酵素」という名称で総称されるようになった．以下，本来の「修飾酵素」であるDNAメチラーゼからはじめ，遺伝子組換え操作でよく使われる修飾酵素を紹介する．

**DNAメチラーゼ（methylase：メチル化酵素）**

特定の配列を認識し，そこに含まれる塩基をメチル化する酵素．塩基のメチル化によって相補鎖との塩基対は干渉されない．制限酵素の認識配列に対応したもの（例：EcoRIとM-EcoRI）と，それ以外のもの（例：大腸菌*dam*メチラーゼや*dcm*メチラーゼ）に分類される．

**DNAリガーゼ（DNA ligase，DNA連結酵素）**

ATPまたはNADの存在下で，隣接するDNAの3'末端の水酸基と，5'末端のリン酸基の間をホスホジエステル結合で架橋する反応を触媒する酵素．遺伝子組換え操作では，2つの二本鎖DNAを連結して1本の二本鎖DNAを合成するときに用いられる．反応の効率の高さおよび大量調製のし易さから，T4ファージ由来の酵素（T4 DNA ligase）が多く使われる．

**フォスファターゼ（phosphatase；脱リン酸化酵素）**

フォスファターゼは，リン酸基をもつリン酸モノエステル化合物を基質とし，リン酸を遊離させる酵素である．遺伝子工学において，フォスファターゼは制限酵素処理したプラスミドベクターを脱リン酸化するのに用いられる（図4.10右側）．これにより，プラスミドDNAと異種DNAとの連結反応において，プラスミドDNAが単独で自己閉環（セルフライゲーション）してしまい，外来DNA断片を受容しなくなる（図4.10左側）ことを防ぐ．

**ポリヌクレオチドキナーゼ（Polynucleotide kinase：リン酸化酵素）**

ポリヌクレオチドキナーゼはATPをリン酸基供与体とし，DNAまたはRNAの5'水酸

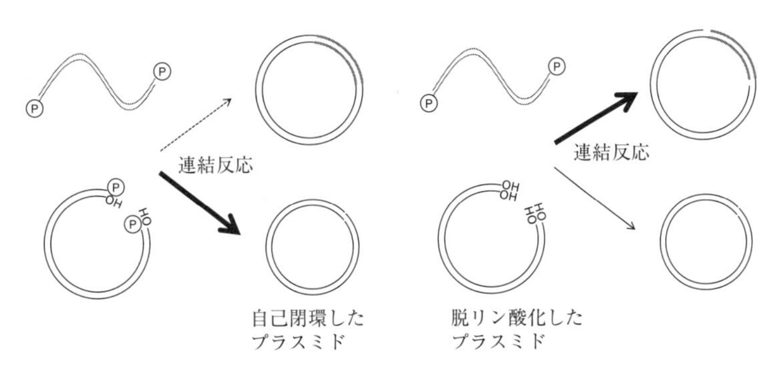


**図4.10**　アルカリフォスファターゼによるプラスミドの脱リン酸化

基（-OH）にATPのγ位のリン酸基を転移する酵素である．T4ファージ由来の酵素（T4 polynucleotide kinase，T4 PNKase）がもっともよく使われる．PCRのプライマーをリン酸化する場合や，DNA断片の5'端を放射性同位体（$^{32}$Pなど）で標識してプローブを作製するときに用いられる．

**エクソヌクレアーゼ（図4.11）**

DNAの末端部分を認識し，上流（または下流）方向に順次核酸を分解する酵素．5'→3'と3'→5'のエクソヌクレアーゼがある．

**DNAポリメラーゼ（DNA重合酵素）**

DNAポリメラーゼは，4種類のデオキシリボヌクレオチド三リン酸（dGTP，dATP，dCTP，dTTPの4種，まとめてdNTPsと表記される）を基質として重合し，DNAのポリマーを合成する酵素である．DNAポリメラーゼは，一本鎖DNAを鋳型として，その相補鎖を5'から3'方向に合成する鋳型依存性DNAポリメラーゼと，鋳型DNAに依存せずにDNA鎖の3'端にランダムな配列を重合する鋳型非依存性DNAポリメラーゼの二種類に分類される．遺伝子工学において使用されるのは前者であり，通常，DNAポリメラーゼといった場合，ほぼ鋳型依存性DNAポリメラーゼのことを指す．

DNAポリメラーゼによるDNA重合反応は，既に鋳型鎖上に存在する相補鎖（伸長鎖）の3'端の水酸基に，基質となるdNTPsのうちのいずれか一つを重合し，新たなホスホジエステル結合を形成する．反応副産物として，1分子のピロリン酸（inorganic pyrophosphate, PPi）が遊離する．

遺伝子操作に用いられるDNAポリメラーゼは，大腸菌polIまたはその改変体（酵素処理により5'-3'エクソヌクレアーゼ活性を取り除いたもの．クレノーフラグメントと呼ばれる）や，バクテリオファージT4のT4 DNAポリメラーゼが用いられる．これらの酵素を基質dNTPsとともに加えると，DNA断片の5'突出末端が平滑化される（図4.12）．また，DNAポリメラーゼは，誤って重合したヌクレオチドを速やかに除去する（これをDNAポリメラーゼによる校正（プルーフリード）と呼ぶ），強い3'-5'エクソヌクレアーゼ活性を

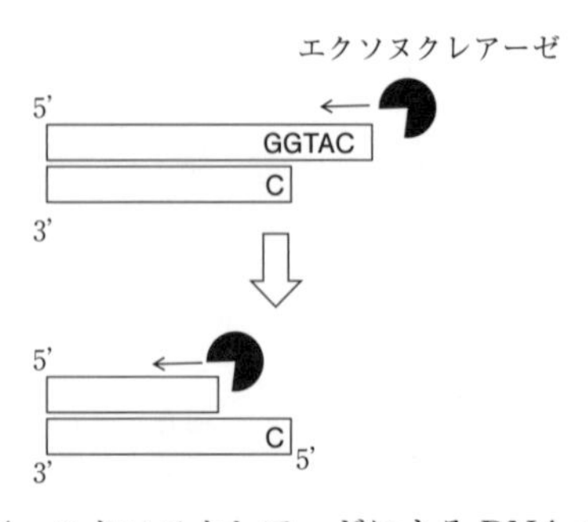


**図4.11**　エクソヌクレアーゼによるDNAの消化

同時にもっている．このエクソヌクレアーゼ活性により，3'端が突出している末端は削り込まれ，やはり平滑末端が生じる．

次節でも述べるように，高度好熱菌由来のDNAポリメラーゼは，PCRや塩基配列決定にも用いられる遺伝子操作上極めて重要な酵素である．

## 逆転写酵素（図4.13）

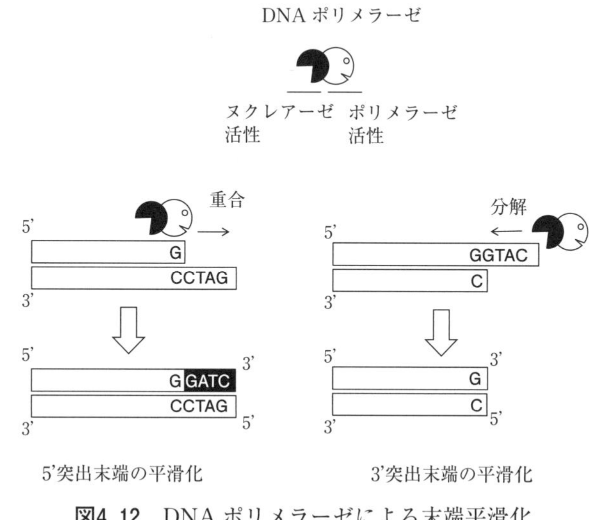


図4.12　DNAポリメラーゼによる末端平滑化

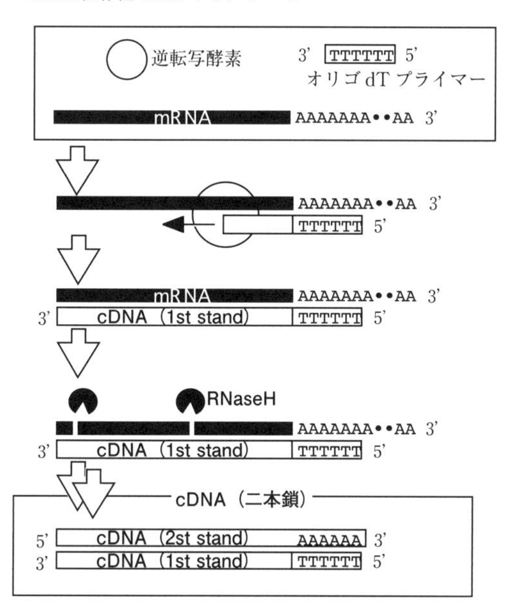


図4.13　逆転写酵素を用いたcDNAの合成

逆転写酵素（Reverse transcriptase）は，DNA ポリメラーゼの一種であるが，通常のDNA ポリメラーゼと大きく異なり，RNA 鎖を鋳型として相補的 DNA（complementary DNA，cDNA）を合成する酵素である．転写（DNA を鋳型とした RNA 合成）の逆の反応を行うので逆転写酵素と呼ばれる．自然界では各種のレトロウイルスのウイルス粒子中に含まれており，レトロウイルス感染時に宿主細胞中に放出され，レトロウイルスのゲノム RNA を対応する 2 本鎖 DNA へと変換する．遺伝子工学の分野においては，試験管内で mRNA，とくに真核生物 mRNA を対応する cDNA に変換するために用いられる．合成された cDNA はベクターと連結されて cDNA ライブラリーとして維持できる．また標識プライマーを用いることで cDNA を蛍光標識することができ，DNA マイクロアレイによる網羅的発現解析の試料とすることができる．

# 4.4 PCR

PCR（Polymerase Chain Reaction，ポリメラーゼ連鎖反応）は，DNAの特定領域を試験管内で数万～数百万倍に増幅する技術であり，原理的に（そして実際にも）1分子の鋳型DNAからの増幅が可能である．PCRの基本原理は明確かつ単純であるが，分子生物学的解析や遺伝子工学的利用はもとより，法医学や農産物の品質管理（偽装などのモニタリング）など，多方面に応用されている．

## 4.4.1 PCRの原理（図4.14）

PCRの反応液を構成する基本的な要素は，鋳型としてはたらく2本鎖DNAと，2種類のプライマー，耐熱性のDNAポリメラーゼ，基質（4種類のデオキシリボ核酸三リン酸，dNTPs）およびバッファー・塩類である．通常，市販の耐熱性DNAポリメラーゼを購入すると，その酵素に対して最適化されたバッファー・塩類のストック溶液（場合によってはdNTPsも）が付随する．このためPCRのためにユーザーが独自に用意する試薬類は，基本的に鋳型と2種類のプライマーである．

PCRによるDNAの増幅は，以下の3つのステップからなる反応で行われる．

(1)加熱による鋳型2本鎖DNA鎖の解離（変性，degeneration），

(2)冷却による2種類のプライマーの鋳型鎖への会合（アニーリング，annealing），

(3)DNAポリメラーゼによるプライマー3'端へのdNTPsの重合（伸長，elongation）

典型的には，(1)94℃，(2)50℃，(3)72℃の温度で反応が行われる．これらの3つのステップのうち，酵素反応が起こるのは(3)の伸長のステップである．このため，増幅されるDNA領域の大きさに合わせて(3)の伸長時間は調節される．これら3つのステップを経るごとにDNA領域は増幅されて2倍になる．これらのステップを1サイクルとして，通常これを20～30サイクル繰り返す．前のサイクルで増幅して2倍となったDNA領域は，総て次のサイクルでは鋳型となる（連鎖反応となる）．増幅されたDNA領域の量は理論上，反応開始時の$2^{20\text{-}30}$倍となる．この時，$n$サイクル後の増幅DNAの濃度は，$Tn = T_0 \cdot 2^n$で表すことができる．ただし$T_0$は反応開始前のDNA濃度である．実際のPCRでは，特に後期サイクルにおいては，酵素活性の低下やプライマーおよび基質dNTPs濃度の減少により，次第に1サイクルあたりのDNA増幅量は減少していく．

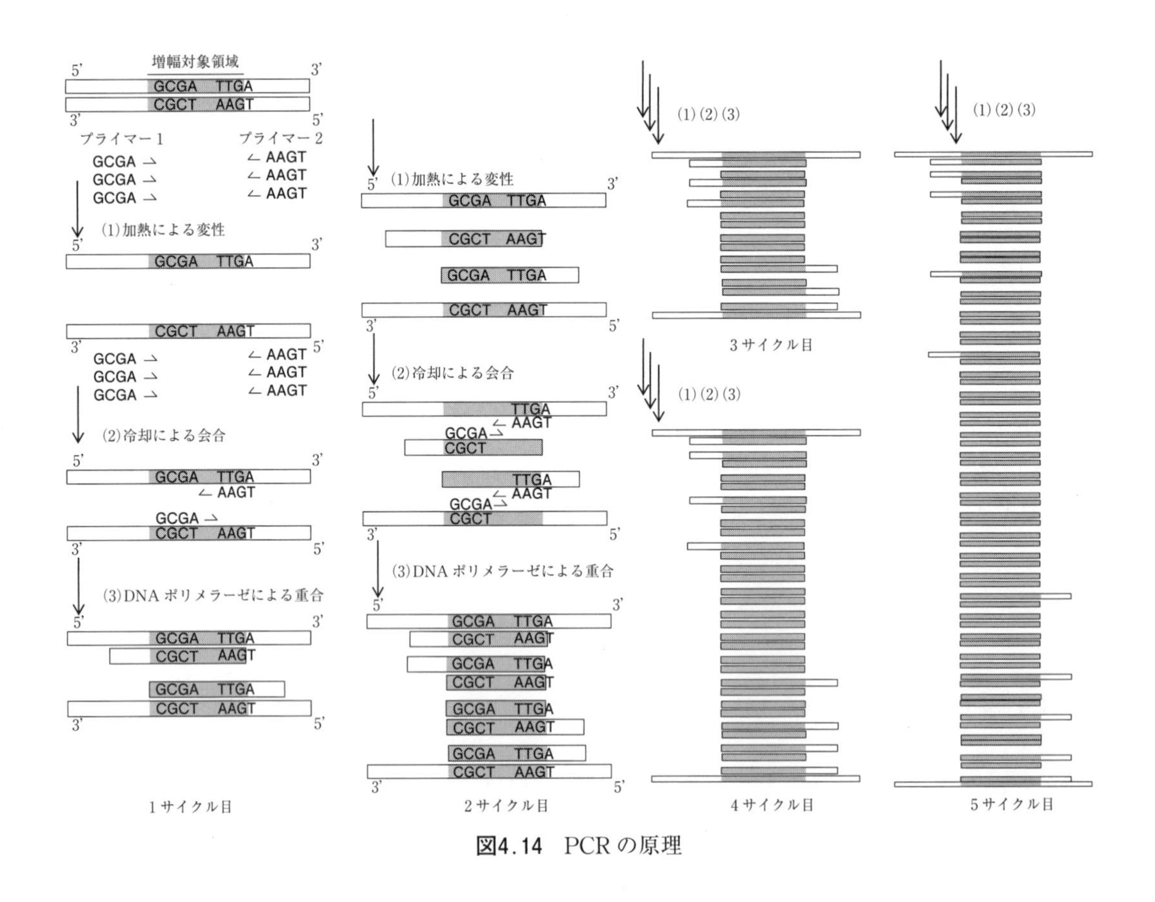


図4.14 PCRの原理

## 4.4.2 PCRの利用

目的遺伝子の取得（PCRによる遺伝子クローニング）

PCRは，プライマーさえ設計できれば，試料中に含まれるごくわずかなDNAでも短時間のうちに増幅することができる．遺伝子の検出・定量以外の，多くの研究者にとってもっともポピュラーで重要なPCRの利用は，遺伝子のクローニング手段ではないだろうか．これについては，4.7節で詳細に紹介する．

**Real Time PCR**

Real Time PCRは試料中に含まれる濃度未知の鋳型DNAの量をPCR増幅により定量する方法であり，文字通り増幅産物量をリアルタイムで検出するためこの名称で呼ばれる．反応系は基本的に通常のPCRとほぼ同じであるが，増幅したDNAを可視化できる蛍光プローブが反応系に加えられる．多くの場合，二本鎖DNAに結合（インターカレーション）して蛍光を発する蛍光試薬が蛍光プローブとして用いられている．

PCRにおいて，サイクル毎の増幅効率$\varepsilon$が常に一定であるならば，増幅産物量を経時的に測定し，式に代入することにより0サイクル目の鋳型DNA量を求めることは容易である．しかしながら，実際の$\varepsilon$はサイクル数の増大とともに徐々に低下し，特に増幅した

DNAが検出可能となる反応後期において低下が顕著である．このためReal Time PCRによるDNAの定量では，増幅されるDNA断片と同一の濃度既知のDNA断片を予め調製しておき，これを段階希釈したものを外部標準として用いる（絶対定量）か，ある別の遺伝子の量に対する相対値として目的DNAの量を算出するか（相対定量）のいずれかの定量法が用いられる．

絶対定量は，測定したいDNAの種類が限定されており，かつその絶対量が問題となるときに使われる．例えば食品や水に含まれる細菌の数や，特定のウイルス粒子の量などであり，特に迅速性が求められる臨床検査の現場において用いられる．

一方，相対定量は，比較的多数の遺伝子の発現量を調べたいときに用いられる．どの細胞であっても一定量の発現が見込まれる遺伝子のcDNAを基準として，それぞれの遺伝子のcDNAの量を相対値で表す．DNAマイクロアレイ解析で得られた各種遺伝子の発現量の変動を追試および精密評価する際に用いられることが多い．

**デジタルPCR**

デジタルPCR（digital PCR）は，文字通り鋳型DNAの量をデジタル（有・無の二値）の形で表現する手法であり，絶対定量法のひとつである．最大の特徴は，試料中の鋳型DNA量が非常に少ない場合でもその濃度を正確に求められることである．

濃度未知試料を臨界希釈し，PCR反応液と混合する．この反応液には，Realtime PCRと同様，蛍光プローブが加えられる．この反応液を数万の独立した反応槽（ウェル）をもった反応器に分注する．この時，溶液中の鋳型DNAは確率論的に各ウェルに分配される．この状態でPCRを行うと，鋳型DNA分子が分配されたウェル中ではDNAの増幅が起こり，蛍光が検出される．全ウェル中に占める蛍光ウェルの割合をカウントすることにより，元の未知試料に含まれていた鋳型DNA分子の数を求める事ができる．

細胞あたりの発現量が極めて少ない遺伝子の発現量の変動を測定できるほか，環境サンプル中のウイルスや，組換え作物の種子の混入率等，痕跡程度の量のDNAを正確に定量することができる．

・PCR-RFLP

配列長の変化を伴わない点突然変異や一塩基多型は，PCRによる増幅では検出できない．PCR-RFLPは，PCRで増幅されたDNA断片を制限酵素処理に供することにより，PCR産物に含まれている配列多型性をDNAのバンドパターンの多型性（制限酵素断片長多型：restriction fragment length polymorphism）として電気泳動的に視覚化する方法である．PCR-RFLPは，検出したい多型が制限酵素認識配列を与える場合に限られるが，PCRの装置とインキュベーター，電気泳動装置さえあれば実験ができ，特にサンプル数が多い時には大変簡便な実験法である．通常，PCR終了液の一部をそのまま精製せずに制限酵素反応溶液と混合し，制限酵素処理を行う．

# 4.5 ライブラリー構築とライブラリースクリーニング

遺伝子工学の分野におけるライブラリー（library）は，本来，多種類の遺伝子クローン群の集合物を指す用語であり，大きく分けて，ある生物のゲノム全体を網羅する「ゲノムライブラリー」と，ある状態に置かれた生物（または組織）細胞内で発現していたmRNAに由来するcDNAを網羅する「cDNAライブラリー」の2種類である．いずれのライブラリーも，解析対象となる遺伝子を含んだDNA断片を探しだし，その塩基配列を決定することを目的として構築される．

一方，生物工学や蛋白質工学の分野では，ある特定の既知蛋白質や酵素の機能解析，あるいは機能向上型変異体の取得などを目的として，そのアミノ酸配列をコードするDNAに対し変異を導入して得られた集団の事をライブラリー（変異体ライブラリー）と呼んでいる．これら両者は，ライブラリー構築の目的だけでなく，構築に使われる材料や技術も，また求めるクローンの探し方（スクリーニング戦略）も，全く異なる．

## 4.5.1 ゲノムライブラリーとcDNAライブラリー

多くのモデル生物の全ゲノム配列が明らかとなり，また次世代シーケンサーの普及によってさらに多くの生物種の塩基配列情報が容易に入手できるようになった．遺伝子ライブラリー（ゲノムライブラリーまたはcDNAライブラリー）を図4.5や図4.7に示したように構築し，求めるDNA断片を保有するクローンをスクリーニングする機会・必要性は激減している．そこでまず，ライブラリーを作るべきかどうかの判断チャートを，図4.15としてまとめた．

図4.15より，遺伝子ライブラリは，単離したい遺伝子（DNA）の配列が未知であり，配列の一部すらも予測することができず，かつ単離したい遺伝子をもつ生物（遺伝子供与体）が哺乳類や植物および一部の微生物など「安全な生物」（バイオセーフティーレベル1および2）である場合に構築することになる．遺伝子供与体が寄生虫あるいは病原性微生物である場合，またはそれらの混入が否定できない環境からの試料の場合は，監督官庁に問い合わせ，大臣から実施許可を得て初めて実験に取りかかることができる（大臣確認実験という）．これ以外の場合は，ライブラリーを構築せずとも目的遺伝子のクローニングが可能であり，その方が手間も時間もかからないことから，あえてライブラリーを作ることは

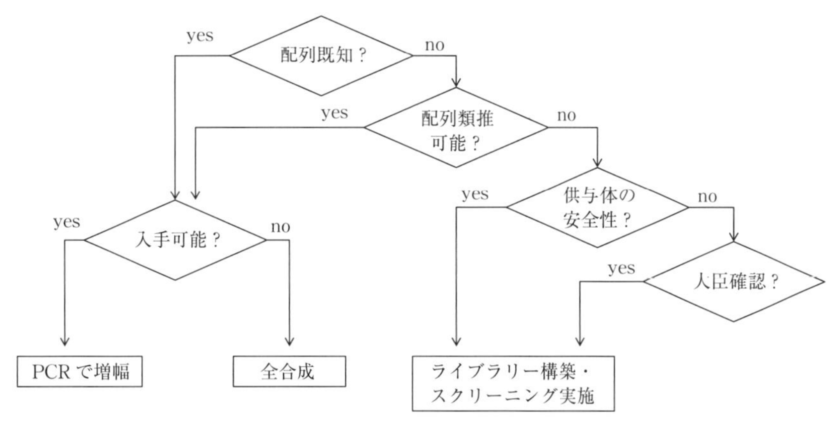


**図4.15** 遺伝子クローニングの戦略

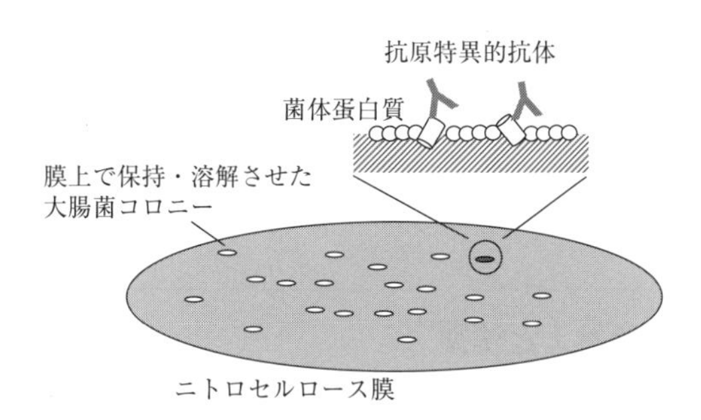


**図4.16** 機能スクリーニング（ウェスタン法）

ない．

現在，遺伝子ライブラリを構築する必要があるとしたら，おそらく機能スクリーニングを実施する場合に限定される．機能スクリーニングとは，遺伝子の機能にもとづくスクリーニング法であり，組換え細胞内でクローン化された外来遺伝子を発現させることを特徴とする．目的遺伝子を有し，これを発現するクローンは，(i)特異的な抗体との結合（ウェスタン法，図4.16），(ii)遺伝子産物の酵素活性や宿主細胞の遺伝子欠損の相補などを指標としてスクリーニングされる．また，(iii)特定の蛋白質と相互作用する蛋白質をコードする遺伝子のスクリーニング法として，組換え酵母を用いた機能スクリーニング法（酵母2-ハイブリッド法，図4.17）が広く用いられている．

### 4.5.2 変異体ライブラリー

遺伝子の同定および遺伝子の塩基配列の決定を目的として構築される遺伝子ライブラリーと異なり，変異体ライブラリーは遺伝子産物である蛋白質の機能解析および機能改良を目的として構築される．変異体ライブラリーの作製には遺伝子工学の手法が多用されるものの，その目的はあくまでも蛋白質工学的である．変異体ライブラリー作製法について

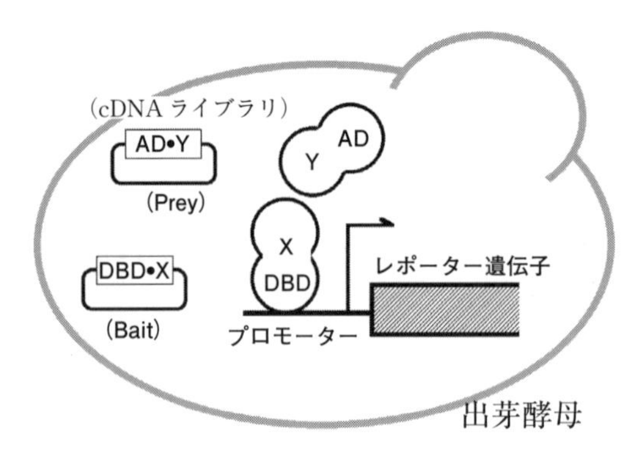


**図4.17**　酵母2-ハイブリッド法
蛋白質 X と Y が結合すると，転写活性化因子の DBD 領域と AD 領域が近接し，プロモーター下流のレポーター遺伝子が発現することを利用している．レポーター遺伝子としては，His3（ヒスチジン合成系遺伝子）や Ade2（アデニン合成系遺伝子）が使われる．

は，次章（第5章）・蛋白質工学で述べられよう．

### 〈トピック4.3〉　遺伝子組換えと法律

遺伝子組換え技術はずいぶん身近な技術になり，最近では高校の理科の実験室でも「教育を目的とした遺伝子組換え実験」が行われるようになってきた．その一方で，平成25年度に施行された「食品表示法」により加工食品の原材料名・産地の記載が関連事業者に義務づけられるようになり，「原材料○○（遺伝子組換えでない）」等の表示を目にする度に，遺伝子組換えに対する一般社会の警戒感を再認識させられる．では，大学や企業で行われている遺伝子組換え実験は，どのような法律に従い実施されているのであろうか？

試験・研究を目的とした遺伝子組換え実験は，日本国内では全て2000年に国連で採択された「カルタヘナ議定書」に基づいて制定された「遺伝子組換え生物等の使用等の規制による生物の多様性の確保に関する法律」に基づいて実施される．この法律名は長いので通常は「カルタヘナ法」と略称で呼ばれるが，法律の主旨は，生物多様性の確保にある．大学・企業においては，遺伝子組換え生物を新たに作成することに加え，既に作成された遺伝子組換え生物の培養・栽培・飼育においても，その生物の形態やセーフティレベルにあわせた然るべき「拡散防止措置」をとった上で遺伝子組換え生物が取り扱われなくてはならない．従って，例えば一般的な実験を伴わない「実験施設外で遺伝子組換え植物を陳列する」なども，拡散防止措置をとらない場合は法令違反となる．「別の実験室の冷蔵庫に組換え大腸菌の生えた寒天培地をしまう」などの単なる保存も，冷蔵庫に「遺伝子組換え生物貯蔵」等の表記が必要であるので注意が必要である．

同法が定める「遺伝子組換え生物」には，遺伝子組換えを行ったバクテリアや動植物個体だけでなくウイルスやバクテリオファージ，生物の科を越えて作製された融合細胞が含まれるが，動物の培養細胞は含まれない（ただし，形質転換に用いたウイルス粒子が残留している可能性があるときを除く）．とるべき拡散防止措置は，組み換えられる生物と，組換えに用いた遺伝子を持っていた生物のバイオセーフティレベルの高い方にあわせて設定される．したがって，例えば環境中の未同定遺伝子（いわゆるメタゲノム）をクローニングするなどの実験の場合，高いレベルの拡散防止措置が必要となる．さらに，生物工学に関連した事例としては，20 L を超える培養液を用いた組換え微生物の培養は「大量培養実験」に分類され，通常の組換え実験施設では実施できない．

このように遺伝子組換え実験は技術的には容易になったけれども，厳しい規制のもとで行われている．研究室で遺伝子組換え実験を行う際には，指導教員等とよく相談し，かつ所属機関の遺伝子組換え実験安全委員会（呼称は組織により異なる）が定期的に開催する講習会を受講するなどして，法令を遵守した安全な実験を心がけてもらいたい．

# 4.6 遺伝子の解析技術

遺伝子の機能を解析するには，まず遺伝情報をコードしているDNAの性状を明らかにしなくてはならない．DNAおよびRNAは直列に連結された4種類のヌクレオチドで構成されており，化学的には単調なポリマーであるといえる．構造的にも直鎖状か円環状のいずれかである．したがって，2種類以上のDNAを分離するには，サイズの差に基づく分離法を用いるのが最も簡便である．その中でも日常的に用いられるのが，ゲル電気泳動法である．

## 4.6.1 電気泳動

電気泳動とは，溶液に電場を与えたときに，その溶液中の電荷をもった粒子が一方の極に向かって移動する現象である．粒子の移動速度は，その粒子の大きさや電荷，共存する電解質の濃度や温度により影響を受ける．DNAやRNAのように単位長さあたりの電荷がほぼ一定である分子を，網目構造をもったゲル中で一定の条件のもと電気泳動すると，その移動速度は分子ふるい効果によりサイズに依存したものになる．即ち，より小さな核酸分子はより速く，より大きなものはより遅くゲル中を移動する（図4.18）．したがって，核酸の混合物をサイズに応じて分画することができる．サイズ既知の核酸（サイズマー

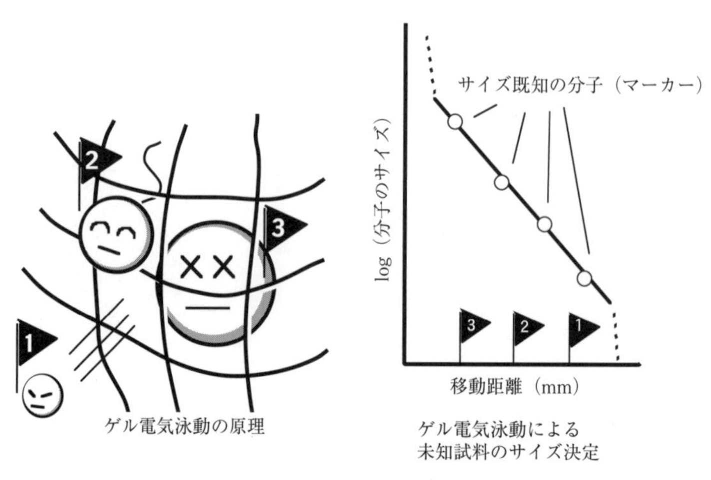


図4.18　ゲル電気泳動

カー）と同時に電気泳動することにより，未知核酸のおよそのサイズを測定できる．

核酸の分離に用いられるゲルとしては，ポリアクリルアミドとアガロースが主に使われる．両者は，解析対象とする核酸分子のサイズに応じて使い分けられる．即ち，十数塩基から数百塩基程度の核酸を分離する場合にはポリアクリルアミドゲルが，それ以上のサイズの場合は，アガロースゲルが用いられる．とくにRNAや一本鎖DNAの場合，泳動中の核酸分子が高次構造をとることによって見かけ上のサイズが変化することがある．これを避けるため，尿素やホルムアルデヒドなどの変性剤をゲルに加え，一本鎖の核酸の形状を安定化させる．

### 4.6.2　サンガー法による塩基配列の決定

DNAの塩基配列決定は，DNAシーケンシング（DNA　sequencing）とも呼ばれる．DNAの塩基配列決定法として，末端標識されたDNAの化学的切断に基づく方法（マキサム・ギルバート法）と，DNAポリメラーゼとその阻害剤（ジデオキシリボシヌクレオチド三リン酸）を用いる方法（ジデオキシ法）の2つが1970年代後半に相次いで開発された．これらの塩基配列決定法は，直ちにノーベル化学賞の受賞（1980年）につながる程の優れた発明であった．これら2つの方法のうち，ジデオキシ法は種々の改良を受け，また周辺技術の開発に助けられ，実に2003年のヒトゲノム計画の完了までの長きに亘って塩基配列決定法の標準的な方法として用いられ続けた．大規模配列決定における主役の座は次世代シーケンサーに譲ったものの，日常的な塩基配列の決定（例えば，構築したプラスミドの配列の確認など）には依然としてジデオキシ法が使われている．おそらく当分の間，小規模の塩基配列決定において，ジデオキシ法に取って代わる新たな塩基配列決定法は現れないであろう．

ジデオキシ法は，その発明者（Frederick Sanger）に因んでサンガー法とも呼ばれる．その原理の要点は，DNAポリメラーゼを用いたプライマーからのDNA複製（プライマーの伸長）反応を，阻害剤であるジデオキシリボヌクレオチド三リン酸（dideoxyribonucleotide triphosphate, ddNTP）の重合で停止させることにある（図4.19）．ddNTPsは，通常のヌクレオチドを構成するリボースの2’位および3’位炭素のヒドロキシル（-OH）基がデオキシ型（-H）になっている．塩基は，通常のDNAに見られるものと同様，A，G，C，Tのいずれかである．これらのddNTP（ddNTPs）は，通常のdNTPsと同様，DNAポリメラーゼにより基質として認識され，鋳型鎖のヌクレオチドと相補的な塩基をもったddNTPが伸長鎖3’-OH基に重合される．重合されたddNTPは，通常のdNTPsと異なり，次の重合反応のための3’-OH基を提供できない．このため，プライマーの伸長はddNTPsが重合した時点で停止する．反応系に加えるddNTPsをいずれか1種類（例えばddGTP）に限定して重合反応を行うと，プライマーの5’端を起点とした様々なサイズのDNAの集団が得られるが，これらのDNAの終点である3’端は，必ずddGとなる．この反応を，他の

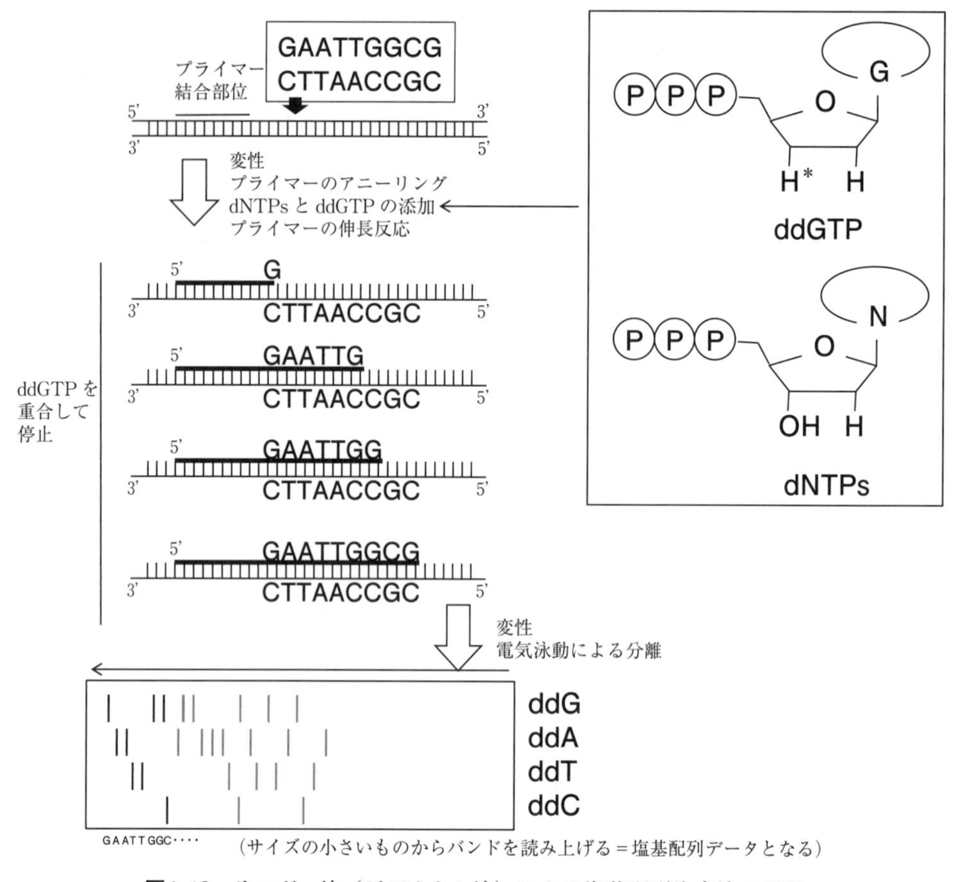


**図4.19** サンガー法（ジデオキシ法）による塩基配列決定法の原理

種類の ddNTPs でも同様に行う．これら計 4 つの反応液に含まれる反応産物をゲル電気泳動で分離すると，反応産物はそのサイズに応じてそれぞれバンドを形成する．このバンドをサイズの小さいものから順に読み上げていくと，プライマー近傍からの塩基配列が決定できる．即ちこれら一連の操作により，DNA の塩基配列は，重合停止産物のサイズの差という形で視覚化されるのである．

ジデオキシ法が長年に亘って使用されてきた背景には，オリジナル技術のケミストリーの精緻さはもちろんだが，周辺技術の開発と高度化およびそれによってもたらされた実験の劇的な容易化がある．21世紀に入ってからのシーケンシングでは，プライマーとして用いるオリゴ DNA と基質 dNTPs，バッファーや無機塩類以外は，全てオリジナル技術とは異なるものを用いて行っているといっても良い．まず，鋳型 DNA は，バクテリオファージを用いた一本鎖 DNA ではなく，一般的な二本鎖プラスミドや PCR 産物を用いることができるようになった．反応には耐熱性 DNA ポリメラーゼを用いたサイクルシーケンス反応（PCR に類似した反応プログラム）が使われるようになり，重合停止産物を高収量で得られるようになった．

シーケンシングにおける容易化で特筆すべきは，それぞれ異なる蛍光団で標識された

ddNTPs（ダイ・ターミネーター，dye terminator）の開発であろう．これにより，従来4つのチューブを用いて行っていた反応を1本のチューブでまとめて行い，電気泳動1トラックで反応産物を互いに分離し，検出できるようになった．これは一度に処理できるサンプル数の増大だけでなく，バンドの読み取りエラーを顕著に減少させる効果があった．また何よりも，バンドの読み取りとデータ回収・解析を全て自動で行う，全自動シーケンサーによるシーケンシングが可能になった．蛍光標識のおかげで放射性同位体を使わずに済むようになったことも，格段の簡便性をもたらした．

電気泳動による反応産物の分離も，変性ポリアクリルアミドゲル電気泳動からオートサンプラー機能を備えた全自動キャピラリー電気泳動システムへの移行により飛躍的に正確かつ簡便になった．

〈トピック4.4〉 フレデリック サンガー

フレデリック サンガー（Frederick Sanger, 1918-2013, 写真）は，DNAの塩基配列決定法であるジデオキシ法を開発した（1977年）ことで，1980年のノーベル化学賞を受賞した．ジデオキシ法は現代のDNAを基盤とした分子生物学研究の興隆をもたらした重要な技術であり，氏の名前に因んで「サンガー法」と呼ばれることも多い．英国ケンブリッジ近郊にある大規模ゲノム研究センターは，氏に因んで「サンガーセンター」と命名されている．

さて，このフレデリック・サンガー氏のノーベル化学賞受賞は，実は2度目である．氏の最初のノーベル化学賞受賞は，蛋白質のアミノ酸配列決定法を開発し，インスリンの全配列を決定したことを称えてのもので，ジデオキシ法の開発に先立つ1958年にノーベル化学賞が単独授与されている．ちなみにこのアミノ酸配列決定に使われる蛍光試薬（1-フルオロジニトロベンゼン）は「サンガー試薬」と呼ばれ，これを用いるアミノ酸配列決定法も「サンガー法」と呼ばれることがある．その一方，ジデオキシ法による塩基配列決定において重要な役割を果たすジデオキシリボヌクレオチド三リン酸は，「サンガー試薬」と呼ばれることはない．氏に因んだ名称が遺伝子解析と蛋白質解析の両方の分野にでてきて何ともややこしい話ではあるが，サンガー氏の功績の偉大さを同時に物語るものである．

2013年11月，フレデリック・サンガー氏永眠との訃報が全世界に配信された．このとき新聞各紙は，一様に氏の生前の功績を紹介し，氏を「ゲノミクスの父（**Father of genomics**）」と呼んで称えた．その名前に異論をはさむ余地はないであろう．サンガー氏に関連した新たな名称として，上記方法や試薬等とともに深く記憶に留めたい．

**〈トピック4.5〉 次世代シーケンサー**

ジデオキシ法（サンガー法）は，ジデオキシリボヌクレオチドの取り込みによって引き起こされる重合停止に基礎を置く塩基配列決定法である．ジデオキシ法は高機能化・簡便化されつつも，塩基配列決定の標準的方法として長らく生物学研究を支えてきた．これに対し，次世代シーケンサー（next-generation sequencer．ジデオキシ法を初代として，第2世代および第3世代シーケンサーという言い方もある）を用いた塩基配列決定は，いずれもヌクレオチド重合のリアルタイム計測を基盤としている．本書第1刷の原稿執筆時（2015年時点）で使用頻度が高いシーケンサーの開発・販売元はロシュ社，ライフテクノロジーズ社，イルミナ社の3社であった．これらの次世代機に共通する要素は，1）固相上にクローン化DNAを配置し，2）基質（dATP，dGTP，dCTP，dTTP）を逐次投入し，3）重合反応により放出される生産物（ピロリン酸や$H^+$）をリアルタイム計測する，という一連の工程を，4）超並列的に行うというものである．またいずれの機器を用いた場合も，1回の運転で得られる配列データ数は膨大であるため，これらの解析において高度なコンピュータ資源が要求される．

本書第2刷時（2021年）の時点で，ロシュ社のシーケンサーが販売停止となっており，これに代わるように新たな原理に基づく「次々世代」のシーケンサーが登場してきた．この間の変遷については総説†に大変わかりやすくまとめられている．

次世代シーケンサーのどれもが短鎖DNAの塩基配列を超並列的に決定する「ショートリード」であるのに対し，「次々世代」シーケンサーは，いわゆる「ロングリード」を特徴とする．代表的なものの1つは，Pacific Biosciences社のPacBioシステムである．これは基板上に固定化されたDNAポリメラーゼ一分子ごとに複製にともなう蛍光ヌクレオチドの重合をリアルタイム計測するものである．またロングリードシーケンサーのもう一つの代表例はOxford Nanopore Technologies社（ONT）のいわゆるナノポアシーケンサーである．この技術は，人工脂質膜に埋め込まれたナノスケールの貫通孔（ナノポア）をもつ人工蛋白質に1本鎖化したDNAを通過させるときに生ずる電流が塩基の種類によって異なるという原理で配列を解析する．この電流の変化を塩基配列のデータに変換し，連続的に計測する．まさにDNAそのものから直接配列を読み解く（動画：https://www.youtube.com/watch?v=RcP85JHLmnI）．ONT社の製品モデルであるMinIONの本体は手のひらに乗るぐらい小型であり，使わない時は実験台の引出しに入れて保存できるという．

次世代シーケンサーにせよ，次々世代シーケンサーにせよ，塩基配列決定は，超並列的にかつ大規模に行われる．これは，未知生物のゲノム配列決定を容易にしただけでなく，転写産物の量をシーケンサーによるリード数（配列出現頻度）でカウントする，という新たな解析手法を提供してきた．

DNAマイクロアレイを用いたこれまでの網羅的解析は，ゲノムの全塩基配列が既知であり，かつ遺伝子として機能する領域がほぼ同定されている限られたモデル生物種でのみ実施可能であったが，次世代シーケンサーを用いた全逆転写産物の網羅的解析により，DNAマイクロアレイはもはや全く不要のものとなってしまった．

様々な生物の様々な刺激に対する様々な応答が，分子レベルで網羅的に解析されて記録される．昨今は，人工知能（AI）の技術も驚くべき発展を遂げている．膨大な発現情報をもたらす次世代（次々世代）シーケンサーとAIとの組み合わせにより，細胞内で起こっている複雑な生命現象に対し，時系列にそった合理的な解釈を一瞬に提示してくれるようなパソコンアプリが登場する日も近いのかも知れない．

† 中村昇太：次世代シーケンス技術の現状と今後―2020，生物工学会誌，99(5)，242-245(2021).

# 4.7
# 目的遺伝子の取得法（PCR を利用したクローニング）

目的遺伝子の配列の一部が分かっていれば，スクリーニングの手間をかけず，cDNA やゲノムから直接目的遺伝子の一部をふくむ配列を PCR で増幅することが可能である（図4.15）．まず，得られている配列情報を query として，その配列を有する遺伝子がすでに取得されていないか，データベース検索（http://blast.ddbj.nig.ac.jp/）を行う．既に多くの生物種のゲノム配列や cDNA の配列が報告されており，遺伝子の給源が比較的ポピュラーな生物種である場合，完全一致配列がデータベース上に見いだせることが多い．遺伝子中にイントロンを含まないバクテリアなどの生物種であれば，データベース上の配列データをもとにプライマーを設計し，精製した染色体 DNA を鋳型として PCR を行う．遺伝子中にイントロンを含む生物種であれば，自身で調製した cDNA ライブラリ（逆転写産物）を鋳型として PCR を行う．主要な生物種であれば，様々な組織に由来する高品質な cDNA ライブラリが市販されており，これらを利用することも可能である．

配列データベース上で完全一致する配列がない場合，あるいは部分的に完全一致はするものの，遺伝子全長の配列は同一ではない可能性がある場合は，以下の幾つかの方法のいずれか（またはこれらを組み合わせて）遺伝子断片を取得する．

## 4.7.1　塩基配列の一部が分かっている遺伝子の PCR クローニング

遺伝子上の 2 カ所以上の配列が分かっている場合，それらの中間部分の配列を PCR により増幅し，クローニングして配列決定を行えば，プローブ作製には十分な程度の長さの DNA 断片を入手する事ができる．

配列は正確に分からなくても，進化を通じて保存性の高い領域を推定し，ここにアニーリングする特異的プライマーを設計する事ができる．一般的な経験則として，機能上重要な役割を果たす遺伝子領域は，進化の過程で他の領域と比べて変化しにくく，保存性が高いことが多い．このため，複数の既知類縁遺伝子の配列を並べる（CLUSTAL_W 等を使用するのが便利である：http://clustalw.ddbj.nig.ac.jp/）ことにより，対象遺伝子においても保存されているであろう配列を類推することは容易である（図4.20）．

遺伝子上に既知配列が 1 カ所（30塩基対程度）しかない時でも，インバース PCR を用いれば遺伝子の PCR クローニングが可能になる．特に遺伝子中にイントロンを持たない

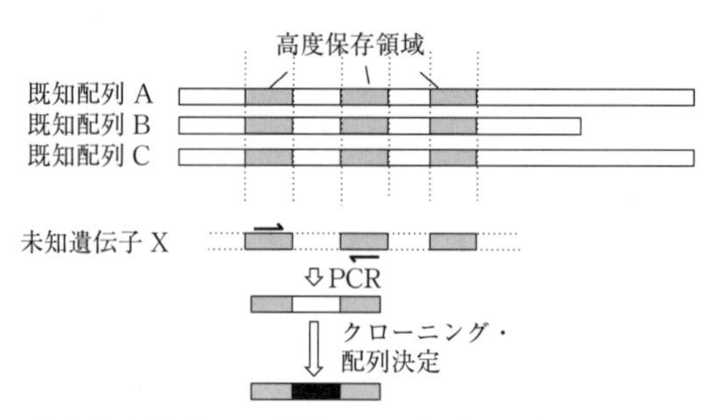


図4.20　高度保存領域から類推される部分配列の PCR による増幅

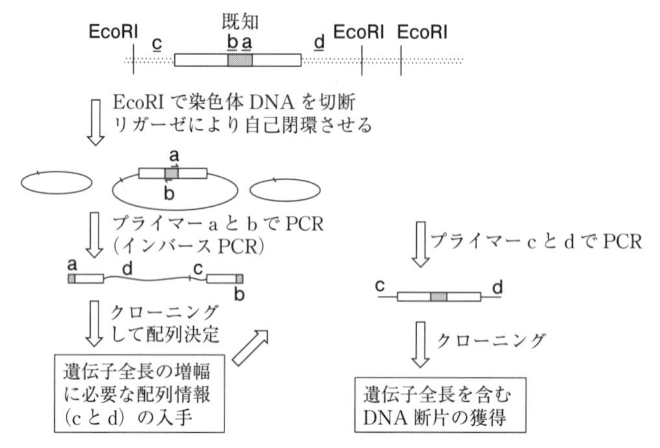


図4.21　インバース PCR を用いた既知配列周辺領域の増幅

バクテリアなどの生物からの遺伝子クローニングには大変強力な方法となる．実験は，予備的なインバース PCR による増幅および増幅断片の配列決定と（図4.21左），得られた配列に基づいて新たに設計した遺伝子領域特異的なプライマーによる増幅と増幅断片のクローニング（図4.21右）の 2 段階で行われる．

PCR クローニングしたい対象遺伝子が真核生物の cDNA である場合，インバース PCR による標的配列の増幅は，やや心許ない．適切な制限酵素サイトが蛋白質コード領域の両側に同時に 2 つある確率は低いからである．この場合，インバース PCR の代わりに5’または3’-RACE（Rapid Amplification of cDNA End）法を用いてそれぞれ既知配列の5’または3’側の配列を取得することができる．

## 4.7.2　部分アミノ酸配列が分かっている遺伝子の PCR クローニング（図4.22）

DNA 配列の一部ではなく，遺伝子産物である蛋白質の部分アミノ酸配列（N 末端アミノ酸配列やトリプシン消化産物のアミノ酸配列）が実験的に得られている場合は，縮重プライマーを用いた遺伝子断片の増幅が試みられる．この場合，Leu や Ser，Arg などの対応するコドンが多数あるアミノ酸残基を含む領域は候補から外し，逆に Met や Trp 残基

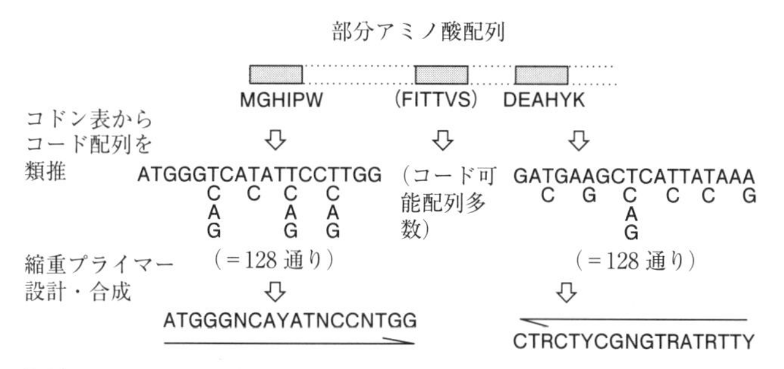


**図4.22**　蛋白質の部分アミノ酸配列を用いた縮重プライマーの作製と PCR による増幅

を含む部分アミノ酸配列に対応する縮重プライマーを設計する．縮重プライマーの合成は容易（合成時，該当する位置のヌクレオチド重合反応に複数の誘導体を混合して添加するだけ）であるが，縮重プライマーのメンバーの中で鋳型 DNA に正しくアニーリングし，プライミングできる配列（鋳型鎖と完全に相補的か，あるいはそれに極めて近い配列）は限定されるからである．これに関連し，プライマーの3'付近に縮重配列がくるのを避ける，対象生物のコドン使用頻度の偏りを参考に縮重を限定するなどの考慮が必要である．また，縮重プライマーで PCR を行った後，数アミノ酸残基程度内側にアニーリングするよう設計した第 2 の縮重プライマーでネステッド PCR をかけるなどの工夫も時には必要である．

### 4.7.3　環境 DNA からの遺伝子（群）のクローニング

環境中の試料に含まれる DNA は，しばしば環境 DNA（environmental DNA）と呼ばれる．環境 DNA は，その環境に存在したウイルス粒子や微生物，生物遺骸等に由来する．ある生命個体を構成する遺伝情報の総和がゲノムと呼ばれるのになぞらえ，ある環境試料に含まれる遺伝情報の総和は，メタゲノム（metagenome）と呼ばれる．Phi29 DNA ポリメラーゼを用いた全ゲノム増幅技術の開発や次世代シーケンサーによるハイスループットな塩基配列決定技術の進展によりメタゲノムの解析が可能となり，環境試料を構成していた生物群の同定や群集密度の解析ができるようになった．このようなメタゲノム解析は，海洋・湖沼・河川の水や水底堆積物などの環境科学研究領域に加え，堆肥や土壌および作物根圏，発酵醸造，鉱山廃水や工場排水など，産業を取り巻く生物圏に対し適用されている（第 1 章1.2.1参照）．また，腸内細菌叢や表皮細菌叢の解析など，保健・医学への利用も大変活発である．以上のような解析は，遺伝子組換え生物を作製せずに実施可能であり，その場合，法規制の対象となる遺伝子組換え実験には該当しない．

さて，高温・高圧や極端な pH などの極限環境に生育する微生物や，特定の化学物質（原油など）に汚染された特殊環境に生育する微生物は，その環境負荷に適応して生存するための特殊な代謝経路や酵素を有していると期待できる．これらの酵素は産業上の潜在的な有用性を持っていると考えられるが，1.2.1で紹介したように環境中の99%以上の微生物は分離・培養することができない．そこで，環境DNAをメタゲノムのライブラリーに見立て，探索対象とする酵素遺伝子ファミリーに保存されているコンセンサス配列をもとに4.7.1に紹介した方法で対象遺伝子（群）をPCRクローニングし，組換え発現系を用いて遺伝子産物の機能を評価することが行われている．

環境DNAからの遺伝子群のクローニングにおいて注意しなくてはならないのは，法規制である．トピック4.3に示したように，環境試料から増幅され，クローニングされるDNAは，核酸供与生物が不明であり，機能が評価されていない未同定核酸である．大臣確認実験ではなく，機関承認で実験を行うためには，1）環境試料中に感染性・病原性を与える生物種が含まれていないことが科学的見地からみて明らかである場合か，2）感染性・病原性に全く関係のない遺伝子領域を増幅してクローニングする場合，のどちらかに限られる．なお，いずれの場合も，通常の遺伝子組換えP1実験室で実験を行うには，認定宿主ベクター系を用いなくてはならない．

# 4.8
# 遺伝子発現の解析技術

## 4.8.1　レポーター遺伝子

個々の遺伝子の発現量は，先述のリアルタイム PCR や DNA マイクロアレイにより定量することができる．しかし，さまざまな臓器や組織における遺伝子の発現量や，さまざまな条件で処理した細胞における遺伝子の発現量の解析など，測定すべき多くのサンプルがある場合には，もっと計測しやすい遺伝子が着目する遺伝子の代わりに使われる．この代わりの遺伝子のことをレポーター遺伝子（reporter gene）という．レポーター遺伝子としては，測定が容易でかつ発現量の視覚化が可能な酵素の遺伝子がよく用いられる．レポーター遺伝子は，転写の調節領域を解析するときにも用いられる．

頻繁に用いられるレポーター遺伝子は，β-ガラクトシダーゼをコードする大腸菌 *lacZ*，ホタルルシフェラーゼ遺伝子である *luc*，緑色蛍光蛋白質 GFP をはじめとする各種蛍光蛋白質遺伝子など（*gfp* など）である．植物では，内在性の β-ガラクトシダーゼによるノイズを避けるため，*lacZ* の代わりに大腸菌 β-グルクロニダーゼ遺伝子（*gus*）がレポーター遺伝子として用いられる．

β-ガラクトシダーゼや β-グルクロニダーゼの発現量は，それぞれ X-gal や X-gluc などの不溶性色素沈着物を与える合成基質を用いることで視覚化される．組織切片などをこれらの基質を含む緩衝液に漬けることにより，レポーター遺伝子が発現している細胞を，その発現強度に応じて染めることができる．

ルシフェラーゼは，ATP の加水分解エネルギーを利用し，基質であるルシフェリンを酸化する反応を触媒する．この反応の結果光が放出されるため，非常に感度良くルシフェラーゼの発現量を定量することができる．

GFP などの蛍光蛋白質は，転写量の視覚化用途にも使うことができるが，むしろ標的蛋白質との融合蛋白質として発現させ，標的蛋白質の細胞内局在を視覚化するために用いられる．

## 4.8.2　ノザンブロッティング（Northern blotting）

ある細胞集団や組織などで発現している遺伝子を，その mRNA を検出することで評価する方法である．実験は，サザンブロッティングに準じて行われる．即ち，細胞あるいは組織から調製されたRNAをゲル電気泳動で分離し，ナイロン膜に写し取（転写という）ったのち，プローブを用いてナイロン膜上で転写産物を検出する．検出感度やスループット（多検体処理能力）に劣るため，定量的PCRによるmRNAの定量が主流となっているが，ノザンブロッティングでは転写産物の多様性（スプライシングバリアント）を検出できるため，利用価値は依然として高い．

### 4.8.3 網羅的遺伝子発現解析

トランスクリプトーム（transcriptome）とは全転写産物を表す用語であり，一つの生物，あるいは一つの組織において，サンプル調製時に発現していた全ての遺伝子の発現情報を含んでいる．これには，遺伝子の種類だけでなく，それぞれの発現強度やスプライシングバリアントなどの情報も含まれる．トランスクリプトームが解析可能となったのは，DNAマイクロアレイ（DNA microarray）の技術が確立され，利用可能になったことが大きい．

DNAマイクロアレイ（図4.23）はDNAチップとも呼ばれ，モデル生物（マウス，ラット，出芽酵母，シロイズナズナ，ヒトなど）の遺伝子配列と同一の配列をもったDNA断片（プローブと呼ばれる）がアレイ化され，スライドグラスなどの基板上に高密度に固定化されたものである．それぞれのプローブがどの遺伝子に対応しているかは，ガ

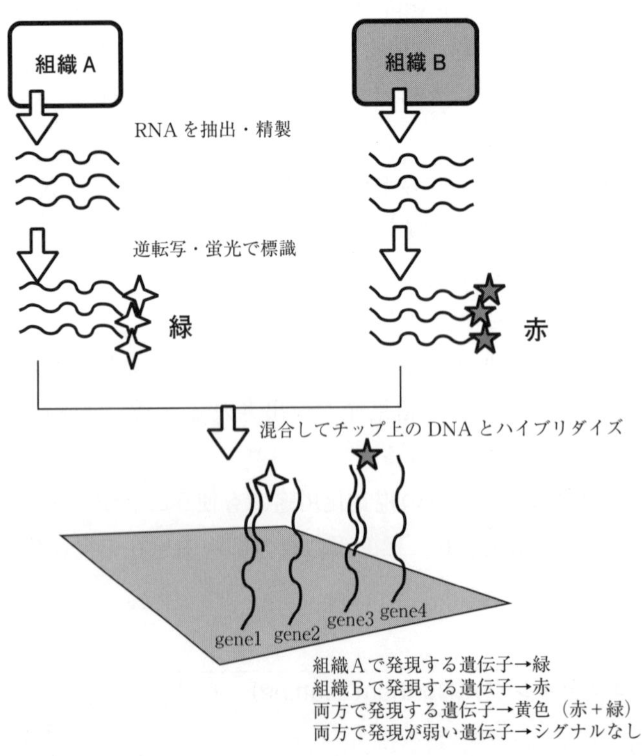


図4.23 DNAマイクロアレイ（DNAチップ）を用いた遺伝子発現の網羅的解

ラス基板上の位置で特定可能である．ここに，ある組織から調製したmRNA群を逆転写して得られたcDNA群をサンプルとしてハイブリダイズさせる．逆転写の際のプライマーを予め蛍光標識しておくことにより，プローブにハイブリダイズしたサンプル中のcDNA量を定量することができる．別々の組織あるいは薬剤などで処理した組織に由来するcDNAをそれぞれ別の蛍光色素で標識して混合し，プローブとハイブリダイズさせることで，どちらか一方の組織で発現量が増大する（あるいは低下する）遺伝子を網羅的に検出できる．

DNAマイクロアレイを用いることで，個々の遺伝子の発現量の変動を正確に数値化できるが，例えば発現量がもともと少ない遺伝子は相対的に大きな実験誤差を与えやすい．さらに，薬剤や刺激に直接応答する遺伝子以外にも，多くの遺伝子の発現量が変化する．これは，外部からの刺激に応答して発現する遺伝子の影響により細胞内の代謝フラックスが変化し，さらにそれに2次的に応答する遺伝子群が活性化または抑制されることが原因と考えられる．このためDNAマイクロアレイを用いた解析では，サンプル群と対照群で経時的に発現変動を比較し，発現量の変化が似ている遺伝子を類型化（クラスタリング）するなどのIT技術の活用が必須となっている．

現在では，詳細に解析すべき数個〜十数個の遺伝子群の候補をリストアップすることを目的として，1次スクリーニング的にDNAマイクロアレイによるトランスクリプトーム解析が行われている例が多いように思う．

## 4.9 第 4 章の参考書

1）野島　博：遺伝子工学　―基礎から応用まで―，東京化学同人，(2013).
2）近藤昭彦，芝崎誠司：遺伝子工学（基礎生物学テキストシリーズ），化学同人，(2012).
3）田村隆明：基礎から学ぶ遺伝子工学，羊土社，(2012).

第 5 章

# 蛋白質工学

岩崎雄吾

### 蛋白質工学とは

遺伝子工学技術の発展により特定の遺伝子をクローン化し，加工する操作を人間が自由に行えるようになった．このような遺伝子操作技術を基盤として，特定の蛋白質を改変して利用する技術：蛋白質工学が発展した．この蛋白質工学（protein engineering）という概念は1983年に Ulmer によって提唱された†．

蛋白質工学とは，遺伝子配列の一部を人為的に改変し，その改変遺伝子を発現させることで対応する改変蛋白質を作成し，それを解析することでその蛋白質の機能，ひいてはその蛋白質が関与する生命現象を理解する学問領域である．また，生物工学的な見地から見ると，酵素や抗体などの機能性蛋白質を改変して，より高機能なものを創出するという重要な側面をもっている．

† K. M. Ulmer: *Science*, **219**, 666-671 (1983).

# 5.1
# 組換え蛋白質の発現

蛋白質工学を行う場合，第一に行うことは対象蛋白質およびその変異体を（少なくとも実験室スケールで）大量に調製することである．このためには，クローン化した対象遺伝子の組換え発現系を構築する必要がある．また，元来少量しか得られない蛋白質を組換え発現によって大量に供給することは，蛋白質工学のゴールの一つであるから，組換え発現系の構築は極めて重要なステップである．

## 5.1.1　宿主の選択

表5.1に蛋白質工学に用いられる代表的な宿主（host）を示した．このうち，遺伝子操作の効率（形質転換効率や増殖速度の高さなど）を考慮に入れると，実験室レベルでの蛋白質工学には大腸菌は第一の選択肢である．大腸菌以外の宿主細菌として枯草菌や放線菌が知られている．これらのグラム陽性細菌は特に蛋白質の菌体外分泌生産を意図して用いられることが多い．

一方，真核生物の宿主としては出芽酵母（*Saccharomyces cerevisiae*），分裂酵母（*Schizosaccharomyces pombe*），メタノール資化酵母（*Pichia pastoris*），や糸状菌（*Aspergillus niger*）が用いられる．また，組換え生物ではないが，無細胞蛋白質合成（cell-free protein synthesis）も発現系の選択肢の一つである．

**表5.1**　代表的微生物宿主の例

| 分類 | 菌名 | 特徴など |
|---|---|---|
| 細菌 | *Escherichia coli* | グラム陰性 最も汎用される |
| | *Bacillus subtilis* | グラム陽性 GRAS |
| | *Streptomyces lividans* | グラム陽性 |
| | *Streptomyces coelicolor* | グラム陽性 |
| 酵母 | *Saccharomyces cerevisiae* | パン酵母 清酒酵母 |
| | *Pichia pastoris* | メタノール資化酵母 |
| | *Hansenula polymorpha* | メタノール資化酵母 |
| | *Schizosaccharomyces pombe* | 分裂酵母 |
| カビ | *Aspergillus nidulans* | |

山根恒夫：生物反応工学第3版，p.291の表2.8-2を一部改変

## 5.1.2 組換え大腸菌での発現

図5.1に典型的な発現プラスミドの基本構造を示す．目的遺伝子の上流にプロモータ（promoter），シャインダルガノ（Shine-Dalgano, SD）配列が，下流にはターミネータ（terminator）が配置される．多くの発現用プラスミドベクターが市販されており，研究者は目的遺伝子を組み込んで使用するようになっている．また，目的遺伝子をプラスミドとして宿主菌に保持させるかわりに，宿主のゲノムDNA中に組み込む方法もある．以下に大腸菌での発現を例に発現に影響する因子（表5.2）に関して解説する．

(1) プロモータ

プロモータはその発現様式の違いから，構成的（constitutive）なものと誘導的（inducible）なものに大別される．構成的プロモータはオペレータ（operator）配列が無く，培養中はいつもmRNAが合成されている．プラスミドの選択マーカーとして用いられる薬剤耐性遺伝子 *amp*$^r$, *tet*$^r$, *kan*$^r$ などは構成的プロモータを持っている．一方，誘導的プロモータは外的環境因子である培養条件（培地組成，温度，pHなど）によってその転写が調節され，結果的に蛋白合成が制御される．組換え発現において誘導的プロモータを用いる利点は目的遺伝子の転写のオン・オフを人為的に制御できることである．多くの場合，目的蛋白質の過剰発現は宿主細胞にとってストレスであり，構成的プロモータを用いた発現系で

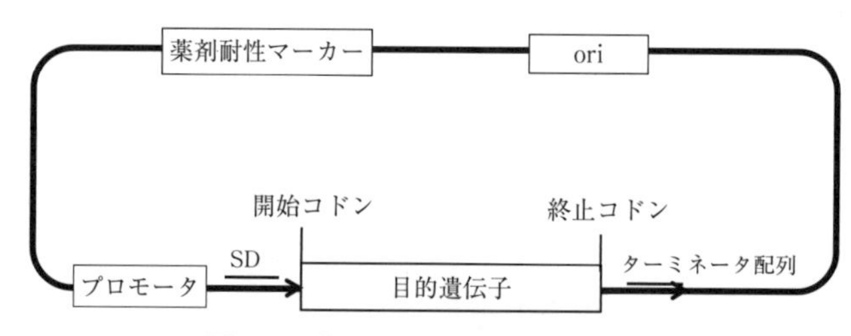


**図5.1** 発現プラスミドの基本構造

**表5.2** 組換え微生物による異種蛋白生産に及ぼす諸因子

| | |
|---|---|
| 1．プラスミドの構造および転写効率 | 5．組み換えDNAの不安定性 |
| プロモータの性質と強さ | プラスミドの分配不安定性 |
| 転写調節機構 | クローン化した遺伝子の構造不安定性 |
| 適切な終結 | 6．目的蛋白質の不安定性 |
| 2．mRNAの不安定性 | 蛋白質構造の不安定性 |
| mRNAの構造 | プロテアーゼによる分解 |
| 3．翻訳効率 | 7．宿主 |
| SD配列の塩基配列 | 宿主・ベクター相互作用 |
| SD配列と開始コドンとの距離 | 宿主菌の代謝活性，栄養源濃度 |
| mRNAの2次構造 | 宿主菌の増殖阻害物質生産 |
| コドン利用頻度 | 8．分泌と排出 |
| 4．プラスミドコピー数 | |

山根恒夫：生物反応工学第3版，p.294の表2.8-3を一部改変

は組換え菌の生育が極端に悪くなることがある．また，目的蛋白が宿主にとって有害（致死的）である場合には，組換え菌を作成することすら困難になる．このような場合，非誘導条件で組換え菌を生育させて菌濃度を高めた後，誘導条件に切り替えて目的蛋白を合成させる方法がとられる．非誘導条件での発現レベル（leaky な発現）を低く保ち，誘導条件では一気に発現させるということである．

組換え大腸菌で用いられる主な誘導性プロモータを表5.3に示す．*tac* プロモータは *lac* プロモータの7～11倍，*trp* プロモータの2～3倍強力であると報告されている．

*araBAD* プロモータは大腸菌アラビノース代謝オペロン（*araB*，*A*，及び *D*）を制御するプロモータで，L-アラビノースの添加により誘導される．添加するアラビノース濃度に依って目的遺伝子の発現量を調節できるという特徴がある．

*cspA* プロモータは大腸菌 cold shock protein A のプロモータで，低温（～15℃）にすることで誘導される．目的蛋白質を大腸菌の至適生育温度（37℃）で発現させると封入体（後述）を形成することがしばしばあるが，低温で誘導可能な本プロモータの使用により封入体形成を回避できる場合がある．

T7プロモータは現在では実験室レベルでよく用いられるプロモータで，これを用いた発現システムは商業的には pET システム（pET system）†と呼ばれている．pET システムの概略を図5.2に示す．このシステムの特徴は，目的遺伝子の転写に宿主由来の RNA ポリメラーゼを利用せず，T7ファージ由来の T7 RNA ポリメラーゼを用いることである．このため，宿主には T7 RNA ポリメラーゼ遺伝子をゲノム中に組み込んだ株が用いられる．代表的な宿主は BL21(DE3) などである．ゲノム中に組み込まれている T7 RNA ポリメラーゼ遺伝子の発現は *lacUV5*プロモータによって制御されるので，IPTG（もしくはラクトース）の添加によって T7 RNA ポリメラーゼが合成され，これがプラスミド上の T7プロモータを認識して目的遺伝子の転写が開始される．T7 RNA ポリメラーゼは

**表5.3**　組換え大腸菌で用いられる主な誘導性プロモータ

| プロモータ | 由来 | 誘導方法 |
|---|---|---|
| *lac* | *E. coli* lactose operon | IPTG 又はラクトース |
| *lacUV5* | *lac* の変異型 | IPTG 又はラクトース |
| *trp* | *E. coli* tryptophan operon | トリプトファンの欠乏又はインドールアクリル酸の添加 |
| *tac* | *trp* と *lacUV5*のハイブリッド | IPTG 又はラクトース |
| *phoA* | *E. coli* alkaline phosphatase | リン酸の欠乏 |
| *araBAD* | *E. coli* arabinose operon | アラビノースの添加 |
| *cspA* | *E. coli* cold shock protein A | 低温（15℃） |
| $\lambda_{PL}$ | λファージ左向きプロモータ | 高温（40～42℃） |
| *nar* | *E. coli* nitrate reductase | 低溶存酸素濃度及び硝酸イオン |
| T7 | T7ファージ | 宿主内での T7 RNA ポリメラーゼの発現(pET システム) |

山根恒夫：生物反応工学第3版，p.295の表2.8-4を一部改変

† F. W. Studier, B. A. Moffatt: *J. Mol. Biol.*, **189**, 113-130 (1986).

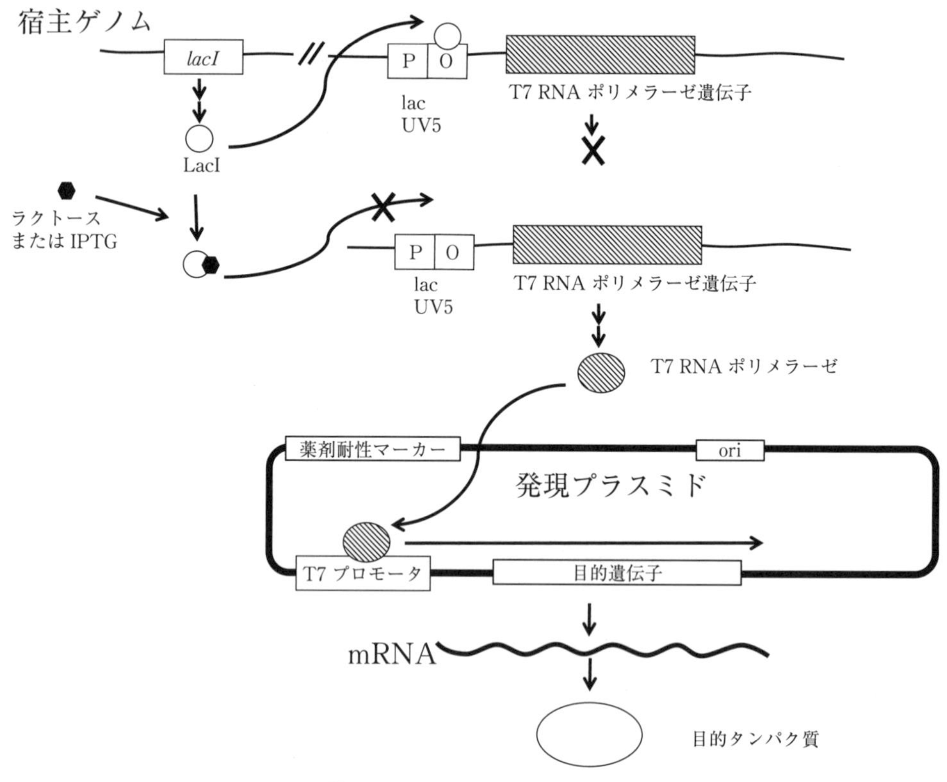


**図5.2** pET システムの概略

T7プロモータ配列を厳密に認識するので，目的遺伝子の転写は宿主細胞内の他の遺伝子の転写と競合せず，独立してきわめて特異的かつ強力に制御できる．

(2) SD 配列

SD 配列は，転写によって生じた mRNA にリボソームが結合し，翻訳を開始する部位である．リボソーム結合部位（ribosome binding site, rbs）とも呼ばれる．16S rRNA の3' 末端に存在する配列と相補的な A と G に富む配列であるが，その塩基数は遺伝子によって 3 ～ 9 塩基とばらつきがある．従って最適な長さと配列にすることが望ましい．SD 配列と翻訳開始コドンとの距離も翻訳効率に影響し，最適距離は 7 ～ 9 塩基であるといわれている．

(3) 転写ターミネータ

ターミネータは転写の終結を決定する配列である．ターミネータ配列は逆向き反復配列（inverted repeat）を有する．ターミネータ領域まで mRNA の合が進行すると，mRNA はステム・ループ構造をとり，これにより RNA ポリメラーゼが解離して転写が終結する．目的遺伝子の下流にターミネータ配列を配置することでプラスミド上の目的遺伝子以外への転写（読み飛ばし，read-through）を防ぐことが重要である．

⑷ コドン利用頻度

メチオニンとトリプトファン以外の全てのアミノ酸は対応するコドンが2～6通りあり，これをコドンの縮重（degeneration）と言う．多くの生物の遺伝子を調べてみると，その生物に好んで用いられるコドンとまれにしか用いられないコドンがあり，その使われる頻度は生物によって異なっている．これをコドン使用頻度（codon usage）と呼ぶ．大腸菌以外の生物由来の遺伝子を大腸菌で発現させる場合，コドン使用頻度を考慮する必要がある場合もある．例えば，大腸菌においてはAGG（アルギニン），AGA（アルギニン），AUA（イソロイシン），CUA（ロイシン），GGA（グリシン），CCC（プロリン）の6つのコドンはレアコドン（rare codon）と呼ばれ，それらが遺伝子中に連続して出現する場合には翻訳効率が低下することがある．必要なら目的蛋白質のアミノ酸を変えることなく宿主に適したコドンに置き換えることができる．また，レアコドンの問題はそれに対応するtRNAが宿主内で十分に作られないことが原因であるので，それらのtRNAを増強した大腸菌宿主も開発されている．

⑸ プラスミドコピー数

プラスミドコピー数（copy number）とは1細胞内に存在するプラスミドの分子数であり，その複製開始領域の特性によって決まる．コピー数が1～5くらいの場合をstringent，約10以上ある場合をrelaxedとして区別している．遺伝子操作に使用されるプラスミドにはmini Fプラスミドのように1コピーしかないものから，pBR322のように数十コピー，pUC系プラスミドのように数百コピーに及ぶものまである．コピー数がある範囲内では，異種蛋白質の生産量はコピー数に比例する．しかし，過剰に発現しすぎることでかえって目的蛋白質が正しい立体構造をとらず封入体を形成してしまうことがある．したがって，組換え蛋白質発現においてその遺伝子のコピー数が高ければ良いとは限らない．

⑹ プラスミド不安定性

一般にプラスミドを保持することは宿主にとって負担である．さらに保有プラスミドによる異種蛋白質生産は宿主には益すること無く，エネルギー的にも物質的にも過大な負荷を与える．何らかの理由でプラスミドを脱落した細胞は，プラスミド保持細胞より負荷から解放され増殖速度が高い．そして，少しでも増殖速度が高いと世代を重ねるごとにそのような細胞が優先的となり最終的にはプラスミド保持細胞は無くなってしまう．これをプラスミドの分配不安定性（segregational instability）と呼ぶ．

プラスミドの分配不安定性を克服する手段としてプラスミド安定化遺伝子の利用があげられる．安定化遺伝子としてmini-Fプラスミド由来の*sop*，*ccd*，pSC101由来*par*，およびR1プラスミド由来*parB*が知られている（図5.3）．これらの遺伝子は細胞分裂時に強制的に娘細胞に分配させる機構（分配機構，segregational mechanism）か，脱落細胞を致死させる機構（致死機構，killing mechanism）を備えている．pETシステムには本来プ

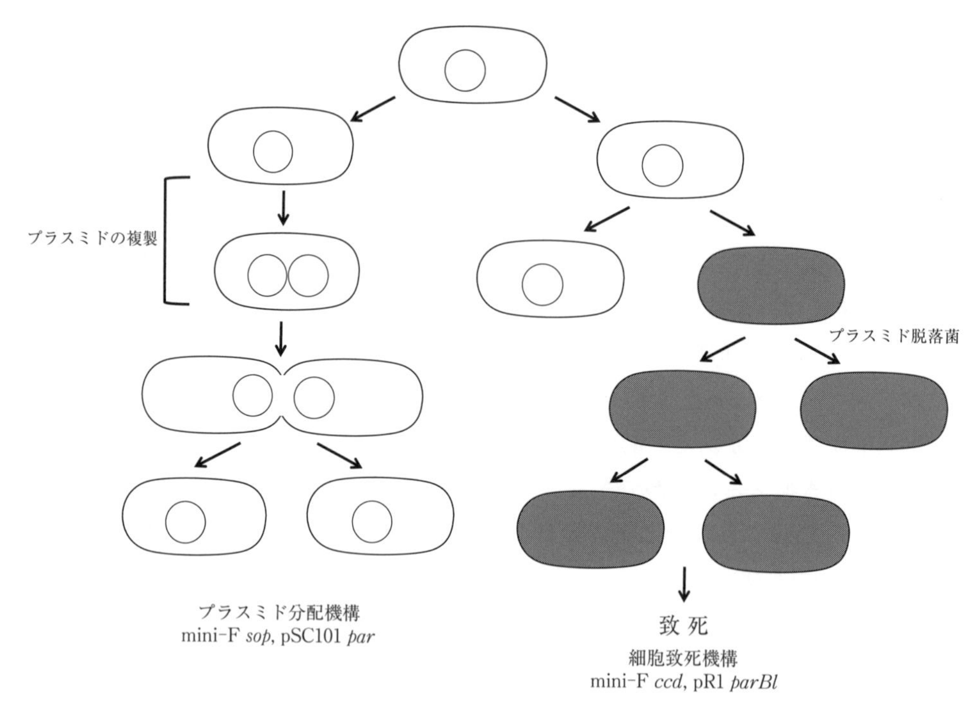


**図5.3** プラスミド安定保持機構の概念図
（生物反応工学第3版，p.300の図2.8-5を一部改変）

ラスミド安定化機構が組み込まれていないが，これに安定化遺伝子を組み込むとプラスミド保持率が向上し，異種蛋白質の生産量が増大する†.

### (7) 封入体形成

大腸菌で異種蛋白質を過剰発現させても，その蛋白質が本来の生物学的活性を持つとは限らない．合成された蛋白質は折り畳まれて（フォールディング，folding）正しい立体構造をとって初めてその活性を発揮できる．大腸菌による組換え蛋白質の生産でしばしば遭遇する大きな問題は，目的蛋白質が正しくフォールディングされずに不溶性の塊（封入体，inclusion body）として細胞内に蓄積してしまうことである．

封入体は細胞を破砕した後，遠心分離によって沈降させることができるため，蛋白質としては純度の高いものが回収できるが，正しい立体構造を取っていないので不活性である．このような場合，回収された封入体を強力な変性剤（尿素，グアニジン塩，有機溶媒など）で処理して可溶化し，希釈または透析により変性剤を除去することで活性のある蛋白質へリフォールディング（refolding）させることができる場合がある．リフォールディングの条件は個々の蛋白質によって異なるので，変性剤の種類，濃度，pH，温度など，様々なパラメータに関しての検討が必要となり，そのために多大な労力を要する．もちろん，一端効率よいリフォールディング条件が確立できれば，封入体そのものは細胞破砕物

† N. Mishima, K. Mizumoto, Y. Iwasaki, H. Nakano and T. Yamane: *Biotechnol. Prog.*, 13, 864-868 (1997).

から容易に高純度に回収できるので組換え蛋白質生産の有効な手段となる.

封入体形成の要因の一つは，目的蛋白質が過剰にしかも急激に合成されすぎるためにフォールディングが追いつかないことである．これを回避する手段として，誘導時の温度を下げて合成速度を遅くすることが有効な場合がある．また先述の低温誘導型プロモータの利用や，誘導をあえて弱めるという方法も有効である．pET システムでは pLysS あるいは pLysE というプラスミドを発現用プラスミドとは別に宿主内に保持させる方法がある．pLysS，pLysE からは T7リソザイムが産生され，これが T7 RNA ポリメラーゼを阻害することで誘導を弱める．pLysE は pLysS より多くの T7リソザイムを発現するため，T7 RNA ポリメラーゼの阻害効果が強い.

(8) シャペロン類の利用

シャペロン（chaperone）は生合成された蛋白質の正しいフォールディングを手助けする働きをもつ蛋白質群の総称である．大腸菌をはじめとして多くのシャペロン様蛋白質が発見されている．それらのシャペロン蛋白は，初期の研究では細胞を高温などのストレスに暴露した時に発現する蛋白質（heat shock protein, HSP）として同定されたものが多い．高温等のストレスによって構造が壊れた蛋白質を修復するために，シャペロンが発現することは生物学的にも合理的である.

組換え蛋白質生産において，シャペロンを宿主内で目的蛋白質と供発現させて，目的蛋白質の折りたたみを促進することができる．表5.4によく用いられるシャペロンおよびシャペロン様蛋白質を示す.

**表5.4** 組換え大腸菌による異種蛋白質生産に利用されるシャペロン（様）蛋白質

| 名称 | 由来 | 局在 | 特徴 |
|---|---|---|---|
| *GroEL/ES* | 大腸菌 | 細胞質 | *GroEL*（HSP60）は14量体，*GroES*（HSP10）は 6～8 量体を形成．*GroEL/GroES* 複合体として機能．ATP アーゼ活性を持つ. |
| *DnaJK-GrpE* | 大腸菌 | 細胞質 | *DnaK*（HSP70），*DnaJ*（HSP40）及び *GrpE* と協調的に機能．ATP アーゼ活性をもつ. |
| *Tig* | 大腸菌 | 細胞質 | トリガーファクター．リボソーム結合性（会合性)．細胞内で合成されたばかりの新生ペプチドに作用. |
| *Cpn60/cpn10* | 好冷菌 *Oleispira antarctica* | 細胞質 | *GroEL/GroES* のホモログ，低温でのフォールディングに有効 |
| *Fkp A* | 大腸菌 | ペリプラスム | peptidyl-prolyl isomerase（PPIase）活性とシャペロン活性 |
| *Skp* | 大腸菌 | ペリプラスム | *Omp* 蛋白など外膜蛋白質のフォールディングを補助. |
| *SurA* | 大腸菌 | ペリプラスム | peptidyl-prolyl isomerase（PPIase）活性とシャペロン活性 |
| *Dsb ABCD* | 大腸菌 | ペリプラスム（DsbB/D は内膜のペリプラスム側） | ジスルフィド結合の形成と架け替え |

⑼ ジスルフィド結合形成

多くの蛋白質はジスルフィド結合（disulfide bond）をもっており，フォールディングや立体構造の維持に重要な働きをしている．大腸菌の細胞質内（cytoplasm）は還元的であるため，異種蛋白質のジスルフィド結合が形成されにくい．細胞質内で目的蛋白質にジスルフィド結合を形成させることを目的として，*trxB* および *gor* を欠損した宿主菌株が開発されている．*trxB* はチオレドキシンレダクターゼを *gor* はグルタチオンレダクターゼをコードしており，共に細胞質内を還元的に保つ働きをしている．この両遺伝子を欠損した大腸菌では細胞質内が酸化的となり，ジスルフィド結合形成が促進される．

⑽ 分泌発現

大腸菌細胞は2枚の細胞膜，すなわち内膜（inner membrane）と外膜（outer membrane）をもっており，内膜と外膜で区切られた空間をペリプラスム（periplasm）とよぶ．目的蛋白質が細胞質内で合成された後，内膜を透過してペリプラズムまで輸送させることができれば，細胞質内の夾雑蛋白質から解放されて目的蛋白質の精製が簡便になる．目的蛋白質を膜透過させるには，シグナルペプチド（signal peptide）と呼ばれる配列を付加して発現させる．シグナルペプチドは20アミノ酸前後の短い配列で，膜透過のための特徴的な機能をもっている．この配列を目的蛋白質のN末端側に付加して発現させると，合成された蛋白質前駆体は大腸菌の分泌装置の働きにより内膜を透過してペリプラスムに移行し，そこでフォールディングを受ける．この透過過程でシグナルペプチドはシグナルペプチダーゼによって切断，除去される．表5.5に主なシグナル配列を示す．

**表5.5** 組換え大腸菌による異種蛋白質発現に使用されるシグナル配列の例

| 名称 | 由来 | 配列 |
|---|---|---|
| *phoA ss* | *Escherichia coli* alkaline phosphatase | MKQSTIALALLPLLFTPVTKA |
| *ompA ss* | *Escherichia coli* outer membrane protein A | MKKTAIAIAVALAGFATVAQA |
| *opmT ss* | *Escherichia coli* outer membrane protease | MRAKLLGIVLTTPIAISSFA |
| *pelB ss* | *Erwinia carotovora* pectate lyase B | MKYLLPTAAAGLLLLAAQPAMA |
| *dsbA ss* | *Escherichia coli* protein disulfide isomerase I | MKKIWLALAGLVLAFSASA |
| *lamB ss* | *Escherichia coli* maltoporin | MMITLRKLPLAVAVAAGVMSAQAMA |
| *malE ss* | *Escherichia coli* maltose-binding protein | MKIKTGARILALSALTTMMFSASALA |
| *gIIIp ss* | fd phage gene Ⅲ capsid protein | MKKLLFAIPLVVPFYSHS |

かつて大腸菌は蛋白質が外膜を透過して培地中まで分泌することはなく，シグナルペプチドを付加してもペリプラスムまでしか移行しないと考えられてきた．しかし今日では，組換え大腸菌を用いて目的蛋白質を培地中まで放出させた例は少なくない†．

大腸菌でシグナルペプチドを使用して分泌発現させるもう一つのメリットは，ジスル

† Y. Iwasaki, N. Mishima, K. Mizumoto, H. Nakano and T. Yamane: *J. Ferment. Bioeng.*, **79**, 417-421（1995）. D. Takemori, K. Yoshino, C. Eba, H. Nakano and Y. Iwasaki: *Protein Expr. Purif.* **81**, 145-150（2012）.

フィド結合形成が促進されることである．前述のように，ジスルフィド結合は活性型蛋白の正しいフォールディングに重要であるが，細胞質内は還元的雰囲気であるため形成されにくい．一方，ペリプラスムは酸化的雰囲気であるため，ジスルフィド結合が形成されやすくなる．

⑾ 融合蛋白としての発現

目的蛋白質に他のペプチドや蛋白質の「タグ」を付加し，融合蛋白質（fusion protein）として発現させる方法がある．これらは目的蛋白質の精製や検出を容易にしたり，不溶化しやすい蛋白質を可溶性で発現させるなどの目的で利用される．表5.6に融合蛋白質発現に利用されるタグを示す．

**表5.6 融合蛋白質発現に使用されるタグの例**

| タグの名称 | 配列等 | 精製の原理 |
|---|---|---|
| poly His | HHHHHH | $Ni^{2+}$ あるいは $Co^{2+}$ 固定化樹脂 |
| poly Arg | RRRRR | 陽イオン交換樹脂 |
| FLAG | DYKDDDDK | 抗 FLAG モノクローナル坑体固定化樹脂 |
| Strep-tag II | WSHPKFEK | 改変型ストレプトアビジン固定化樹脂 |
| c-myc | EQKLISEEDL | 抗 c-myc モノクローナル抗体固定化樹脂 |
| MBP タグ | マルトース結合蛋白（396残基） | アミロース固定化樹脂 |
| GST タグ | グルタチオン-*S*-トランスフェラーゼ(211残基) | グルタチオン固定化樹脂 |

His タグは 6～10残基程度のヒスチジン残基の繰り返しからなる配列で，目的蛋白質のN末端かC末端に付加される．His タグ配列はニッケルやコバルト等の金属と錯体を形成する性質がある．His タグ融合した目的蛋白質を含む溶液を，Ni を固定化した樹脂（ニッケル・ニトリロ三酢酸アガロースなど）を充填したカラムに通液すると，目的蛋白質は樹脂に吸着し，その他の夾雑蛋白質は素通りする．カラムを洗浄後，イミダゾール溶液を送液すると，目的蛋白質は樹脂から遊離し，回収される．この方法で目的蛋白質を簡便に精製することができる．また，His タグ配列を特異的に認識するモノクローナル抗体を利用すると，目的蛋白質を免疫化学的に検出することができる．

GST はグルタチオン-*S*-トランスフェラーゼ（glutathione *S*-transferase）という酵素で，グルタチオンに親和性を示す．GST タグを付加して発現させた蛋白質はグルタチオン固定化樹脂を用いて精製できる．GST タグ融合蛋白質は大腸菌で過剰発現させても不溶化しにくいという特徴があるので，単独では不溶化しやすい蛋白質を可溶性発現させる際にも有効である．

MBP はマルトース結合蛋白（maltose binding protein）のことで，MBP 融合蛋白質はアミロース固定化樹脂を用いて精製できる．MBP 融合タンパク質も大腸菌内で不溶化しにくいという特徴がある．

タグとの融合蛋白質として発現・精製された目的蛋白質には，タグが付加したまま残っている．タグ部分が目的蛋白質の活性に影響を与えることもあるので，目的によってはタグを除去する必要がある．この場合，配列特異的プロテアーゼを利用する．表5.7によく利用される配列特異的プロテアーゼを示す．これらのプロテアーゼは数残基程度のアミノ酸配列を認識して切断する．融合蛋白質を発現させる際，タグ部分と目的蛋白質部分の間にプロテアーゼ認識配列を挿入しておき，発現・精製後，配列特異的プロテアーゼで処理してタグと目的蛋白質に分離する．これを再度カラムに通すと，切り離されたタグ部分はカラムに吸着するが，タグが除かれた目的蛋白質は素通りして回収される．図5.4に融合蛋白質としての発現・精製の手順を示す．

**表5.7** 配列特異的プロテアーゼ

| 名称 | 認識配列（↓は切断位置）※ |
|---|---|
| トロンビン | LVPR ↓ GS |
| Factor Xa | IEGR ↓ |
| エンテロキナーゼ | DDDDK ↓ |
| ヒトライノウイルス由来3Cプロテアーゼ | LEVLFQ ↓ GP |
| タバコエッチウイルス由来プロテアーゼ | ELNYFQ ↓ G |

※よく利用される配列を記した

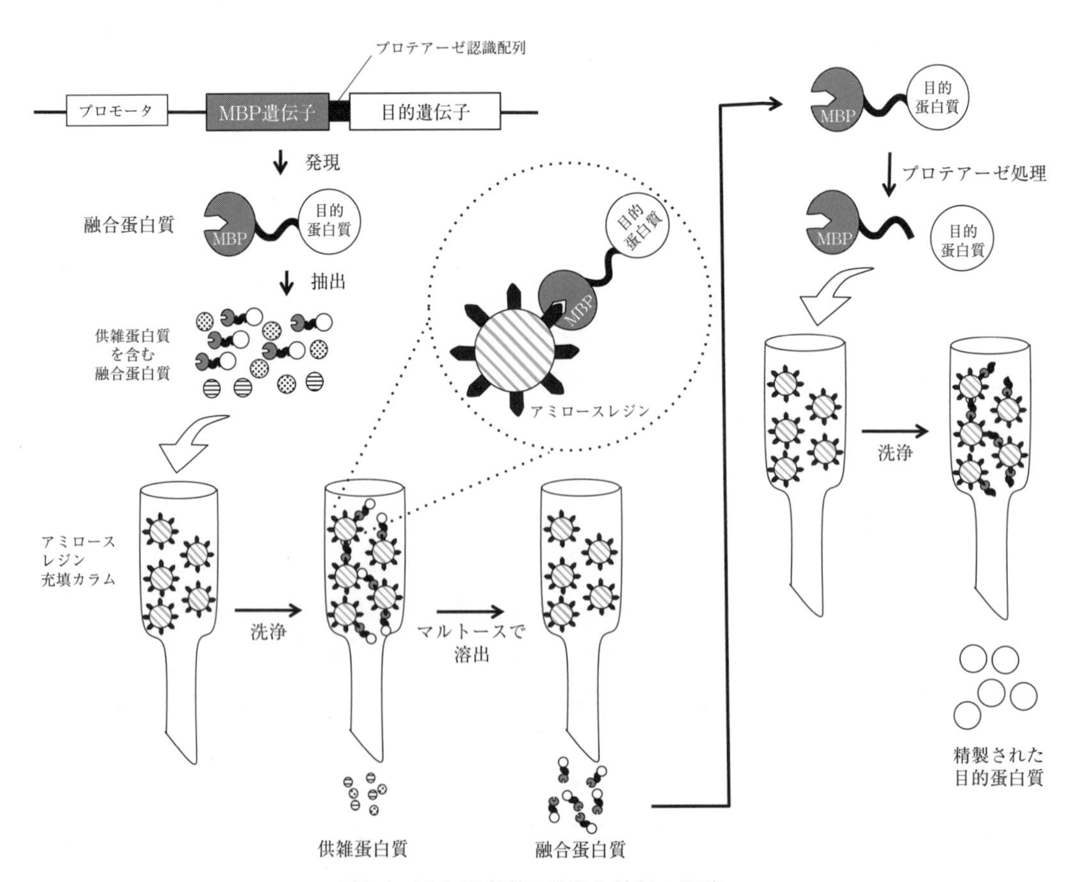


**図5.4** 融合蛋白質の発現と精製の概略
MBP-融合蛋白質の例を示す．

### 5.1.3　大腸菌以外の宿主微生物を用いた異種蛋白発現

組換え蛋白質生産に用いる大腸菌以外の宿主としては，原核生物では枯草菌と放線菌，真核生物では各種の酵母と糸状菌が代表的である．これらの発現系は遺伝子操作の簡便さや生育速度においては大腸菌に劣るものの，大腸菌にない長所もある．例えば，グラム陽性菌である枯草菌や放線菌は蛋白質の細胞外分泌発現に優れている†．また大腸菌では不溶化する蛋白質でも可溶性発現か可能になる場合がある．同様に酵母や糸状菌を宿主とする発現系も大腸菌では封入体を形成してしまう蛋白質でも遺伝子を可溶性で発現できることが多い．表5.8に出芽酵母で用いられるプロモータとベクターを示す．

**表5.8**　出芽酵母のプロモータおよびベクター

a）プロモーター

| 名称 | 由来 | 発現機構 |
|---|---|---|
| *GAL1*, *GAL10* | galactokinase | ガラクトース添加又はグルコース欠乏 |
| *CUP1* | Copper metallothionein | $Cu^{2+}$ 添加 |
| *MFα1* | α-Mating Factor | 構成的発現 |
| *ADH1* | alcohol dehydrogenase | 構成的発現 |
| *PGK* | 3-phosphoglycerate kinase | グルコース濃度の増加 |
| *PHO5* | acid phosphatase | リン酸欠乏 |

b）ベクター

| タイプ | 複製起点など |
|---|---|
| yeast episomal plasmid（YEp） | 2μm プラスミドの複製起点を持つ．コピー数：10-20 |
| yeast replicator plasmid（YRp） | autonomously replicating sequence（ARS）をもつ．コピー数：5-10 |
| yeast centromeric plasmid（YCp） | セントロメア（CEN）と ARS をもつ．コピー数：1-3 |
| yeast integrated plasmid（YIp） | 染色体組込型．複製起点を持たない |
| yeast artificial chromosome（YAC） | ARS と CEN とテロメアをもつ．線状．コピー数：1 |

生物反応工学第３版 p.297の表2.8-5を一部改変

### 5.1.4　無細胞蛋白質合成

無細胞蛋白質合成とは，生細胞を用いずに生細胞由来の抽出液中に含まれるリボソームや種々の翻訳因子ならびに tRNA などの諸因子の働きにより，蛋白質をコードしている mRNA からその産物（つまり蛋白質）を試験管内（in vitro）で合成することである（図5.5）．鋳型として DNA を用いて転写と翻訳を共役させることもある．組換え菌による蛋白質生産と異なり，細胞の生命維持が不要となるため，以下のような利点が生じる．

1）様々な物質を反応系に自由に添加することができる

† 例えば，鵜高らは *Bacillus brevis* を用いた菌体外分泌生産によって好成績を得ている．

2）非天然アミノ酸や標識アミノ酸を取り込ませることが可能

3）細胞毒性を示す蛋白質でも合成可能

4）細胞を使う場合と比較して短時間で合成可能

5）短時間で多種類の蛋白質を合成可能

無細胞蛋白質合成系は高価な試薬を用いるので，組換え菌を用いる蛋白質生産のような大スケールでの生産には適していない．しかし蛋白質の機能改変研究のように，多種の変異蛋白質を（少量ずつ）合成し，機能が向上したものを迅速に選びだす（高速多検体スクリーニング，High-Throughput Screening, HTS）場合には極めて強力である．

無細胞蛋白質合成系としては，大腸菌S30抽出液，小麦胚芽抽出液，ウサギ網状赤血球可溶化物，の3種類を用いる系があるが，いずれも翻訳反応とは無関係の不純物を含む粗抽出物（crude extract）である．これらに対して，大腸菌から翻訳に必要な総ての成分をそれぞれ別々に分画精製して再度混合する，再構成系（reconstituted system）が上田らによって開発された[†]．それはPURE systemおよびその改良系（PURE system plus）として市販されている（PUREは，Protein synthesis Using Recombinant Elementsの略であるが，crudeに対してpureという意味合いもある）．

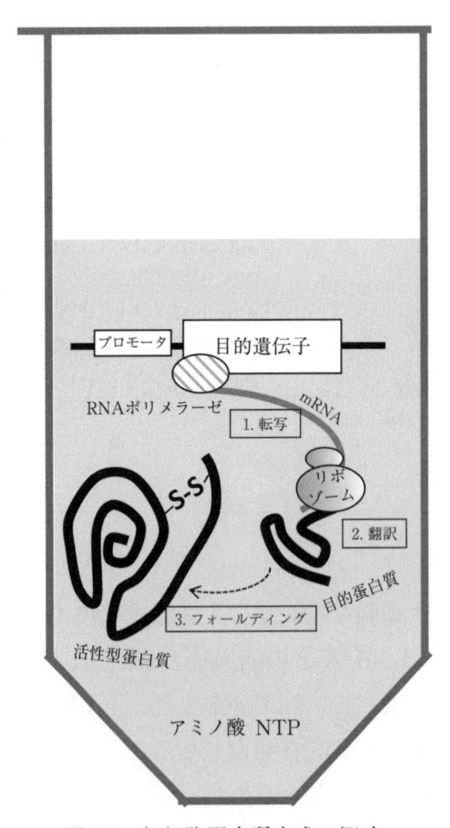


**図5.5**　無細胞蛋白質合成の概略

† Shimizu Y, Inoue A, Tomari Y, Suzuki T, Yokogawa T, Nishikawa K and Ueda T: Cell-free translation reconstituted with purified components, *Nature Biotechnol.*, **19**, 751–755 (2001).

# 5.2
# 蛋白質の機能改変

## 5.2.1　遺伝子への変異導入法

変異型蛋白質を調製するには，対応する変異を導入した遺伝子を作成し，それをしかるべき発現系を用いて発現させる．遺伝子への変異には大きく分けて部位特異的変異導入（site-directed mutagenesis）とランダム変異導入（random mutagenesis）がある．

・部位特異的変異導入

部位特異的変異導入とは遺伝子の特定の位置に特定の変異を導入する方法である．この方法により調製された遺伝子からは蛋白質上の特定のアミノ酸残基が他の特定のアミノ酸残基に置換された変異蛋白質が調製される．過去，多くの部位特異的変異導入法が考案されてきたが，現在ではその変異導入効率の高さからPCRを利用する方法が主流となっている．一例としてオーバーラッピングPCR（overlapping PCR）による変異導入法の概略を説明する（図5.6）．

ステップ1：プライマー1と2，及びプライマー3と4を用いて目的遺伝子の一部を増幅する．なお，プライマー3は変異導入用で目的変異が置き換わるように設計する．

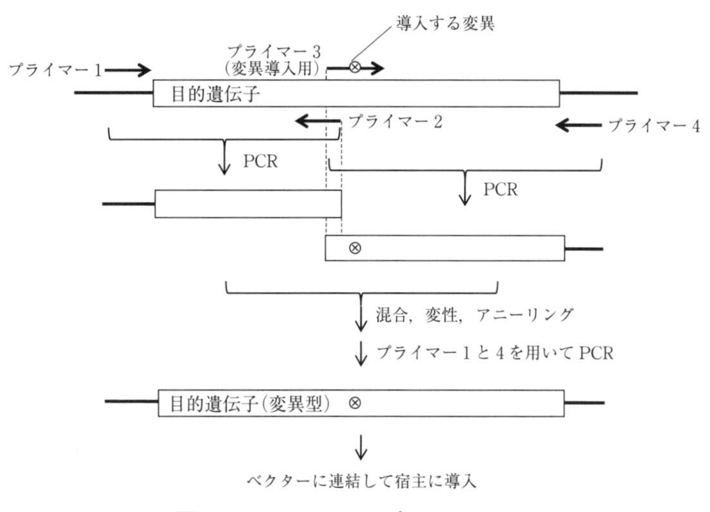


図5.6　オーバーラッピングPCR

次のステップで二つの断片を連結するためにプライマー2と3は15塩基程度のオーバーラップ領域を含む.

ステップ2：増幅断片1と2を混合し，プライマー1と4を用いてPCRを行って断片を連結する.

ステップ3：適当なベクターに連結し，配列を確認する.

・ランダム変異導入

一方，部位特異的変異導入とは対照的に，目的遺伝子に対して変異箇所や変異内容を規定せずに変異を導入するのがランダム変異導入である.

エラープローンPCR[†]（error-prone PCR, epPCR）は，ランダム変異導入に汎用される方法である．本来，PCRは2種のプライマーで挟まれたDNAの特定の領域を正確に増幅する方法であるが，まれにDNAポリメラーゼが誤った塩基を取り込んでしまうことがある．epPCRでは，この増幅時の誤りを利用することで，元のDNAの所々に変異が導入された「似て非なる」DNA集団を増幅する技術である．塩基の取り込みエラーを誘発するため，通常のPCRと比較して，反応系内の特定のデオキシリボヌクレオチド三リン酸濃度を不均衡にしたり，$Mn^{2+}$イオンを添加したりすることでDNAポリメラーゼの忠実性（fidelity）を低下させる．epPCRに使用するために忠実性を低下させた変異型DNAポリメラーゼも開発されている．epPCRで得られるDNAは所々に様々な変異を持つDNAの集団となる.

DNAシャッフリング（DNA shuffling）[††]は複数の変異DNA分子の変異内容を掛け合わせ，同一DNA分子上に集積していく方法である．全体的な配列には相同性があるが，所々異なる複数種のDNAをエンド型ヌクレアーゼで部分的に分解し，得られた断片を混合後，PCR増幅する．すると，断片同士は相同性のある部分でアニールし合い組換えが起こり，ついには完全長のDNAが再生される．この完全長DNAは用いた複数の鋳型を部分部分に持つキメラDNAの集団となる.

epPCRやDNAシャッフリング（しばしば二法は併用される）で得られる変異DNA集団を適当な系を用いて発現させると，対応する変異蛋白質（所々のアミノ酸残基が置きかわっている）の集団が得られる．これは，後述する定方向進化によるスクリーニングに供される（図5.7）.

### 5.2.3 ラショナルデザインによる機能改変

ラショナルデザイン（rational design）による蛋白の機能改変とは，あらかじめ蛋白質のどの残基をどのように置換するかを定めてから変異蛋白を調製し，その機能を解析する手

† R. C. Cadwell and G. F. Joyce: *PCR Meth. Appl.* **2**, 28–33 (1991).
†† W. P. C. Stemmer: *Proc. Natl. Acad. Sci.* **91**, 10747–10751 (1994).

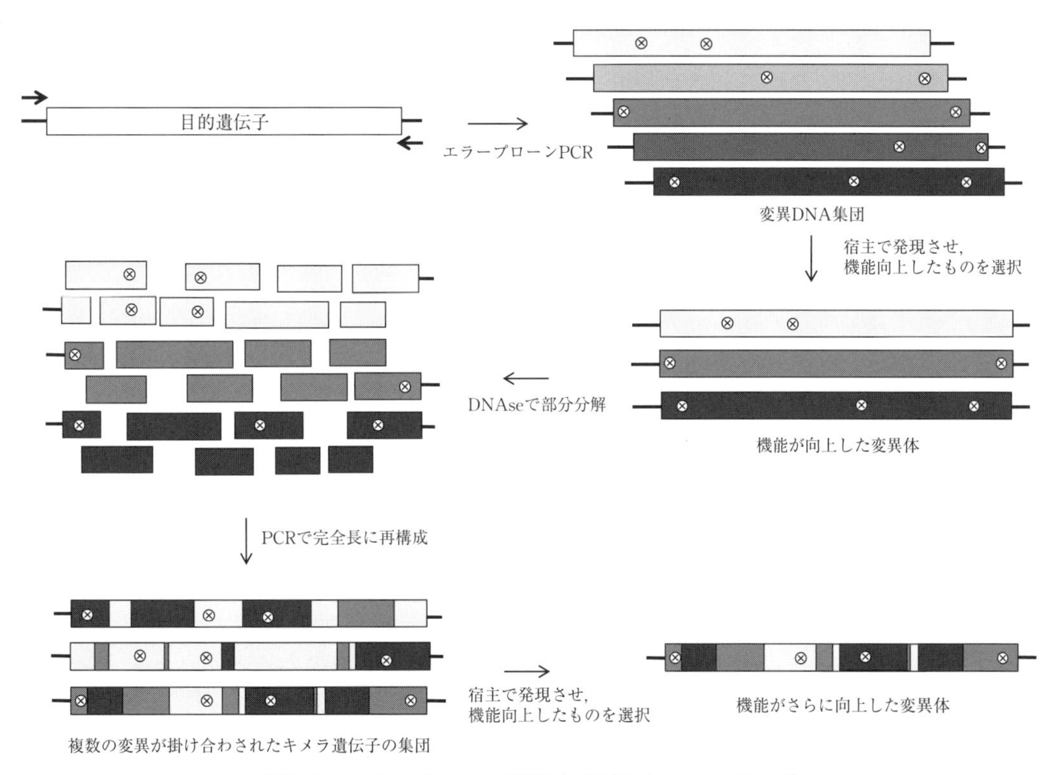


**図5.7**　エラープローン PCR と DNA シャッフリング

法である．この手法は蛋白質工学研究の初期から用いられてきた．初期の蛋白質工学は，変異蛋白質の機能解析により蛋白質の各々のアミノ酸残基の役割を論じたり，酵素の反応機構を解明したりするといった蛋白質化学の基礎的研究手段として活用されてきたので，必ずしも蛋白質の機能向上を目的としたものではなかった．従って，例えば，「酵素の特定のアミノ酸残基を置換したら活性を失った」という，応用上はネガティブデータとみなされる結果でも，酵素の機能を解明するうえでは重要な知見であった．

ラショナルデザインで蛋白質の高機能化を行う際には，やみくもに変異体を作成して機能変化を調べることはきわめて効率が悪い．このため，目的蛋白質の変異導入箇所をある程度絞り込む必要があり，対象蛋白質の立体構造が決定されていることが望ましい．変異導入箇所を絞り込む手段として，候補となるアミノ酸残基を1つずつアラニンに置換した変異体を作成し，その機能を調べるという手法もある（アラニンスキャニング，alanine scanning）．

### 5.2.4　定方向進化

ラショナルデザインによる蛋白質の機能改変は，様々な変異蛋白を作成して逐一その機能を評価していくという手法である．変異によっては野生型と全く機能が変化しなかったり，機能（活性）を失ったりする場合もあるだろう．蛋白質の高機能化が目的である場合には，このようなネガティブな変異体を一つ一つ調べていくことは効率が悪い．そこで，ランダム変異とスクリーニングを利用して蛋白質の高機能化を試みることが盛んに行われるようになった．すなわち，目的蛋白質の遺伝子にランダムに変異を導入して変異遺伝子ライブラリーを作成し，これを発現させて，機能の向上した変異体を選択していくという手法である．この手法を定方向進化（directed evolution）と呼ぶ．定方向進化では目的蛋白質の立体構造情報は必ずしも必要とはならない．一方で，数多く（数万から数百万以上）の様々な変異体から望む性質を獲得した変異体をスクリーニングするため，効率のよいスクリーニング方法が必要となる．酵素の活性増強など，蛋白質の機能向上が目的であれば，定方向進化は極めて強力な手法である．

ランダム変異導入にはepPCRなどが利用されるが，部位特異的変異とランダム変異の中間的な変異導入法もある．これは，変異導入箇所は指定するが，その変異内容を指定せずに変異導入するものである．例えば，酵素の基質特異性を改変する場合に，基質結合に関与するアミノ酸残基を数カ所選び，20アミノ酸全てに置換されるように変異を導入する（置換されないという選択肢も残す）．これはオーバーラッピングPCRにおいて変異導入プライマーの対応箇所を“NNS”（NはA，G，CおよびTの混合，SはGとCの混合）となるように設計すればよい．このようにして得られる変異遺伝子は選択したコドンのみが様々に置換された混合物となる．アミノ酸3残基を選び，それぞれNNSコドンで20種のアミノ酸に置換されるように変異を導入したとすると，その組み合わせは蛋白質レベルで$20^3=8000$通り，DNAレベルでは$(4\times4\times2)^3=32768$通りとなる．この手法はコンビナトリアル（組み合わせ）変異導入（combinatiorial mutagenesis）とも呼ばれるが，完全なランダム変異導入でライブラリーを作成する場合と異なり，スクリーニング対象となる変異体数を減少させることができるというメリットがある．

多数の変異体集団からなるライブラリーから望む変異体をスクリーニングする際，どの位の数の変異体を調べればよいだろうか？　$V$通りの組み合わせ変異をもつDNA集団を調製し，プラスミドベクターに連結後，大腸菌に導入して$L$個のコロニーを含むライブラリーを得たとする．この$L$個のコロニーの中に，一種類の変異体$v_i$が平均的には$\lambda=L/V$個含まれるはずである．では，1000通り（$V=1000$）の組み合わせ変異を持つライブラリーを作成して2000個（$L=2000$）のコロニーを得た場合，1000種類全ての変異体が2個（$\lambda=L/V=2$）ずつ含まれるかというと，実際にはそうはならない．このライブラリー中に変異体$v_i$が$x$個含まれる確率$P(x)$はポアソン分布（poisson distribution）に従い次式で表される†．

$$P(x)=\frac{\lambda^x e^{-\lambda}}{x!} \tag{1}$$

$v_i$が1個以上含まれる確率は，1個も含まれない確率$P(0)$の余事象の確率であるから，

† W. M. Patrick, A. E. Firth and J. M. Blackburn: *Protein Eng.*, **16**, 451-457 (2003).

$$1-P(0)=1-e^{-\lambda}=1-e^{-\frac{L}{V}} \tag{2}$$

含まれる変異体の種類数の期待値 $C$ は,

$$C=V\left(1-e^{-\frac{L}{V}}\right) \tag{3}$$

式(3) は可能な全組み合わせ（$V$種類）のうち，$C$種類の変異体が $L$ 個のコロニーの中に1個以上含まれることを示している.

また，ライブラリーのカバー率 $F$（$0<F<1$）は,

$$F=\frac{C}{V}=1-e^{-\frac{L}{V}} \tag{4}$$

式(4) は全種類の変異体のうちの，割合 $F$ だけ含まれることを示している.

(4)式を変形して,

$$\frac{L}{V}=-ln(1-F) \tag{5}$$

式(5) の左辺 $L/V(=\lambda)$ をオーバーサンプリングファクター（over sampling factor）と呼ぶことがある．これは作成したライブラリーが，可能な組み合わせ数の何倍の数のコロニーを含んでいるかという値である．例えば，全組み合わせの99% をカバーする（$F=0.99$）ライブラリーを作成するためには，$L/V=-ln(1-0.99)=4.6$となり，組み合わせ数の4.6倍のコロニーを得る必要がある．前述の $L/V=2$の場合では，$F=0.864$となり，全組み合わせの86.4% の種類しかカバーされない.

# 5.3 蛋白質工学で何が出来るか？

ここまで述べたように，蛋白質工学の基本操作は１）変異DNA（集団）の作成，２）変異蛋白質（集団）の作成，３）機能評価である．では実際に蛋白質工学で何ができるだろうか？　ここでは酵素の高機能化を例に，現在まで行われてきた実例を述べる．

## 5.3.1 熱安定性

酵素の熱安定性（thermostability）の向上は，蛋白質工学の初期から試みられてきたが，現在でも酵素の産業利用という観点から極めて重要なテーマである．初期の研究の一例としてジスルフィド結合の導入によるT4リソザイムの耐熱化を示す（図5.8）．ジスルフィド結合の増加に従って高温での安定性が増加することがわかる．他にも，耐熱化の戦略として，アミノ酸残基間の各種相互作用（イオン結合，水素結合，疎水結合）の増加や，構造中の不安定部位の置換や削除などが有効である．

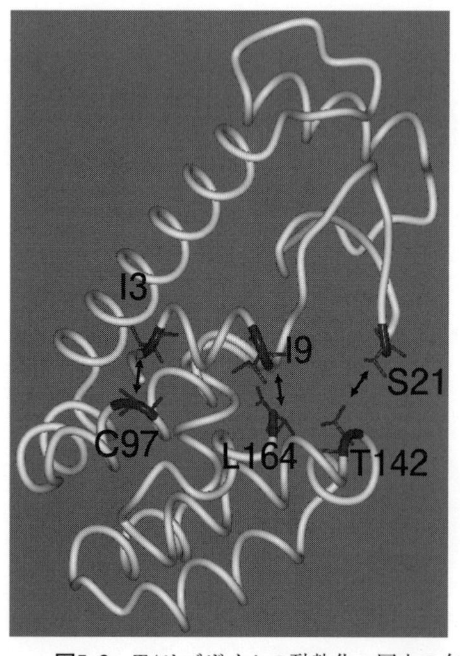


| 変異体 | SS結合の数 | Tm (℃) |
|---|---|---|
| 野生型 | 0 | 41.9 |
| I9C-L164C | 1 | 48.3 |
| S21C-T142C | 1 | 52.9 |
| I3C-C9/I9C-L164C | 2 | 57.6 |
| I9C-L164C/S21C-T142C | 2 | 58.9 |
| I3C-C97/I9C-L164C/S21C-T142C | 3 | 65.5 |

**図5.8** T4リゾザイムの耐熱化．図中の矢印はSS結合で架橋するアミノ酸残基のペアを示す．
M. Matsumura, G. Signor, and B. W. Matthews: *Nature*, **342**, 291-293 (1989).

### 5.3.2　アルカリ安定性

洗剤に配合される加水分解酵素類や製紙工業においてパルプ漂白の補助剤として用いられるキシラナーゼは耐アルカリ性が求められる．このような背景のもと，蛋白質工学的にアルカリ耐性を付与することが試みられた[†]．

### 5.3.3　酸化安定性

洗剤用酵素やパルプ漂白用酵素は，過酸化水素や漂白剤存在下で使用されるため，酸化剤によって酵素自身が酸化されることで構造が変化して失活する可能性がある．そこで，酸化され易いアミノ酸残基を酸化されないものに置換して安定化を試みた例がある．パルプ漂白に利用できるマンガンペルオキシダーゼの基質結合部位周辺のメチオニン残基やアスパラギン残基を置換することで酸化剤に対する安定性を高めた酵素が得られた[††]．

### 5.3.4　有機溶媒中の活性

酵素の基質は常に水溶性であるとは限らない．水には不溶でも有機溶媒には可溶な基質を酵素処理する場合，有機溶媒と水の混合系を用いる場合がある．また，リパーゼやプロテアーゼ等の加水分解酵素の逆反応を利用してエステルやアミドを合成することができるが，その場合，反応は有機溶媒中で行われる（第３章トピック3.2，p.105参照）．一方，酵素は有機溶媒との接触により活性が低下したり，失活したりすることがある．そこで，蛋白質工学的に改変して有機溶媒中での活性を増強する試みがなされた[†††]．

### 5.3.5　低温活性

酵素の耐熱化は高温での反応を可能にするが，一方で，低温でも十分な活性を持つことは応用的に重要である．例えば，食品加工においてはその風味を損ねないよう低温での酵素処理が求められる場合がある．また，洗剤用酵素は水道水の温度でも十分に機能する必要がある．常温型プロテアーゼを蛋白質工学的に改変して低温適合（cold-adaptation）に成功した例がある[††††]．

† D. E. Stephens, S. Singh and K. Permaul: *FEMS Microbiol. Lett.*, **293**, 42–47 (2009).

†† C. Miyazaki and H. Takahashi: *FEBS Lett.*, **509**, 111–114, (2001). C. Miyazaki-Imamura, K. Oohira, R. Kitagawa, H. Nakano, T. Yamane and H. Takahashi: *Protein Eng.* **16**, 423–428 (2003).

††† K. Chen and F. H. Arnold: *Biotechnol.*, **9**, 1073–1077 (1991).

†††† S. Taguchi, A. Ozaki and H. Momose: *Appl. Environ. Microbiol.*, **64**, 492–495 (1998).

## 5.3.6 基質特異性を高める

診断用酵素：酵素による臨床診断では，血液サンプルなどに含まれる対象化合物を特異的に変換して検出可能な化合物に導く必要がある．従って，対象化合物に対する高い基質特異性が要求される．例として，フルクトシルアミノ酸オキシダーゼ（FOD）の改変を挙げる．FOD はヘモグロビン A1c（HbA1c，糖尿病のマーカー物質）の酵素定量に利用できる．糸状菌 *Ulocladium sp.* の FOD は HbA1c に由来するフルクトシルバリン（FV）以外に糖化アルブミン等に由来するフルクトシルリジン（FK）にも作用する．そこで FOD を改変して FV に対する特異性を高める試みがなされた（図5.9）．

速度論的分割：酵素によるラセミ化合物の速度論的光学分割（kinetic resolution）とは，酵素がラセミ化合物の片方のエナンチオマーにのみ作用し，他方に作用しないことを利用して光学活性な化合物を調製する方法である．使用する酵素には高いエナンチオ選択性が要求される．図5.10にエポキシドヒドロラーゼ（EH）の特異性を段階的に高めた例を示す．この例では EH の活性部位近傍へのセミラショナル変異とスクリーニングを段階的に繰り返すことで，特異性定数 $E$ を4.6から100以上に高めた[†]．

FOD
検出
フルクトシルバリン（FV，HbA1c に由来）

FOD
検出
$N^{\varepsilon}$-フルクトシル-$N^{\alpha}$-$Z$-リジン
（FZK, 糖化アルブミン由来成分 FK のモデル化合物）
Z：ベンジルオキシカルボニル基

| 酵素 | FV に対する活性 | | | FZK に対する活性 | | | 両基質に対する $k_{cat}/K_m$ の比 |
|---|---|---|---|---|---|---|---|
| | $K_m$ (mM) | $k_{cat}$ ($s^{-1}$) | $k_{cat}/K_m$ ($s^{-1}$ $mM^{-1}$) | $K_m$ (mM) | $k_{cat}$ ($s^{-1}$) | $k_{cat}/K_m$ ($s^{-1}$ $mM^{-1}$) | |
| 野生型 | 1.01 | 69.8 | 68.9 | 3.63 | 27.5 | 7.58 | 9.09 |
| R94W | 0.761 | 18.4 | 24.1 | 13.4 | 2.48 | 0.185 | 131 |
| R94F | 1.32 | 31.9 | 24.1 | 29.0 | 6.60 | 0.228 | 106 |
| R94K | 2.33 | 57.7 | 24.7 | 7.20 | 8.54 | 1.19 | 20.8 |

**図5.9** フルクトシルアミノ酸オキシダーゼの基質特異性の厳密化
M. Fujiwara, J. Sumitani, S. Koga, I. Yoshioka, T. Kouzuma, S. Imamura, T. Kawaguchi, and M. Arai: *J. Biosci. Bioeng.*, **102**, 241-243 (2006).

† 実用的な光学分割には最低でも $E>20$，よりのぞましくは $E>100$ が必要と言われている．

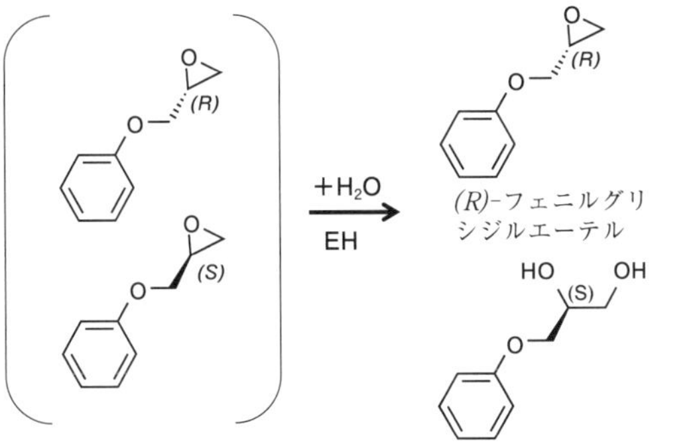

$+H_2O$
EH

(R)-フェニルグリシジルエーテル

rac-フェニルグリシジルエーテル　(S)-フェニルグリセロール

| 酵素 | E値* |
|---|---|
| 野生型 | 4.6 |
| L215F/A217N/R219S | 14 |
| L215F/A217N/R219S/M329P/L330Y | 21 |
| L215F/A217N/R219S/M329P/L330Y/C350V | 24 |
| L215F/A217N/R219S/M329P/L330Y/C350V/L249Y | 35 |
| L215F/A217N/R219S/M329P/L330Y/C350V/L249Y/T317W/T318V | >100 |

*両エナンチオマーに対する $k_{cat}/K_M$ の比．この値が大きいほど選択性が優れている．この例では *(S)* 体選択的．

**図5.10**　エポキシドヒドロラーゼのエナンチオ選択性の向上
M. T. Reetz, L. W. Wang, and M. Bocola: *Angew. Chem. Int. Ed.*, **45**, 1236-1241 (2006).

## 5.3.7 基質特異性を緩める

酵素の基質特異性を低下させ，作用できる基質を増やすという試みもある．ある反応を触媒する酵素に対して，類似の反応を別の基質にも適用したい場合である．ホスホリパーゼ D の蛋白質工学では，その基質結合部位を蛋白質工学的に広げることで，よりサイズの大きなイノシトールが基質になるように改変された酵素が開発された．(図5.11)．基質結合部位の 3 つのアミノ酸にランダム変異を導入したライブラリーをスクリーニングすることで達成された．

## 5.3.8 立体選択性の反転

速度論的光学分割においてリパーゼは汎用されるが，*S* 体選択性のリパーゼを *R* 体選択性に逆転させた例がある（図5.12）．野生型リパーゼの基質結合部位は *S* 体基質を結合しやすい構造をしているが，これをセミラショナル変異導入とスクリーニングにより *R* 体基質がフィットするように改変することで達成された．このスクリーニングには無細胞蛋白質合成が用いられた．一方，アリールマロン酸脱炭酸酵素のプロキラル[†]な基質に対

† この酵素の基質は二つのカルボキシル基を持つので光学不活性であるが，酵素反応でどちらか一つのカルボキシル基が脱炭酸されるとキラリティが生じる．このような化学構造をプロキラルな構造という．

(R, R′：アシル基)

ホスファチジルコリン　　イノシトール　　コリン　　改変型ホスホリパーゼ D　　ホスファチジルイノシトール

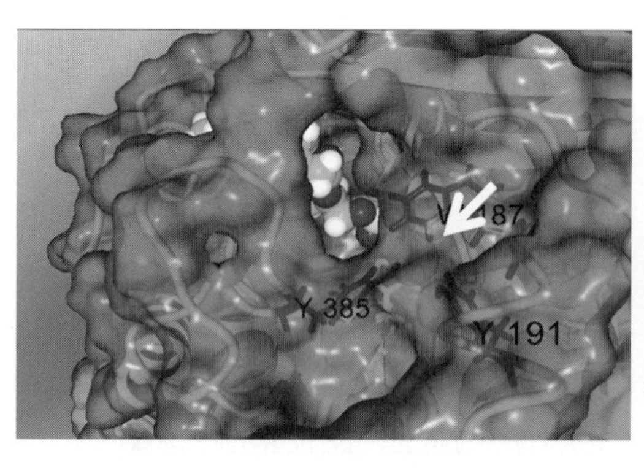


野生型酵素

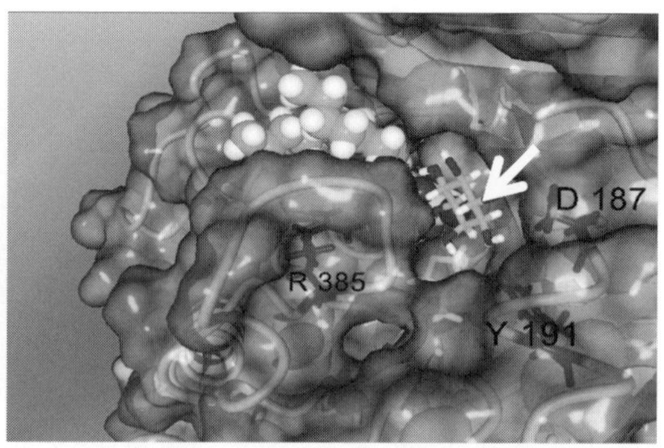


改変型酵素

**図5.11**　ホスホリパーゼ D の基質特異性の緩和

改変型酵素には嵩高いイノシトールを受け入れるスペース（矢印）が形成されている.

A. Masayama, T. Takahashi, K. Tsukada, S. Nishikawa, R. Takahashi, M. Adachi, K. Koga, A. Suzuki, T. Yamane, H. Nakano, and Y. Iwasaki: *ChemBioChem*, **9**, 974–981 (2008).

*(rac)-p*-ニトロフェニル-3-フェニル酪酸　　$H_2O$　野生型リパーゼ　　$H_2O$　改変型リパーゼ

| 酵素 | 比活性(units/mg) | E 値 |
|---|---|---|
| 野生型 | 60.2±3.1 | 33±1 (*S* 体選択的) |
| 改変型 | 90.6±2.9 | 38±2 (*R* 体選択的) |

**図5.12**　リパーゼのエナンチオ選択性の反転

Y. Koga, K. Kato, H. Nakano and T. Yamane: *J. Mol. Biol.*, **331**, 585–592 (2003).

野生型酵素　$CO_2$　(R)-ナプロキセン

2-メチル-2-(6-メトキシナフチル)マロン酸
(プロキラル化合物)

改変型酵素　$CO_2$　(S)-ナプロキセン
(医薬品として有効)

| 酵素 | 比活性(units/mg) | *ee*(%) |
|---|---|---|
| 野生型 | 66 | >99 *(R)* |
| 改変型（G74C/M159L/C188G) | 5.1 | >99 *(S)* |

**図5.13**　アリールマロン酸脱炭酸酵素の立体選択性の反転
Y. Miyauchi, R. Kourist, D Uemuraand K. Miyamoto: *Chem. Commun.*, **47**, 7503-7505 (2011).

する立体選択性を反転させた例（図5.13）では，基質の結合様式は変更せず，触媒残基を基質の裏側へ配置するという戦略により達成された.

### 5.3.9　補酵素要求性の改変

NADPHやNADHはさまざまな脱水素酵素の補酵素（厳密には補基質）として働く.アスコルビン酸の製造に利用可能な2,5-ケトグルコン酸レダクターゼ（KGR）はNADPH要求性でありNADHに対する親和性は低い．NADPHはNADHより高価で安定性にも劣るため，工業的にはNADH型の酵素の方が適している．そこでKGRを改変し，NADH存在下での活性を高めた改変酵素が開発された（図5.14).

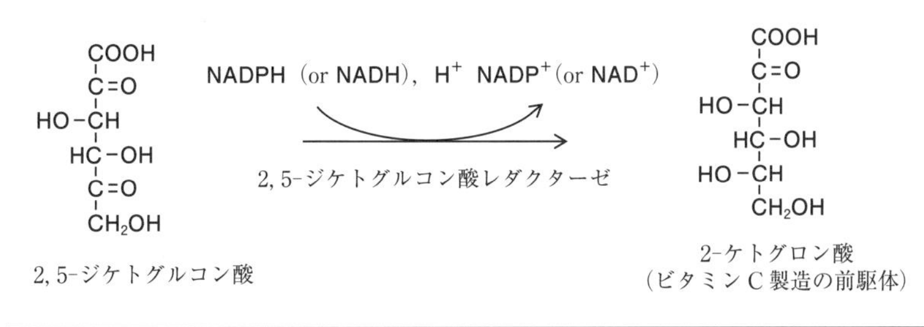


| 酵素 | NADPH使用時の活性 $k_1k_3/k_2$ ($min^{-1}mM^{-2}$) | NADH使用時の活性 $k_1k_3/k_2$ ($min^{-1}mM^{-2}$) |
|---|---|---|
| 野生型 | 24000 | 0.42 |
| 改変型（F22Y/K232G/R238H/A272G) | 4900 | 47 |

**図5.14**　2,5-ケトグルコン酸レダクターゼの補酵素要求性の改変
S. Banta, B. A. Swanson, S. Wu, A. Jarnagin, and S. Anderson: *Biochemistry*, **41**, 6226-6236 (2002).

**〈トピック5.1〉 酵素の *de novo* design**

欲しい酵素を最初から設計して作れないだろうか？ これを酵素の *de novo design* とよび，蛋白質工学の究極の目標である．米国の D. Baker らのグループは計算化学を駆使してこれを達成した．ターゲットは分子間ディールズ-アルダー（DA）反応を触媒する酵素（DAase）で，天然には発見されていない．彼らは，反応機構に基づいて必要な触媒残基の空間的な配置や基質結合ポケットの構造等を計算して DAase の“活性部位”を設計した．次に活性部位の部品を“取り付ける”ための足場蛋白質を，既存の構造データベースから探し出した．最後に，足場蛋白質に活性部位を取り付けた蛋白質を調製して調べると，見事に触媒活性を示したのである．足場蛋白質は DA 反応とは無関係な蛋白質であった．この DAase の活性は低いが（$k_{cat}=2.13h^{-1}$），天然に存在しない酵素を計算により創出した偉業である．酵素を自由に設計して利用できる時代が来るのも遠くはないかもしれない．J. Siegel *et al*: *Science* **329**, 309–313 (2010).

# 5.4 第5章の参考書と総説

1）松澤　洋（編）：応用生命科学シリーズ6　タンパク質工学の基礎，東京化学同人，(2004).

2）S. Lutz, and U. T. Bornscheuer (eds.): *Protein Engineering Handbook*, **Vol.1 & 2**, Wiley-VCH, (2009).

3）老川典夫，大島敏久，保川　清，三原久明，宮原郁子（共著），エッセンシャル　タンパク質工学，講談社 (2018).

4）Huimin Zhao (Ed.), Protein Engineering: Tools and Applications, Wiley (2021).

5）Tuck Seng Wong & Kang Lan Tee, A Practical Guide to Protein Engineering, Springer (2020).

6）Lilia Alberghina (Ed.), Protein Engineering in Industrial Biotechnology, CRC Press (2019).

第 6 章

# 代謝工学と合成生物学

中野秀雄

# 6.1 代謝工学・合成生物学とは

代謝工学（metabolic engineering）という学問が盛んになったのは1990年代である．最初にこの専門用語を発表したのは，California Institute of Technology の Bailey[†]と Massachusetts Institute of Technology の Stephanopoulos & Vallino[††]である．Bailey によれば，代謝工学とは，組換え DNA 技術を用いて，細胞の酵素群，輸送系および調節機能系を操作して細胞活性を改良することである．一方，Stephanopoulos らは，代謝反応ネットワークの反応速度分布において，代謝分岐点（branch point）の頑健さ（rigidity）を強調し，どの分岐点を改良すればよいのかに対して示唆を与えた．

本章では，Bailey の定義に準じて，バイオによる物作りの観点から，代謝工学は，「遺伝子工学的手法を用いて，目的代謝産物（多くの場合，低分子の有機化合物）の収量や収率や生産性の向上や細胞の性質の改良を目指した，ａ）既存の代謝経路の定量的解析・改変およびｂ）異種遺伝子（群）の移入による新奇な代謝経路の創成に関する学問」と定義する．ａ）とｂ）を組み合わせることも多い．

ここで強調されるべきは，遺伝子工学的手法を用いる点であり，この工学が生まれる前に用いられていた生物細胞に紫外線や X 線を照射したり，ニトロソグアニジンなどの変異誘起剤で処理することによって変異株を取得し（ランダム変異），その中から優秀株を探索するという伝統的手法（現在でも有効であり，しばしば行われているが）とは異なる点である．1960年代に日本で生まれ当時としては世界で最も進んでいた「代謝制御発酵」では，主としてこの伝統的手法によって数々のアミノ酸や核酸などの工業的生産を実現した．しかし，遺伝子工学的手法の発達した1990年以降では，より合理的かつ理論的に目的を達することが可能となった．

代謝工学の標的物質は主として一連の代謝経路を経て合成される低分子の有機化合物である．これらの化合物は培地成分から一連の代謝経路を経て生成するので，しばしば「川の流れ」に例えられる．そこで，代謝工学をわかりやすく説明すると，代謝の川の流れを，太くしたり，細くしたり，止めたり，新しい川の流れを加えたり，することであると言えよう．さらに，酵素反応レベルの制御（フィードバック阻害など）や遺伝子の発現制御（誘導や抑制など），情報伝達，細胞輸送なども代謝工学の領域に入る．また遺伝子工学の

† James E. Bailey, “Toward a Science of Metabolic Engineering”, *Science*, **252**, 1668 (1991).
†† Gregory Stephanopoulos and Joseph J. Vallino, “Network Rigidity and Metabolic Engineering in Metabolite Overproduction”, *Science*, **252**, 1675 (1991).

利用により，その宿主菌が本来は持っていない複数の異種遺伝子を移入することによって，新奇な代謝の流れを加えることできるようになった．また，代謝の流れをねらい打ち的に特定の点で止めるには，遺伝子破壊（gene destruction, knockout ともいう）による．これは6.4節で解説するゲノム編集技術により容易になった．

さらに次節で述べるように，代謝工学は，生きた細胞中の代謝フラックス（流束（後述））を定量的に明らかにしてくれる．代謝の分岐点において，それぞれの支流にどの程度流れているかがわかる．生化学のテキストやいわゆる代謝マップ（metabolic map）を見ると代謝経路の複雑さに驚かされるが，代謝マップだけでは代謝分岐点での中間代謝物（代謝中間体）の相対的フラックスについては何も教えてくれない．

代謝工学の「b）異種遺伝子群の移入による新奇な代謝経路の創成」をさらに推し進め発展しようとしているのが合成生物学（synthetic biology）である．合成生物学は，生物学の幅広い研究領域を統合して生命をより全体論的に理解しようとする基礎的学問であったが，基礎的生命科学と工学の融合が進むにつれ，目的物質の生産性を高めたり生物が今まで生産できないと考えられてきた物質を生産できるように，新しい生命機能あるいは生命システムをデザインして組み立てる学問分野も含むようになった．

### 合成生物学の展望

合成生物学とは，上述のように元々は生物を深く理解するために，解析的な手法だけではなく，合成的な手法，すなわち「設計」の概念を導入し，生命現象のコンピューターシミュレーションと遺伝子合成技術の融合させたものである．それが近年になって，医薬品を作り出す技術としても注目を浴びてきている．たとえるならば，微生物をマイクロスケールの化学プラントとして用いるということである．その概念図を図6.1に示す．現在のエネルギーや化学物質というものは，その多くが石油，石炭，天然ガスといった，化石燃料を原材料として，様々な化学反応を組み合わせることで，燃料，プラスチック，さらには一部の医薬品などを製造している．これらの連続的化学反応を効率よく行わせること

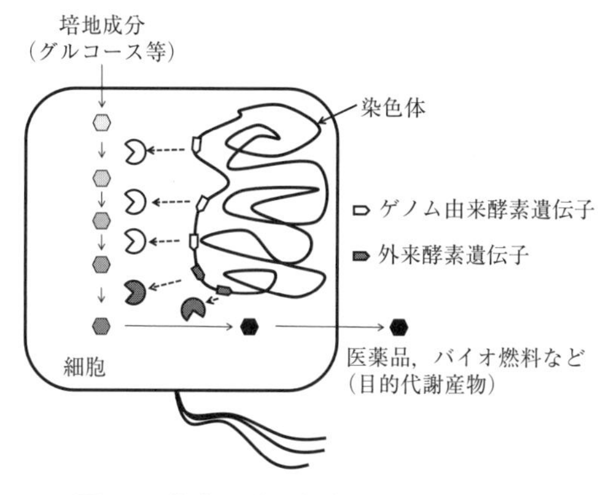


**図6.1**　代謝工学・合成生物学の概念図

ができるように，化学プラントがつくられており，それは多くの場合巨大なものである．その設計と製造のため化学工学という学問分野が20世紀以降発展し，我々はそれらから多くの恩恵を受けている．

この連続的化学反応を，「酵素群」を触媒として生物の中で，特にマイクロスケールの微生物の中で行わせるのが，合成生物といえる．

さらに，生命をより全体的理論的に理解したり，生命のパーツを組み合わせて生命現象を再現しようとするこの「合成生物学」において，新しい生命機能やシステムをデザインして組み立てて新たな価値を生み出す工学的な分野を意識的に切り出して，神戸大学の近藤昭彦教授は，「合成生物工学（synthetic bioengineering）」を提唱している．[†]メタボロームム（後述）やトランスクリトームなどのゲノムデータベースの整備の飛躍的な進展と，コンピュータによる情報工学の飛躍的な発展を結合した新分野である．

† A. Kondo *et al.*, “Development of microbial cell factories for biorefinery through synthetic bioengineering”, *J. Biotechnol.*, **163**, 204-216 (2013).

# 6.2 代謝フラックス解析

代謝経路を定量的に記述する方法にはいくつかのアプローチがあるが，代謝反応ネットワークの反応速度について，それを構成する個々の酵素反応の速度論には立ち入らず，擬定常状態を仮定して化学量論式と比速度（濃度ではないことに注意）の収支の概念のみを適用して中間代謝物のフラックスを求める手法が最も簡単である．擬定常状態（濃度が時間的に変化しない状態）という仮定は長時間の時間スケールでは必ずしも成立しないかも知れないが，一般に，中間代謝物の回転（turnover）は速く，環境変化という外乱があっても代謝系全体は速やかに適応し短時間で考える限りは擬定常状態にあると考えてよい．

この手法によって代謝経路の流れの分布を解析するアプローチを代謝フラックス解析（metabolic flux analysis, MFA）という．

代謝フラックス（metabolic flux）は代謝工学の核となる重要な基礎概念である．ここでいうフラックス（流束，flux）とは化学工学や輸送現象論で用いられる流束の概念（付録1.3.2参照）とは異なり，中間代謝物（intermediate）の比生成速度［mole・(gDCW・h)$^{-1}$］である．したがって，2.3節で述べた比速度（specific rate）と同義であり，本章ではｉなる中間代謝物のフラックスを $q_i$ とし，それらを全部まとめたベクトルを $\boldsymbol{q}$ とする．

いま，簡単な場合について図6.2を用いて説明しよう．

図6.2(a1) において，中間代謝産物Ｂのへ時間的変化（蓄積速度）d[B]/dt は

$$d[B]/dt = q_1 - q_2 \qquad (6.1a)$$

である．ただし，$q_1$と$-q_2$とは，それぞれＡからＢの生成速度とＢの（Ｃへの）消滅速度である（従って，Ａの消滅速度は$-q_1$，Ｃの生成速度は$+q_2$，である）．擬定常状態で

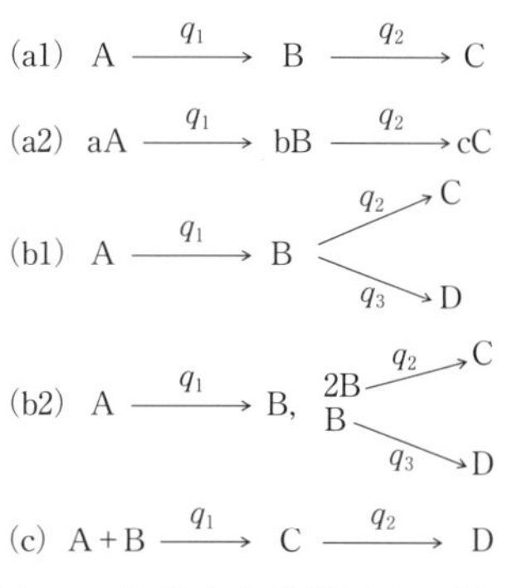

(a1)　$A \xrightarrow{q_1} B \xrightarrow{q_2} C$

(a2)　$aA \xrightarrow{q_1} bB \xrightarrow{q_2} cC$

(b1)　$A \xrightarrow{q_1} B$，$B \xrightarrow{q_2} C$，$B \xrightarrow{q_3} D$

(b2)　$A \xrightarrow{q_1} B$，$2B \xrightarrow{q_2} C$，$B \xrightarrow{q_3} D$

(c)　$A + B \xrightarrow{q_1} C \xrightarrow{q_2} D$

図6.2　簡単な生化学反応の例

は，d[B]/dt＝0，であるから，(6.1)式は $q_1-q_2=0$，すなわち，

$$q_1-q_2=0 \tag{6.1b}$$

図6.2(a2) の場合は，B の生成速度＝$q_1$，B の消滅速度＝$-(b/c)q_2$となり，

$$q_1-(b/c)q_2=0 \tag{6.1c}$$

ちなみに，この場合，A の消滅速度＝$-(a/b)q_1$，C の生成速度＝$q_2$である．

次に，図6.2(b1) のように分岐がある場合を考えよう．この場合は，中間代謝産物 B の時間的変化（蓄積速度）d[B]/dt は，d[B]/dt＝$q_1-q_2-q_3$，であるから擬定常状態では，

$$q_1-q_2-q_3=0 \tag{6.2}$$

この場合も，生成速度を＋（正），消滅速度－（負）とする．

また，図6.2(b2) のような場合，$q_2$＝C の生成速度とすると，これに対応する B の消滅速度＝$-2q_2$であり，擬定常状態に於ける B に関しての反応速度の収支式は，

$$q_1-2q_2-q_3=0 \tag{6.3}$$

図6.2(c) の様な場合は，C について，(6.1b)式が成り立つ．そして，A，B の消滅速度は共に，$-q_1$である．

さらに，図6.3に示したような簡単な仮想的代謝ネットワークについて考えよう．含まれる生化学反応は，

(1)　S → A：A の生成速度＝$q_1$

(2)　A＋NAD(P)H＋H$^+$ → P＋NAD(P)$^+$: P の生成速度＝$q_2$

(3)　A → B：B の生成速度＝$q_3$

(4)　B＋NAD(P)$^+$ → C＋NAD(P)H＋H$^+$: C の生成速度＝$q_4$

(5)　B → D：D の生成速度＝$q_5$

である．

$q_1$～$q_5$の間には，擬定常状態では

A に関して，$q_1-q_2-q_3=0$　(6.4a)

B に関して，$q_3-q_4-q_5=0$　(6.4b)

NAD(P)H に関して，$-q_2+q_4=0$　(6.4c)

の 3 つの反応速度の収支式が成立する．

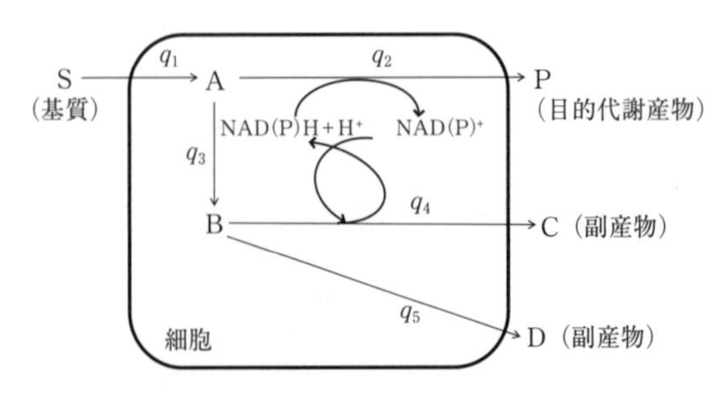


**図6.3**　簡単な代謝ネットワーク
（清水浩編，バイオプロセスシステムズエンジニアリング（シーエムシー出版）(2002)，第 6 章「代謝工学」より引用，一部改変）

式(6.4a)～(6.4c)をマトリックス（行列）で表すと，

$$\begin{bmatrix} 1 & -1 & -1 & 0 & 0 \\ 0 & 0 & 1 & -1 & -1 \\ 0 & -1 & 0 & 1 & 0 \end{bmatrix} \begin{bmatrix} q_1 \\ q_2 \\ q_3 \\ q_4 \\ q_5 \end{bmatrix} = \begin{bmatrix} 0 \\ 0 \\ 0 \\ 0 \\ 0 \end{bmatrix} \tag{6.5a}$$

(6.5a)式の左辺は，（3行5列のマトリックス）×（5行1列のマトリックス）となっている．行数3は数式の数であり列数5は比反応速度の数（＝未知数の数）である．また，考えている（中間）代謝産物が菌体外へ分泌し培養液中に蓄積する場合は菌体内から出ていくと考えて，$-q_p$を追加する．逆に菌体内へ入ってくる物質（栄養源類）に対しては$+q_s$を追加する．

こうすると，(6.4a)～(6.4c)式に，2つの式，$q_s=q_1$，$q_p=-q_2$，が加わり，

$$\begin{bmatrix} 1 & -1 & -1 & 0 & 0 \\ 0 & 0 & 1 & -1 & -1 \\ 0 & -1 & 0 & 1 & 0 \\ 1 & 0 & 0 & 0 & 0 \\ 0 & -1 & 0 & 0 & 0 \end{bmatrix} \begin{bmatrix} q_1 \\ q_2 \\ q_3 \\ q_4 \\ q_5 \end{bmatrix} = \begin{bmatrix} 0 \\ 0 \\ 0 \\ q_s \\ q_p \end{bmatrix} \tag{6.5b}$$

(6.4a)～(6.4c)式やこれらに2つの式を加えたような比速度の収支式を一般化すると，

$$\left.\begin{aligned} a_{11}q_1 + a_{12}q_2 + \cdots + a_{1n}q_n &= q_{sp1} \\ a_{21}q_1 + a_{22}q_2 + \cdots + a_{2n}q_n &= q_{sp2} \\ \cdots\ \cdots\ \cdots\ \cdots\ \cdots\ \cdots\ \cdots\ \cdots &= \cdots \\ a_{m1}q_1 + a_{m2}q_2 + \cdots + a_{mn}q_n &= b_{spm} \end{aligned}\right\} \tag{6.6a}$$

(6.6a)式をマトリックスで表すと，

$$\begin{bmatrix} a_{11} & a_{12} & \cdots & \cdots & a_{1n} \\ a_{21} & a_{22} & \cdots & \cdots & a_{2n} \\ \vdots & \vdots & & \vdots & \vdots \\ a_{m1} & a_{m2} & \cdots & \cdots & a_{mn} \end{bmatrix} \begin{bmatrix} q_1 \\ q_2 \\ \vdots \\ q_n \end{bmatrix} = \begin{bmatrix} q_{sp1} \\ q_{sp2} \\ \vdots \\ q_{spm} \end{bmatrix} \tag{6.6b}$$

(6.6b)式をベクトル表示すると，

$$\boldsymbol{Aq} = \boldsymbol{q}_{sp} \tag{6.6c}$$

ここで，$\boldsymbol{A}$を代謝量論係数マトリックス（metabolic stoichiometry coefficient matrix）といい，$\boldsymbol{q}$を代謝フラックスマトリックス（metabolic flux matrix）という．$\boldsymbol{q}_{sp}$の成分は，細胞に入らなかったり細胞から出ていかない代謝中間体類に関してはゼロであり，細胞に入る基質類や細胞から出ていく代謝産物類（目的代謝産物および副産物）などに関してはゼロでない値（それぞれ比消費速度と比生成速度）である．

(6.6c)式において，$\boldsymbol{A}$の行は$m$個の一次方程式の係数に対応しており，列は$n$個の比反応速度（変数，未知数）に対応している．$q$としては，菌体$x$やNAD，NADPやATP，ADP，AMPなどの補基質も考慮する．また，$q_s$としては，実測できれば呼吸速度$q_{o2}$も考慮し，$q_p$としては，比増殖速度$\mu$や実測できれば比炭酸ガス発生速度$q_{co2}$も考慮する．なお，マトリックスについては付録2.3を参照のこと．どんな複雑な代謝ネットワークに対しても（6.6a)式～(6.6c)式で表される．一般的に表した（6.6c)式がMFAの基礎式である．

(6.6a)式～(6.6c)式は$q$を未知の変数とする連立1次方程式である．したがって，連立1次方程式の数学（線形代数）がそのまま適用される（付録2.3参照）．

代謝フラックス（未知数）の数を$J$，それらを含む1次方程式の数を$K$，観測できる代謝フラックスの数を$M$，とすると，この系の持つ自由度$F$は，

$$F=J-K-M \tag{6.7}$$

そして，

(1)もし$F=0$であれば，(6.6c)式は一意的に解ける（determined），

(2)もし$F<0$であれば，系はover-determinedであり，系は冗長（redundant）な情報を持っていることになり，過剰な式は代謝フラックス測定の精度や擬定常状態という仮定の有効性や未知代謝フラックスのより正確な値の計算などに使える．$|F|$=冗長度（redundancy number）という．

(3)もし$F>0$であれば，解は求まらない（under-determined）．この場合は，さらに束縛条件を探すか，線型計画法のような最適化法を適用して決めねばならない．一般に$F>0$であり，いくつかの$q$は実測されねばならない．たとえばグルコースからグルコース−6-燐酸へのフラックスはグルコースの比消費速度に等しく実測値となる．

$F=0$の場合，(6.6c)式を$M$個の$q$を含む可観測代謝マトリックスと残りの未知代謝マトリックスとに分けることができて，未知の$q$を解くことができる．

一例として示した図6.3についてこのことを考察してみよう．マトリックス（6.5a）では，$J=5$，$K=3$，$M=0$，であるから$F=2$，となり解は得られない．(6.4a)～(6.4c)式を連立1次方程式と考えたとき，未知数は5であるが式の数は3しかないから，数学的に見ても一意的な解は得られないことは直ぐに分かる．図6.3に観測出来る変数として基質の比消費速度$q_s$と目的代謝産物の比速度$q_p$をくわえて作成したマトリックスが（6.5b）式である．この場合は，$J=5$，$K=3$，$M=2$となり，$F=0$，となり，解が一意的に求まる．数学的に言えば，5つの未知数の内2つが既知となったので，未知数の数＝式の数（＝3）となったからである．もし，副産物（CまたはDのいずれか）の$q$が実測されれば，$F=-1<0$となり，系は冗長であり，その冗長度は1である．

以上がMFAの原理であるが，実際に計算するには，複雑な代謝マップから出発してどの代謝ネットワークを計算の対象とするか（代謝モデルの構築の問題），また代謝経路はどこまで簡略化できるか，可観測な比速度は対応する変数の濃度の時系列の差分から計算

されるのでいかにしてノイズを除去するか，など考慮すべき点が多くある.†

比較的初期の MFA の例として，図6.4にアミノ酸生産菌，*Corynebacterium glutamicum*，によるリジン生産の代謝反応モデルとその結果（グルコースの比消費速度を100とした各代謝フラックスの相対的 $q$ の値）を示す.

さらに，(6.6c)式に加えて，$^{13}$C や$^{14}$C でラベルしたある特定の栄養源あるいは中間代謝物を培養中に加えて，その後種々の中間代謝物中の$^{13}$C や$^{14}$C の分布を調べたり，それらの同位異性体（isotomer）を GC-MS と$^{13}$C-NMR で分析すれば，より精度の高い代謝フラックスが求まる．図6.5に，そのようにして求めた *C. glutamicum* によるリジン生成反応の MFA の結果を示す.

図6.4と図6.5は共に *C. glutamicum* によるリジン醱酵であり，両図とも数字はグルコース消費フラックス100モル当たりのそれぞれの代謝フラックスのモル数である．両図を注意深く比較すると代謝ネットワークの構築の違いや代謝フラックスの値の違いなど興味深い．特に注目したいのは，

(1) グルコースから解糖系路へ流れる川とともにペントースリン酸系路へ流れる川も相当

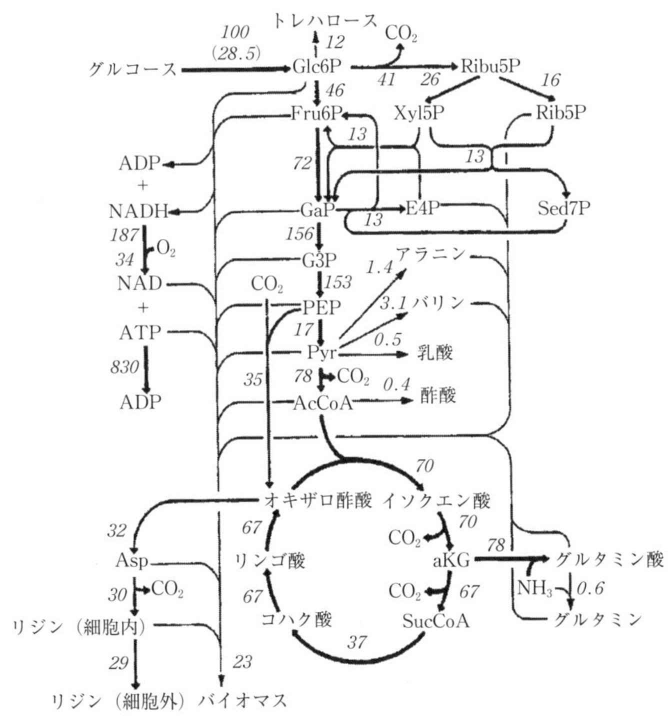


**図6.4** *Corynebacterium glutamicum* のリジン生産における代謝フラックス解析
(J. J. Vallinoand G. Stephanopoulos, *Biotechnol. Bioeng*., 41, 640 (1993).)
リジン醱酵で15.8h（後期第2phase）におけるフラックス分布マップ.
グルコース摂取速度（28.5 mmolL$^{-1}$h$^{-1}$）を100として基準化.

† 清水 浩，塩谷捨明：バイオプロセスの知的制御（山根恒夫，塩谷捨編著），第2章「代謝工学とプロセス制御」，共立出版㈱，(1997).

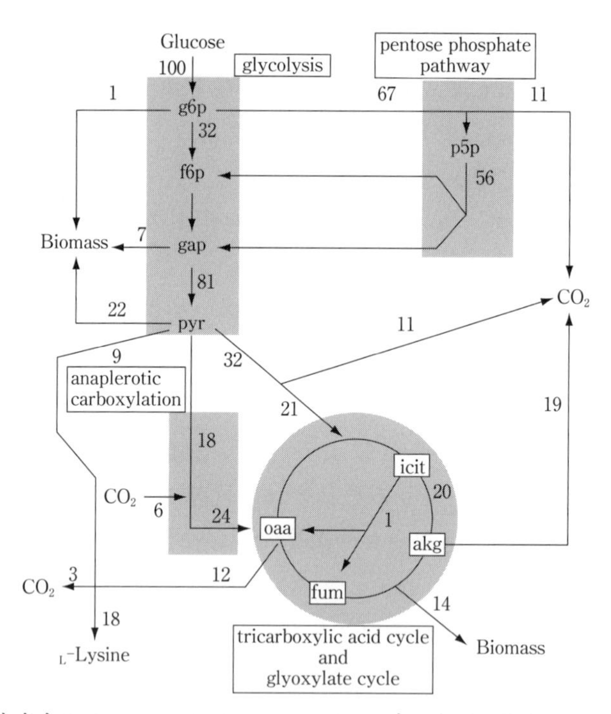


**図6.5**　L-リジンを生産する *Corynebacterium glutamicum* 内の主要な代謝のフラックス.
（A. Marx *et al.*, *Biotechnol. Bioeng.*, **56**, 177（1997））.
（数字はグルコース消費フラックス100モル当たりのそれぞれの代謝フラックスのモル数.）
g6p＝グルコース-6-リン酸，f6p＝フルクトース-6-リン酸，gap＝グリセロアルデヒド-3-リン酸，
pyr＝ピリビン酸，p5p＝ペントース-5-リン酸，Icit＝イソクエン酸，akg＝$\alpha$-ケトグルタール酸，
fum＝フマール酸，oaa＝オクサロ酢酸.

太いこと（図6.5ではペントースリン酸系路への川の方が遙かに太い）.

(2)　TCA サイクルを補充するアナプレロティック反応[††]が強く存在すること.

トレーサー実験を併用しているので，代謝フラックス分布については図6.5の方が図6.4よりは信頼性が高いであろう.

トレーサー実験を併用しないにしてもするにしても，MFA は擬定常状態を仮定した物質収支だけであり，酵素反応速度や酵素活性などはいっさい考慮されていないことに注意しておこう．しかし，擬定常状態を仮定して速度式の収支だけで，代謝系全体の流れが初めて定量化された意義は大きい.

† アナプレロティック反応（補充反応，anaplerotic reaction）は TCA 回路に連結している反応である．TCA 中間体の濃度は一定に保たれているが，多くの生合成反応も基質としてこれらの分子を使用するので，アナプレロシス（anaplerosis）は生合成に抜き取られた TCA 回路中間体を補充する作用がある．*C. glutamicum* によるグルタミン酸やリジン生産系では，このアナプレロテック反応として，次の２つの反応が日本では古くから注目されていた.

$$\text{Phospoenolpyruvate} + CO_2 \rightarrow \text{Oxaloacetate} \quad (1)$$

$$\text{Pyruvate} + CO_2 + \text{ATP} \rightarrow \text{Oxaloacetate} + \text{ADP} + \text{Pi} \quad (2)$$

両反応とも炭酸ガス固定反応（carboxylase 反応）であること，(2)式は ATP を消費することが特徴である．図6.4では (1)式，図6.5では (2)式のみが代謝ネットワークに組み込まれている，という違いがある．後ほどの遺伝子工学的研究で，(2)式が主たる bottleneck であることが明らかになっている（P. G. Peters-Wendisch *et al.*, *J. Mol. Microbiol Biotechnol.*, **3**, 295（2001）.

# 6.3 代謝制御解析

MFA それ自身は，代謝フラックスがどのように制御されているのかに対しては情報を与えてくれない．しかし，我々が知りたいのは，代謝フラックス（とくに代謝の分岐点での代謝フラックス）がどのようなパラメータによって制御されているかであり，これがわかれば代謝フラックスを合理的に改変するための情報となり得る．この点を定量的に議論するのが代謝制御解析（metabolic control analysis, MCA）である．

MCA は本質的には定常状態まわりの摂動理論（perturbation theory），あるいは感度解析（sensitivity analysis）である．感度解析とは，いくつかのパラメータが変動した時，結果にどの程度の影響を与えるかを調べる手法である．感度解析では，システムの構成要素をパラメータで変化させ，パラメータの変動に対する結果の変化を感度係数（sensitivity derivative）として算出する．一般化すると，システムにおけるどの部分の要因と結果に着目するかを決め，実際に要因の変化と結果の変化を計測して関係を調べたり，相関関係を明確にしたモデルで表現する．そして，感度係数を求めれば，どの要因を改善していけば，良い結果が得られるかを評価できる．すなわち，感度解析を発展させると，最も結果（評価関数）を高める要因（パラメータ）を求めることになる．

代謝工学の感度解析では，代謝ネットワークにおいて個々の酵素反応が代謝フラックスに与えるインパクトの大きさは代謝制御係数（flux control coefficient, FCC），で与えられる．FCC，$E_j^{qi}$，は次のように定義される．

$$E_j^{q_i} \equiv \frac{e_j}{q_i}\left(\frac{\partial q_i}{\partial e_j}\right) \tag{6.8}$$

ここで，$e_j$ は一連の代謝経路の内の $j$ 番目のステップの酵素活性（量）であり，$e_j$ が及ぼす $q_i$ の強さへの影響の程度を規格化（normalized）した係数である．$q_i$ を $e_j$ の関数と考えたとき，$E_j^{qi}$ は擬定常状態の点（$e_j$, $q_i$）における傾きを規格化した値である．

(6.8)式と同様に，酵素活性 $e$ の代わりに他のシステムパラメータについても感度係数を定義できる．すなわち，i 番目の反応 $q_i$（酵素反応速度と考えて良い）に及ぼす j 番目の代謝中間体の濃度 $C_j$ のインパクトの大きさ，$C_{cj}^{qi}$，は

$$C_{c_j}^{q_i} \equiv \frac{c_j}{q_i}\left(\frac{\partial q_i}{\partial c_j}\right) \tag{6.9}$$

(6.9)式をエラシティシティ係数（elasticity coefficient）という．

(6.8)，(6.9) 両式の定義から分かるように，MCA では，代謝ネットワークを構成す

る個々の酵素濃度や代謝中間体の濃度が考慮の対象に入ってくるので，MFA よりはより細胞内の現実の状況を反映してくると思われる．

代謝経路に沿った個々の酵素反応の速度式がわかっていれば，それを用いて (6.8)式と(6.9)式のような感度解析を行って，酵素活性も含めてどの変数が最も代謝フラックスの値を決めるのに寄与するか，あるいはどのステップが律速であるかに対して有益な情報を与える．しかし，困難な点は，総てのステップの酵素反応速度式が分かっていなければならないことである（もちろん，その式に含まれるパラメータ，$K_m$ や $k_{cat}$ などは数値として式に入っていなければならないし，フィードバック阻害があればそれも考慮した速度式でなければならない．多くの酵素反応は可逆反応であるから，逆反応も考慮に入れなければならない．これらの点は，初速度法で得られる速度式と異なってくる）．FCC を決める実験的方法は提案されているが，詳細は本書の範囲を越えるので省略する．

# 6.4
# 代謝工学を支えるメタボロミクス・遺伝子合成・ゲノム改変技術

前述したように代謝工学においては，代謝全過程の律速段階をしらべ，関連する遺伝子を操作して，より効率的な物質生産を行うことが必要である．生体内には生物の種類によるものの数千種類の小分子化合物が存在するといわれている．

そのためにはまず，代謝産物を網羅的に解析する必要がある．代謝産物の全体像をメタボローム（metabolome，metabolic＋ome の合成語），それを解析することをメタボロミクス（metabolomix）とよび，代謝工学や生産性の向上・管理に必要不可欠な解析方法になっている．

代謝産物を網羅的に解析することはいわゆる分析化学の領域に属する事柄であるが，近年では質量分析計（Mass Spectrometry）の進歩により，様々な分子を簡易に測定できるようになってきた．水や各種溶媒に溶けるものであれば，液体クロマトグラフィーで分離し，質量分析計で検出する（Liquid Chromatography Mass Spectrometry：LC-MS）や，揮発性物質の場合には，ガスクロマトグラフィーで分離して質量分析計（GC-MS）で検出することで数多くの化合物濃度を測定することができる．

さてメタボローム解析は上記の測定機器にサンプルを撃ちこめば直ぐにできる話ではない．実はデータを得てからの解析が大変なのである．2 個や 3 個のピークを同定するのであれば，人の目でも容易であるが，数が増えてくるとコンピューターに頼らざるをえない．分析機器を提供しているメーカーは，データベースを保有し，それらと照合することで各ピークの由来を明らかとする（アノテーション）ことができる．

またこのメタボロミクスの目的として，異なるサンプルの間での意味のある違いを見出すことが度々ある．前述したように数千ものピークの違いを人間の頭で比較して見出すことは困難であるため，計算機を用いてデータマイニングを行う必要がある．非常に多数のサンプル成分を比較する，いわゆる多変量解析の手法のうち，メタボロミクス解析には主成分分析と呼ばれる手法がよく用いられる．主成分分析とは n 個のサンプルについて，p 個の変数 $x_1$，$x_2$，…，$x_p$ のデータが観測されているとき，その対象の特徴をできるだけ少数の変数の一次式で表される指標で記述したり，もとの変数間の相関関係を分析したりするための多変量解析手法である．

**ゲノム編集技術（genome editing）**

さてターゲットとなる代謝遺伝子群の設計，すなわち遺伝子増強や破壊のストラテジーが決まったら，次にはそれを創りだすことが必要になる．そのためには，任意の遺伝子の断片をつなぎ合わせる技術と，ゲノムを操作する，すなわちゲノム破壊，交換，挿入操作が必要である．前者は遺伝子工学で概説されているように，2000年より以前には，制限酵素という配列特異的に切断するDNA分解酵素と，リガーゼというDNAの結合酵素により行われていた．しかしながら近年は微生物の有する相同性組換機構を用いて，酵母や枯草菌内で，DNA断片を結合させる方法や，Gibson assembly法と呼ばれる試験管内の反応で相補的なDNA断片を結合させる方法が開発されており，数10kB以上のDNA断片を自在に作製することが容易になった．Greg Venterらのグループ[†]はこれらの技術を駆使して，*Mycoplasma*の全ゲノム約0.58Mbの化学合成に成功した．また慶応大の柘植・板谷ら[††]は枯草菌の相同組換え能力を駆使して，数十DNA断片の一度のクローニングとシアノバクテリアの全ゲノムの再構築に成功している．

また後者は現在ゲノム編集技術と呼ばれ，生命科学，工学の分野で大変注目されている．幾つか同様な技術があるが，近年最も注目されている真正細菌や古細菌に見られる細胞防御機構の一種であるClustered Regularly Interspaced Short Palindromic Repeat (CRISPR)

(a)

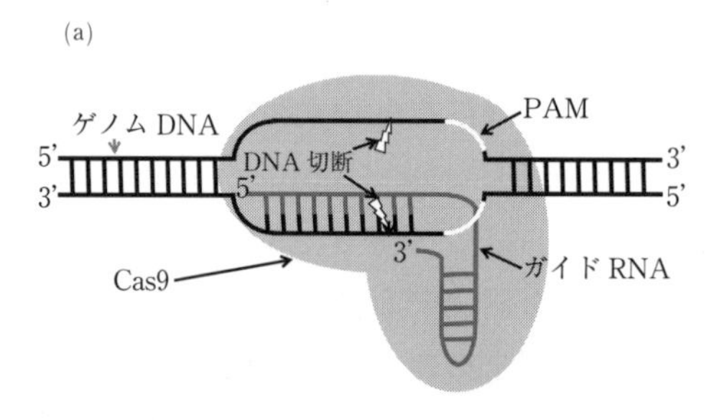


**図6.6** CRISPR/Cas9ゲノム編集技術概要
(a)Cas9がガイドRNAに導かれてPAM (Protospacer Adjacent Motif, NGGなど) の上流2b-6bで切断．

(b)

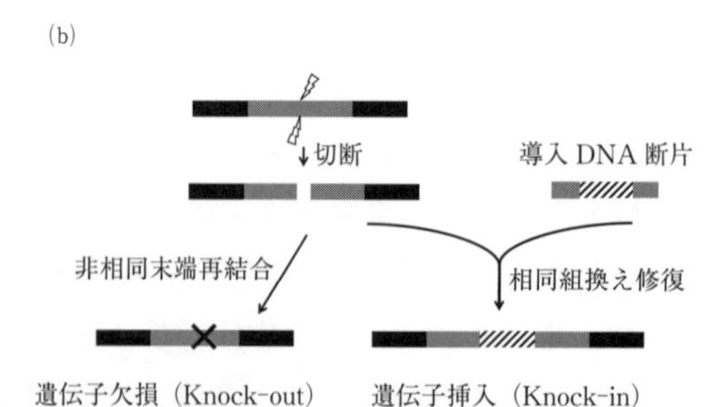


**図6.6** CRISPR/Cas9ゲノム編集技術概要
(b)ゲノム切断後，ゲノム修復作用により遺伝子欠損（左），遺伝子挿入（右）が起こる．

† D. G. Gibson *et al*., Complete chemical synthesis, assembly, and cloning of a *Mycoplasma genitalium* genome. *Science*, **319**, 1215 (2008).

†† K. Tsuge et al., Method of preparing an equimolar DNA mixture for one-step DNA assembly of over 50 fragments, *Sci Rep*., **5**, 10655 (2015).

/CRISPR-associated（Cas）を利用した技術について紹介する（図6.6）．CRISPR/Cas システムは，細胞内に侵入してきた二重鎖 DNA を自身のゲノム内の CRISPR 領域に取り込み，その配列から転写・プロセシングされた短鎖 RNA 分子が外来 DNA と相補的に結合し，Cas と呼ばれるヌクレアーゼがこの部分を認識し切断する DNA の侵入に対する獲得免疫機構である．2013年にこのシステムが動物細胞のゲノム編集に応用され，瞬く間に様々な動物，植物，微生物で応用された．概要を図6.6(a)と図6.6(b)に示す．このシステムは標的とする DNA 配列に結合する役割を持つガイド RNA と，ガイド RNA が結合した標的 DNA を切断する Cas タンパク質からなる．最も汎用されているのは *Streptococcus pyogenes* の Cas9である．このタンパク質を大腸菌で合成・精製しておき，切断配列を決定する RNA は化学合成する．これを例えばマウス受精卵にマイクロインジェクション法で導入すると，細胞内でガイド RNA が二重鎖 DNA と結合した部分を Cas9が認識し切断する．その後，細胞自身が有する非相同末端再結合により修復された場合には，予測不能な数塩基の DNA の脱落が起こり，遺伝子機能が欠失する（Knock-out）．あるいは切断サイトの両側に相同性のある別の DNA 断片を同時に導入しておくと，相同組換え修復により，新たな遺伝子をゲノム中に組み入れることができる（Knock-in）．これらの効率は，10-100% であり，これまでの方法とは比較にならない程高く，ここで取り上げている代謝工学的応用だけでなく，発生工学，遺伝子治療など様々な分野での応用が進んでいる．この技術の開発者である E. シャルパンティエと J. ダウド両氏は2020年のノーベル化学賞を受賞した．

**〈トピックス6.1〉　遺伝子組み換えとゲノム編集技術**

遺伝子組み換え技術により作製された生物を遺伝子組換え生物（GMO，Genetically Modified Organism）とよび，いずれの生物も人間の手によって作製された生物には違いはないが，前者の場合には，遺伝子が操作されるさいに，必ず宿主生物には本来無い外来遺伝子断片，すなわち抗生物質耐性遺伝子などが含まれていた．その理由は遺伝子が組み換えられる効率が低すぎ，遺伝子導入された形質転換体だけを選択するような仕組みが必要だったからである．しかしながら近年開発されたゲノム編集技術はその効率が極めて高く，外来遺伝子マーカーの導入が必要ない．そのため，別の生物の遺伝子導入を伴わず，遺伝子中に一個から数個の欠失や挿入を起こさせるような場合には，自然におこる遺伝子変異と区別がつかない．しかも体細胞だけでなく，ES 細胞や受精卵に導入することで，簡単に遺伝子組み換え生命体を得ることができる．ただし現時点では，狙った所以外にも変異が導入されている例も一定頻度で起こるとされている．

ゲノム編集技術により作出された生物をどのように扱うかは，現時点では国ごとに異なる．日本においても現在議論が進められているが，生物産業のテクノロジーすべてを変えうる技術であり，安全性には最大限の注意を払いつつも，世界の趨勢から離れること無く実用化が認められるべきであろう．

# 6.5
## 代謝工学・合成生物学の実用化事例

代謝工学・合成生物学の研究例は多数報告されている．それらは，

1）宿主が元々生産する代謝産物の生産能増強

2）宿主は元々生産しない代謝産物

3）菌体増殖や代謝産物生成のための資化性基質（主として炭素源）の拡張

4）環境汚染物質の分解能増強

5）生物の特性改変

などに分類される．5）の例としては，微好気条件での増殖能向上，ホスホエノールピルビン酸を消費しない条件でのグルコースの取り込み，ATPを消費しないアンモニアの輸送，増殖阻害を起こす酢酸の蓄積抑制，などである．

ここでは，2）の実用化例として，抗マラリヤ薬アルテミシニン（artemisinin）の例を紹介する（図6.7）．アルテミシニンは，2015年のノーベル生理学・医学賞の受賞者となったトゥ・ヨウヨウ氏がヨモギ属のクソニンジンから発見した抗マラリヤ薬である．

UCバークレー校のKeaslingら[†]は，酵母のメバロン酸経路を利用し，そのファルネシルピロリン酸（FPP）からクソニンジンの3つの酸化酵素を導入することで，抗マラリヤ薬アルテミシニンの前駆体であるアルテミシン酸を合成し，酵母の培地中に分泌させた．

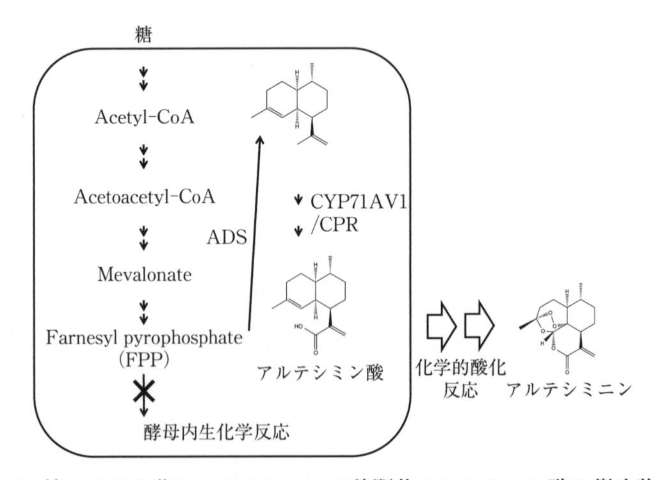


**図6.7** 抗マラリヤ薬アルテミシニンの前駆体アルテシミン酸の微生物合成

† J. D. Keasling, *et al.*, Production of the antimalarial drug precursor artemisinic acid in engineered yeast". *Nature*, **440**, 940 (2006).

この際新たな遺伝子を増強させるだけでなく，FPP 合成経路の強化や，FPP からスクアレンを合成する酵素の欠損などのエンジニアリングを行い，100 mg/L まで生産性を高めた．彼らはベンチャー企業を設立し，この抗マラリヤ薬の製造販売などの事業化を行っており，同様の合成生物学的技術を用いて天然ゴムの微生物製造などの事業にも展開している．

一方日本においては，京都大学とカネカの共同研究により，様々な医薬中間体として有用な，キラルアルコールをカルボニルより不斉還元合成方法が研究された．まず各基質に適切な還元酵素のスクリーニングを行い，その遺伝子を大腸菌に導入しただけでなく，還元反応の際に生じる $NADP^+$ を NADPH に再生するため，グルコース脱水素酵素を同じ大腸菌に導入した（このような合成・再生反応の共役系酵素反応については第 3 章，p.96～97も参照されたい）．カルボニルの不斉還元反応と安価なグルコースを用いて，キラルアルコールの工業的合成法が確立された†．

その当時は合成生物学という用語は無かったが，自然の微生物では有しない新たな酵素系を大腸菌に導入し，それを複合反応系のバイオリアクターとし，目的とする化合物を効率的につくらせるという点において，正に合成生物学的であり，その黎明的な研究であるといえよう．

† 八十原良彦，「バイオ不斉還元システム」，化学と生物，44, 629 (2006).

# 6.6 第6章の参考書

1）山根恒夫，塩谷捨明編，バイオプロセスの知的制御，共立出版㈱，(1997)．

2）G. N. Stephanopoulos, A. A. Aristidou, and J. Nielsen: Metabolic Engineering－Principles and Methodologies－, Academic press (1998)．清水　浩，塩谷捨明訳，代謝工学－原理と方法論－，東京電機大学出版局 (2002)．

3）清水　浩編，バイオプロセスシステムズエンジニアリング，㈱シーエムシー出版，(2002)．

4）土居信英ら，合成生物学 (現代生物科学入門 第9巻)，岩波書店，(2010)．

# 付録（Appendix）

山根恒夫

# 1．化学工学の基礎概念
# (Basic concept of chemical engineering)

本書，特に第２章と第３章，と密接に関連する工学は化学工学（chemical engineering）である．そこで，化学工学の背景にある基礎概念を必要最小限述べる．

## 1.1 工学（エンジニアリング）と工学的センス（エンジニアリングセンス）

化学工学の持つ「時を越えた方法論」の有用性の理解，および「工学的センス（engineering sense)」の涵養が重要である．工学（エンジニアリング，engineering）はテクノロジーを体系化した方法論であり，一般化した手法の学問であり，時代を超えて生き続ける普遍性を持つ．内容は抽象的である．一般化した抽象的な手法という性質から，その表現にはしばしば数学が使用される．しかし，数学的表現がエンジニアリングの必須要件ではなく，より重要なのは工学的センスである．この言葉は，その手法の持つ定量性，汎用性，予測性，最適化，経済性（コスト)，合理性，性能，効率，さらに具体的には収量，収率，生産性などをひっくるめた考え方である．このことは，バイオプロセス工学にもバイオ分子工学にもあてはまる．バイオ分子工学（遺伝子工学，蛋白質工学，抗体工学，代謝工学など）では，数学はあまり使用されないが，工学的センスは随所に見られる．

## 1.2 化学工学とは

化学工学とは，「変化を定量的に研究する学問」である．化学工学で扱う変化には，物理学的変化，化学的変化，生物学的変化がある．変化を定量的に表現するには数学が手段となる．変化には，決定論的な変化と確率論的変化があるが，たとえ確率論的変化でも，数量化されて初めて定量的議論が可能となる．上述の化学工学の定義は抽象的である．より具体的には，化学工学とは，「広く化学工業や生化学工業やプロセス工業の諸操作の技術およびその装置・機械の設計操作に関する学問」である．

化学工学には，単位操作各論，移動現象論，反応工学，プロセスシステムズ工学，生物化学工学，環境化学工学などの諸分野が含まれている．

# 1.3
# 化学工学の背景にある基礎概念

化学工学は前述の諸分野を綜合した学問体系であるが，その背後には次の５つの基礎概念がある．

・単位操作（unit operation）の概念
・速度（rate）の概念
・収支（balance）の概念
・平衡（equilibrium）の概念
・最適性（optimality）の概念

これらの諸概念に精通しておれば，工学的センスは自ずと備わってくる．本書に於いても随所にこれらの概念を適用しているので，以下に概説する．

## 1.3.1　単位操作（unit operation）の概念

多くの化学工業や生物化学工業やプロセス工業において，原料や製品によらず，共通の工程，操作を取り上げ，その原理，操作を研究するのが単位操作論であり，伝統的に化学工学の主要分野となっている．もう少し詳しく述べると以下のようである（アンダーラインを引いた単語が単位操作名である）．

「化学工業やプロセス工業の生産工程を細かく調べると，

・気体や液体あるいは固体状の物質の輸送，
・気体や液体あるいは固体状の物質の加熱または冷却（合わせて伝熱），
・気体や液体あるいは固体状の物質の反応，
・蒸発（濃縮）と溶液からの晶析（晶出ともいう），
・混合液の蒸留，
・気体中の特定成分の液体への吸収（ガス吸収），およびその逆の液体から気体への特定成分の放散（ガス放散），
・固体や液体中の特定成分の他の液体による抽出，
・固体の粉砕と分級，
・気体や液体からの固体粒子の分離（集塵，空気濾過，（液体）濾過，遠心分離），
・液体や固体の攪拌，混合，捏和（ネッカと読む，kneading），
・固体粒子の気体や液体中の特定成分の吸着，クロマトグラフィー，
・固体の乾燥（加熱乾燥や凍結乾燥），
・液体，固体，気体成分分離のための膜分離，

などの操作が原料や製品によらず共通の操作となっていることがわかる．それらの操作を

表A-1　単位操作の分類

| 1．移動操作（拡散単位操作） |
|---|
| 1.1　物質移動が主なもの |
| 蒸留，ガス吸収，ガス放散，抽出，吸着，晶析，膜分離など |
| 1.2　熱エネルギー移動が主なもの |
| 蒸発，乾燥，調湿，燃焼，窯炉，熱交換（伝熱）など |
| 2．機械的単位操作 |
| 流動，粉砕，分級，集塵，空気濾過，液体濾過，沈降分離，遠心分離，攪拌，混合，捏和 |

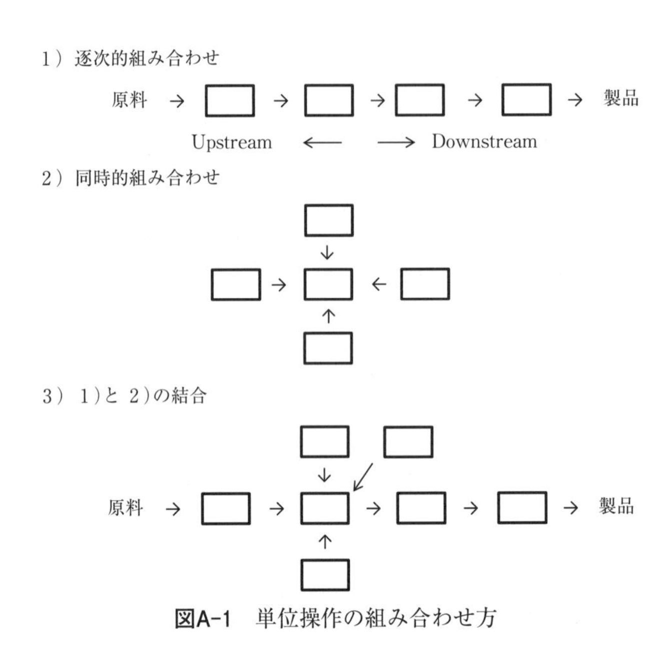


図A-1　単位操作の組み合わせ方

単位操作という.」

なお，生物プロセスや食品加工プロセスに特有な単位操作として，無菌化単位操作がある．これには，加熱殺菌，空気無菌濾過，膜分離などが含まれる．生物プロセスや食品加工プロセスの無菌化操作では，生菌数の減少と共に，ビタミン類などの生理活性の維持や「おいしさ」の保持に配慮せねばならない.

それぞれの単位操作で中心となる変化（現象）に着目して，単位操作は表A-1のように分類される．工業的プロセスは単位操作の組み合わせである．この組み合わせは，図A-1のように分類されよう．図2.3は典型的な工業的微生物プロセスの工程であるが，どのような単位操作が含まれているか，考えてみよう.

## 1.3.2　速度（rate）の概念

速度（rate）とは「変化する速さ」であり，rate と velocity（単位は$LT^{-1}$）とは区別されねばならない．velocity は物体の動く速さ（speed）と同義である．速度には，反応速度（reaction rate）と移動速度（transfer rate）とがある．

応用微生物学的研究でも，速度の概念をもっと意識してよいように思われる．

i）反応速度（reaction rate）

均相系反応，異相系（固液系，固気系，液々系）反応などがあるが，それぞれに対して，反応速度の単位を明確に定義しておかねばならない．本書では，微生物や動物細胞の増殖速度も反応速度の1種とみなしている．

ii）移動速度（transfer rate）

この速度を中心とする学問が移動現象論（transport phenomena）である．基本となる移動速度は流束（flux）[†]であり，これは，「単位面積あたり単位時間あたりの移動量」と定義される．流束の基本式は，

$$\text{流束} \propto \frac{\text{推進力}}{\text{抵抗}} \tag{A1}$$

移動速度とその基本量である流束は，表A-2のように，物質（mass），熱（heat）および運動量（momentum）の3種類に対してそれぞれ存在する．これら3種類の移動現象に対する基礎式として表A-3がある．いずれも有名な基礎式である．

iii）律速段階（rate-limiting step）

逐次過程（stepwise process，または series process）の速度プロセス（rate process）には，律速段階の概念がある．すなわち，A→B→C→D→E→のような逐次反応プロセスや生化学的代謝における物質変換の流れにおいてどのステップが全体の速度を律速し

**表A-2**　3種類の移動速度と移動流束

| 移動速度 | 移動流束［単位］ |
| --- | --- |
| 物質移動速度（mass transfer rate） | $N$(or $J$) [$\mathrm{molm^{-2}s^{-1}}$] |
| 伝熱速度（heat transfer rate） | $q$ [$\mathrm{Jm^{-2}s^{-1}}$] |
| 運動量移動速度（momentum transfer rate） | $\tau$ [Pa]* |

*[Pa] = [$\mathrm{Nm^{-2}}$] = [$\mathrm{kgms^{-2}m^{-2}}$] = [($\mathrm{kgms^{-1}}$)/($\mathrm{m^2s}$)] であるから，[Pa] は単位面積あたり単位時間あたりの運動量とみなせる．

**表A-3**　3種類の移動現象に対する基礎式

| | 物質移動 | 熱移動 | 運動量移動 |
| --- | --- | --- | --- |
| 静止体 | $N = -\mathcal{D}\dfrac{\partial c}{\partial x}$<br>Fick の拡散の第1法則 | $q = -\lambda\dfrac{\partial T}{\partial x}$<br>Furier の伝熱の式 | $\tau_x = -\mu\dfrac{\mathrm{d}v}{\mathrm{d}y}$<br>Newton の粘性方程式 |
| 乱流体<br>異相界面近傍 | $N = k(c_i - c_b)$ | $q = h(T_i - T_b)$<br>Newton の対流伝熱の式 | |

注：流束はベクトル量であり，大きさと方向を持つ．マイナスが付いている理由は，流束が勾配の負の方向であることを示している．

† 日本語では流速（flow velocity）と発音が同じであるが意味はまったく異なる．また，英語では flux と flax（亜麻）は発音がよく似ているが両者の意味はまったく異なる．

ているかを考えるのが有益である．この考えは多層平板中の伝熱に対する総括抵抗と類似している．

### 3.3.3 収支（balance）の概念

前述の3つの量，物質と熱と運動量，に対応して次の3つの収支がある．

・物質収支（material balance または mass balance，マテバラと俗称）
・熱収支（heat balance または energy balance）
・運動量収支（momentum balance）

一般に「収支」はまず，ある閉空間（体積要素ともいう）とある閉時間を想定して，想定した閉空間と閉時間で適用される．また，「収支の概念」は「速度の概念」と結合して用いられる．よって，収支の概念を適用するには，速度の概念もよく理解しなければならない．とくに単位時間あたり（これも閉時間の1種である）の収支には必ず速度（rate）が含まれてくる．収支の概念を適用する閉空間と閉時間に対する数学的表現式の分類を表A-4に示す．考えている変数に関する収支式は表A-4のいずれかの形になる．

**(a) 物質収支**

物質収支は質量保存の法則（law of conservation of mass）という普遍的法則に基づいている．原理は簡単であるが，しかし適用範囲は極めて広い．原理がわかっていても，考えている対象に対して正しく適用し収支を取ることは意外と難しい．最も一般的に物質収支式を文章式で表現すると次のようになり，4つの項目から成り立っている．

$$\begin{pmatrix}\text{閉空間への}\\\text{着目成分の}\\\text{流入量}\end{pmatrix}=\begin{pmatrix}\text{閉空間からの}\\\text{着目成分の}\\\text{流出量}\end{pmatrix}+\begin{pmatrix}\text{閉空間内の}\\\text{反応による}\\\text{着目成分の}\\\text{消失量}\end{pmatrix}+\begin{pmatrix}\text{閉空間内の}\\\text{着目成分の}\\\text{蓄積量}\end{pmatrix} \qquad \text{(A2a)}$$

**表A-4** 収支の基礎となる閉空間と閉時間に対する数学的表現式の分類

| | | 閉時間 | |
|---|---|---|---|
| | | 微視的閉時間（d$t$）<br>（非定常状態） | 巨視的閉時間<br>（定常状態） |
| 閉空間* | 微視的閉空間<br>（微視的体積要素）<br>d$v$(=d$x$d$y$d$z$)<br>または，$\pi r^2$d$z$ | 空間と時間についての<br>（連立）偏微分方程式<br>$\frac{\partial}{\partial x}$ & $\frac{\partial}{\partial t}$ | 距離もしくは位置についての<br>常微分方程式<br>$\frac{\mathrm{d}}{\mathrm{d}z}$ or $\frac{\mathrm{d}}{\mathrm{d}r}$ |
| | 巨視的閉空間<br>（巨視的体積要素）<br>$v$ | 時間についての常微分方程式<br>$\frac{\mathrm{d}}{\mathrm{d}t}$ | 代数方程式 |

*閉空間は体積要素ともいう．

この式は簡単に

（入）=（出）+（消）+（蓄）　(A2b)

と覚えておくとよい．

(A2a) 式，(A2b) 式をよく理解するために，以下に注釈する．

・単位時間あたりで考えるときは，

流入量　→　流入質量流量†

消失量　→　消失速度（=反応速度）

流出量　→　流出質量流量

蓄積量　→　蓄積速度

・（生成）の場合は（消失量）の前に－（マイナス）をつける．この場合は，(A2a) 式右辺第 2 項を左辺に移動させれば+（プラス）となり納得できよう．

・閉空間の体積が不変の時は，

（蓄積速度）=（閉空間の体積）×（濃度の時間微分）

すなわち，蓄積速度 $= v\dfrac{\mathrm{d}c}{\mathrm{d}t}$ あるいは $v\dfrac{\partial c}{\partial t}$　(A3a)

一方，閉空間の体積が変化するときは，

$$蓄積速度 = \frac{\mathrm{d}(vc)}{\mathrm{d}t} あるいは \frac{\partial (vc)}{\partial t} \qquad \text{(A3b)}$$

・巨視的閉空間の時は総括物質収支（overall mass balance）となる．

一方，微視的閉空間の時は微分物質収支（differential mass balance）となる．

・定常状態（steady state）††の時は，（蓄積項）=0

・回分操作（バッチ操作，batch operation）の場合は，

微視的閉時間の時，（蓄積項）≠0（すなわち，蓄積項がある）

また，非定常状態（unsteady state）†††の時は，（蓄積項）≠0（すなわち，蓄積項がある）．

1 回の回分操作全体の収支は総括物質収支となる．

・連続操作（continuous operation）の場合，

定常状態では，（蓄積項）=0

非定常状態では，（蓄積項）≠0（すなわち，蓄積項がある）

・反応がない場合，

(A2b) 式の右辺第 2 項=0であり，

（入）=（出）+（蓄）　(A4)

---

† 流量（flow rate）とは，単位時間当たりの流れる量であり，体積流量 [$\mathrm{m^3s^{-1}}$]，質量流量 [$\mathrm{kgs^{-1}}$]，モル流量 [$\mathrm{mols^{-1}}$] などがある．流量と流速（flow velocity）[$\mathrm{ms^{-1}}$] とを混同してはいけない．流速は流れの速さであり，強さと方向を持つベクトル量である．

†† 考えている変数（群）の値が時間的に変動せず，一定となっている状態をいう．連続操作はいずれ定常状態になる．

††† 考えている変数（群）の値が時間的に変動している状態をいう．このようなシステムを動的システム（dynamical system）ともいい，その動的挙動を動特性（dynamics）とよぶ．回分操作は非定常状態にある．

反応もなく，定常状態ならば，

(入)＝(出)　(A5)

・多成分系の場合は，全物質収支 (total mass balance) と成分物質収支 (component mass balance) がとれる．

物質収支の組み立て手順

i) 基準を明確にする (モルもしくは質量)

ii) 簡単なフローシートを描く．閉空間を頭の中で決めて，点線で囲む．

iii) フローシートに既知データを記入する．

iv) (生) 化学反応が起こる場合は，(生) 化学反応式を記入する．

v) 計算に便利な基準物質 (これを手がかり物質，tie substance という) を選び，明記する．手がかり物質とは，その過程中常に変わらない物質である．たとえば，空気中の反応では，窒素ガスなどである．

**(b) 熱収支 (エネルギー収支)**

物質収支と同様に，次の4つの項から成り立っている．文章式で表現すると，

(閉空間への熱エネルギーの流入量)＝(閉空間からの熱エネルギーの流出量)＋(閉空間内の反応による熱エネルギーの消失量)＋(閉空間内の熱エネルギーの蓄積量)　(A6)

この式も汎用性を持つが，以下にいくつかの注釈を述べる．

・熱の出入は閉空間の壁を通してもあるので，

流入熱量＝(流入流体が持ち込む熱量)＋(系内へ外壁を通して流入する熱量)

流出熱量＝(流出流体が持去る熱量)＋(系内から外壁を通して流出する熱量)

・反応による消失項については，吸熱反応なら消失量は＋ (プラス)，発熱反応ならば，生成量 (＝－消失量，マイナス) となる．

・蓄積項は温度上昇となるので，

蓄積項＝(密度)×(体積)×(比熱)×(温度の時間微分)

・連続操作，開放系，定常状態ならば，(蓄積項)＝0であり，

(入)＝(出)＋(消)

・断熱系ならば，

(入)＝(出)＝0

### 1.3.4 平衡 (equilibrium) の概念

平衡の概念は熱力学 (thermodynamics) 由来の概念であり，変化の到達可能な状態を

予測する．気液平衡では Rault's Law や Henry's Law があり，前者は蒸留，後者はガス吸収，の単位操作で重要な法則である．吸着平衡では，Langmuir's isotherm，BET's equation，Freundlich's law，などがあり，吸着平衡で重要な法則である．また，抽出操作では，分配係数（partition coefficient）が重要である．反応平衡は可逆反応に対して適用され，その平衡状態は平衡定数によって規定される．反応平衡論によって到達可能な反応率や平衡収率が予測できる．生化学では，生体分子への配位子（ligand）の結合が平衡論で扱われる．結合の強さは結合定数（その逆数が解離定数）で表現される．抗原と抗体の結合の強さも平衡論で扱われる．

1段の操作では平衡のため変化量が少なくても，それを多数逐次的に連結することにより大きな変化が達成できる．これはカスケード操作と呼ばれ，蒸留塔が代表的である．

### 1.3.5　最適性（optimality）の概念

一般にどのようなシステムであれプロセスであれプラントであれ，全体としてその置かれている環境（経済的・社会的・自然的環境）に対して，時間的・空間的に最適であることが望ましい．酵素反応プロセスや微生物反応プロセスも例外ではない．大きなシステムはいくつかのサブシステム（あるいは要素）から成り立っており，これらサブシステムの相互作用，結合方式などを考慮してシステム全体の最適化がおこなわれるが，各サブシステムだけに限っても，最適化すべき多くの内容を含んでいる．システムが数学的に表現できても，束縛条件（初期値や境界条件）によって最適解は異なってくる．

数学的な最適化には相当量の計算が必要であり，コンピュータが用いられる．最適化の数学的手法には，線形計画法（linear Programming，略して LP），変分法，探索法，最大原理（maximum principle，略して MP），動的計画法（dynamic programming，略して DP），ファジー制御理論，など種々あり，この数学的手法がプロセスシステムズ工学（process systems engineering）の主要な内容となっている．興味のある諸君はこの分野の専門書を読まれたい．バイオプロセスへの最適化理論の応用についても，単行本（山根恒夫，塩谷捨明編著，「バイオプロセスの知的制御」，共立出版，1997）や数多くの論文が発表されている．

# 2．本書に関連する数学
(Mathematics related to this book)

本書ではいくつかの数式が記述されているが，ほとんどは算数，算術と考えてよい．個々の具体的な数値でなく，できるだけ一般化するために数式表現されているだけである．本書の内容と関連する数学を整理しておく．また，第6章を理解するには，線形代数の知識が必要であるから，それの基礎を2.3に示す．

## 2.1
## 指数関数と対数関数とそれらの微積分

指数関数$e^x$（$\exp(x)$と表記することもある．）の$e$は数学定数で自然対数の底であり，無理数である．

$e=2.718281828459045\cdots$

（鮒一鉢二鉢一鉢二鉢至極美味しい，と覚える）

指数関数については次のような等式が成り立つ（$e$を一般の実数$a$にしても成り立つ）．

$$e^x e^y = e^{x+y},\ \frac{e^x}{e^y} = e^{x-y},\ \left(e^x\right)^y = e^{xy} \qquad \text{(A7)}$$

$e^x$の逆関数を自然対数（natural logarithm）とよび，$\ln x$で表わす（$\log_e x$で表すこともある）．すなわち，

$$\ln x = y \quad \Leftrightarrow \quad x = e^y \qquad \text{(A8)}$$

対数関数については次のような等式が成り立つ（$\ln x$を一般の$\log_a x$としても成り立つ．$a$は任意の正の実数）．

$$\ln(xy) = \ln x + \ln y,\ \ln\left(\frac{x}{y}\right) = \ln x - \ln y,\ \ln\left(x^a\right) = a\ln x \qquad \text{(A9)}$$

さらに次の式が成り立つ．

$$e^{\ln x} = x,\ e^{-\ln x} = e^{\ln(1/x)} = \frac{1}{x} \qquad \text{(A10)}$$

指数関数$10^x$の逆関数は，10を底とする対数であり常用対数（common logarithm）とよび，$\log_{10} x$あるいは単に$\log x$と表わす．このとき，

$$\log x = \frac{\ln x}{\ln 10} = \frac{\ln x}{2.3025851} \fallingdotseq 0.434\ln x \qquad \text{(A11)}$$

また，逆に

$$\ln x = \frac{\log x}{\log e} = \frac{\log x}{0.43429447} \fallingdotseq 2.303\log x \qquad \text{(A12)}$$

（A11），（A12）両式は公式

$$\log_a x = \frac{\log_b x}{\log_b a} \tag{A13}$$

によっている．

指数関数の微分と積分は，

$$\frac{\mathrm{d}(e^x)}{\mathrm{d}x} = e^x, \ \frac{\mathrm{d}(e^{ax})}{\mathrm{d}x} = ae^{ax}, \ \frac{\mathrm{d}(a^x)}{\mathrm{d}x} = a^x \ln a \tag{A14}$$

$$\int (e^x)\mathrm{d}x = e^x + C, \int (e^{ax})dx = \frac{1}{a}e^{ax} + C, \int (a^x)dx = \frac{a^x}{\ln a} + C \tag{A15}$$

対数関数の微分は，

$$\frac{\mathrm{d}(\ln x)}{\mathrm{d}x} = \frac{1}{x}, \ \frac{d(\log_a x)}{dx} = \frac{1}{x}\frac{1}{\ln a} \tag{A16}$$

また，$\frac{\mathrm{d}f(y)}{\mathrm{d}x} = \frac{\mathrm{d}f(y)}{\mathrm{d}y}\frac{\mathrm{d}y}{\mathrm{d}x}$ より，

$$\frac{\mathrm{d}(\ln y)}{\mathrm{d}x} = \frac{\mathrm{d}(\ln y)}{\mathrm{d}y}\frac{\mathrm{d}y}{\mathrm{d}x} = \frac{1}{y}\frac{\mathrm{d}y}{\mathrm{d}x} \tag{A17}$$

さらに，積分は微分の逆であるから，(A16) 式より，

$$\int \left(\frac{1}{x}\right)\mathrm{d}x = \ln|x| + C \tag{A18}$$

対数関数 $\ln x$ の積分は，部分積分の公式を適用すれば，求まる．

$$\int (\ln x)\mathrm{d}x = x\ln x - x + C$$

## 2.2 一階常微分方程式

$$\frac{\mathrm{d}y}{\mathrm{d}x} = f(x, y) \tag{A19}$$

の形をした微分方程式を一階常微分方程式（first-order ordinary differential equation）という．酵素反応や微生物反応の回分操作（バッチ操作）や流加培養や非定常状態の連続操作でこのような式が出てくる．なぜなら，$\mathrm{d}x/\mathrm{d}t$ や $\mathrm{d}s/\mathrm{d}t$ は変化速度（rate）であり，(A19) 式の形となるからである．(A19) 式で解析解が得られる場合は限られるが，本書で出てくる微分方程式の多くは解析解が得られる．

### (a) 変数分離形

いくつかの 1 階常微分方程式は，代数的な式の変形によって，

$$g(y)\frac{\mathrm{d}y}{\mathrm{d}x} = h(x) \tag{A20a}$$

の形に帰着させることができる．(A20a) 式を書きかえると，

$$g(y)\mathrm{d}y = h(x)\mathrm{d}x \tag{A20b}$$

この形の微分方程式を変数分離形(separable differential equation)という.それは,$x$は右辺にだけ,$y$は左辺にだけ現れるからである.(A20b)式の両辺を積分して,

$$\int g(y)\mathrm{d}y = \int h(x)\mathrm{d}x + C \tag{A21}$$

が得られる.$g$と$h$を連続関数と仮定すれば(A21)式の積分は存在し,これらの積分を計算して(A20a)式の一般解が得られる.

本書では,一般解ではなく,与えられた初期条件,すなわち点$x_0$での$y(x)$が値$y_0$を持つという条件

$$y(x_0) = y_0 \tag{A22}$$

を満たす特殊解を求めることが多い.一般に一階微分方程式を初期条件とともに考えるとき,これを初期値問題(initial-value problem)という.初期値問題を解くには,与えられた初期条件を一般解に代入して積分定数$C$の値を決めればよい.

### (b) 1階線形常微分方程式

1階常微分方程式が

$$\frac{\mathrm{d}y}{\mathrm{d}x} + P(x)y = Q(x) \tag{A23}$$

の形になるとき,1階線形常微分方程式(first-order linear ordinary differential equation)という.この方程式の特徴は,$y$と$\mathrm{d}y/\mathrm{d}x$について1次式であることで,$P(x)$と$Q(x)$は任意の$x$だけの関数である(定数の場合も含まれる.ただし,$P(x) \neq 0$).

(A23)式の一般解は

$$y(x) = e^{-\int P(x)\mathrm{d}x} \times \left( \int \left( Q(x) e^{\int P(x)\mathrm{d}x} \right) \mathrm{d}x + C \right) \tag{A24}$$

(A24)式を導く方法はいくつかあるが,この解を記憶せずとも,次のような段階を経て解に至ることができる.

1) $Q(x)=0$(この場合を同次形という)と仮定して,(A23)式を解く.変数分離形となり,解は

$$y = e^{-\int P(x)dx + C'} = Ae^{-\int P(x)dx} \tag{A25}$$

となる.$A(=e^{C'})$は積分定数であるが,ここで,

2) $A$を$x$の関数とみなして,

$$y = A(x)e^{-\int P(x)dx} \tag{A26}$$

として,元の方程式(A23)に代入して$A(x)$を求める.

$$A(x) = \int \left( Q(x) e^{\int P(x)dx} \right) dx + C \tag{A27}$$

となる.

3) (A27)式を(A25)式に代入すると,解(A24)式が得られる.

# 2.3
# 線形代数の基礎（行列，行列式，連立1次方程式）

## 2.3.1 行列

数（実数または複素数）を下記のように長方形に並べたものを行列（マトリックス，matrix，英語の発音は méitriks）という．

$$\begin{bmatrix} a_{11} & a_{12} & \cdots & \cdots & a_{1n} \\ a_{21} & a_{22} & \cdots & \cdots & a_{2n} \\ \vdots & \vdots & & \vdots & \vdots \\ a_{m1} & a_{m2} & \cdots & \cdots & a_{mn} \end{bmatrix} \equiv \boldsymbol{A} \tag{A28}$$

$a_{11}$, …, $a_{mn}$ をこの行列の成分（component または element）といい，横に並んだ $m$ 個の数を行（raw），縦に並んだ $n$ 個の数を列（column）という．$m$ 個の行と $n$ 個の列を持つ行列は $m \times n$ 行列であるといわれる．

行列は $\boldsymbol{A}$，$\boldsymbol{B}$ のように太大字によって表されることが多い（(A28) 式）．

行列の成分を表す $a_{ij}$ のような２つの下付添字文字においては，第１の文字は行の番号を，第２の文字は列の番号を表す．

$$[a_1, \cdots, a_n] \equiv \boldsymbol{a}$$

のように，１つの行だけを持つ行列を行マトリックスとよび，

$$\begin{bmatrix} b_1 \\ \vdots \\ b_m \end{bmatrix} \equiv \boldsymbol{b}$$

のように，１つの列だけを持つ行列を列マトリックスとよぶ．行マトリックスあるいは列マトリックス表すのに，$\boldsymbol{a}$，$\boldsymbol{b}$ などの太小文字を使う．

$m \times n$ 行列 $\boldsymbol{A}$ の転置行列（transposed matrix）とは，$n \times m$ 行列のことをいい，$\boldsymbol{A}^T$ で表す．すなわち，

$$\boldsymbol{A}^T \equiv \begin{bmatrix} a_{11} & a_{21} & \cdots & \cdots & a_{m1} \\ a_{12} & a_{22} & \cdots & \cdots & a_{m2} \\ \vdots & \vdots & & \vdots & \vdots \\ a_{1n} & a_{2n} & \cdots & \cdots & a_{mn} \end{bmatrix} \tag{A29}$$

であって，$\boldsymbol{A}$ の行マトリックスが $\boldsymbol{A}^T$ の列マトリックスとなり，$\boldsymbol{A}$ の列マトリックスが $\boldsymbol{A}^T$ の行マトリックスとなっている．

総ての成分が 0 であるような行列を零行列（null matrix または zero matrix）とよび，$\boldsymbol{0}$ で表す．

行列の相等の定義：2つのマトリックス $\boldsymbol{A}$ と $\boldsymbol{B}$ が等しい（equal）とは，それらが行数も列数も同じで，すべての $i$，$j$ に関して $a_{ij}=b_{ij}$ であるときに限る．

行列の加法・減法は，通常のように可能であるが，同数の行および同数の列を持つ行列にだけ適用される．次に行列の積について述べよう．

$m\times n$ 行列 $\boldsymbol{A}$ と $r\times p$ 行列 $\boldsymbol{B}$ の積 $\boldsymbol{AB}$（この順序での）は，$r=n$ の時に限って定義され（これを共形（conformable）という），次式（A30）で定まる $m\times p$ 行列 $\boldsymbol{C}$ のことである．すなわち，($m\times n$ 行列)$\times$($n\times p$ 行列)$=$($m\times p$ 行列）であり，

$$c_{ij}=a_{i1}b_{1j}+a_{i2}b_{2j}+\cdots+a_{in}b_{nj}\equiv\sum_{k=1}^{n}a_{ik}b_{kj} \tag{A30}$$

$$(i=1,\ 2,\ 3,\ \cdots,\ m;\ j=1,\ 2,\ 3,\ \cdots,\ p)$$

$c_{ij}$ は $\boldsymbol{A}$ の第 $i$ 行マトリックス（行ベクトル）と $\boldsymbol{B}$ の第 $j$ 列マトリックス（列ベクトル）の内積（inner product または dot product）（スカラー積）であることがわかる．このように，行列の積を作ることは，行に列を掛けていくことである．

行列の積については，次の2つの事実に注意しよう．

1）行列の積は可換でない．すなわち，一般には

$$\boldsymbol{AB}\neq\boldsymbol{BA}$$

積 $\boldsymbol{AB}$ においては，$\boldsymbol{B}$ に $\boldsymbol{A}$ を左から掛ける，あるいは $\boldsymbol{A}$ に $\boldsymbol{B}$ を右から掛けるという．

2）$\boldsymbol{AB}=\boldsymbol{0}$ であっても，$\boldsymbol{A}=\boldsymbol{0}$ あるいは $\boldsymbol{B}=\boldsymbol{0}$ であるとは限らない．

なお，行列の割り算は定義されない（$\boldsymbol{A}\div\boldsymbol{B}$，$\boldsymbol{A}/\boldsymbol{B}$ は存在しない．逆行列，$\boldsymbol{A}^{-1}$ については後ほど説明する）．

行数と列数が同じ行列を正方行列（square matrix）といい，その行の数をその正方行列の次数（order）という．正方行列において，$a_{11}$，$a_{22}$，$\cdots$，$a_{nn}$ から成る対角線を主対角線（principal diagonal）という．

正方行列が置換行列に等しい（$\boldsymbol{A}^T=\boldsymbol{A}$）とき，対称行列（symmetric matrix）と呼ばれ，$\boldsymbol{A}^T=-\boldsymbol{A}$ であるときには，交代行列と呼ばれる．また，正方行列の主対角線の上側の部分あるいは下側の部分にある成分がすべて0であるとき，三角行列（triangular matrix）とよばれ，主対角線の上側の部分および下側の部分がすべて0であるとき，対角行列（diagonal matrix）とよばれ，対角行列の主対角線上の成分がすべて1であるとき，単位行列（unit matrix）とよばれ，$\boldsymbol{I}$ で表す．すなわち，

$$\begin{bmatrix}1 & 0 & \cdots & \cdots & 0\\ 0 & 1 & \cdots & \cdots & 0\\ \vdots & \vdots & & \vdots & \vdots\\ 0 & 0 & \cdots & \cdots & 1\end{bmatrix}\equiv\boldsymbol{I} \tag{A31}$$

## 2.3.2　行列式

$n$ 次の行列式（nth-order determinant）は，次式のように $n^2$ 個の文字を正方形に配列して2本の縦線で挟んで表記し，ある値を持つ（これに対して行列そのものは全体としては値を持たない）．

$$\det\boldsymbol{A}\equiv\begin{vmatrix} a_{11} & a_{12} & \cdots & a_{1n} \\ a_{21} & a_{22} & \cdots & a_{2n} \\ \vdots & \vdots & \vdots & \vdots \\ a_{n1} & a_{n2} & \cdots & a_{nn} \end{vmatrix} \tag{A32}$$

すなわち，正方行列のみが行列式をもつ．なお，$\det\boldsymbol{A}$ を $D$ または $|\boldsymbol{A}|$ と表すこともある．

行列式 $\det\boldsymbol{A}$ から $i$ 行と $j$ 列を取り除いてしまうと $n-1$ 次の行列式が得られるが，これを $a_{ij}$ に対する小行列式（minor）と呼び，$M_{ij}$ で表す．そして，$M_{ij}$ に $(-1)^{i+j}$ を掛けたものを $a_{ij}$ の余因子（cofactor）とよび，$C_{ij}$ で表す．すなわち，

$$C_{ij}\equiv(-1)^{i+j}M_{ij} \tag{A33}$$

$n$ 次行列式は，ある行あるいはある列に沿っての，成分とその余因子との積の総和である．すなわち，

$$\det\boldsymbol{A}=a_{i1}C_{i1}+a_{i2}C_{i2}+\cdots+a_{in}C_{in}\quad(i=1,2,3,\cdots,n) \tag{A34a}$$

$$=a_{1j}C_{1j}+a_{2j}C_{2j}+\cdots+a_{nj}C_{nj}\quad(j=1,2,3,\cdots,n) \tag{A34b}$$

（A34a）式，（A34b）式の右辺をそれぞれ，$i$ 行についての展開，$j$ 列についての展開という．$n$ 次行列式では，（A34a）式，（A34b）式における $i$，$j$ の選び方に関係なく同一の値 $\det\boldsymbol{A}$ が定まる．

行列式の計算については，2次と3次の行列式の場合は対角線乗法（具体的な計算の仕方は線形代数の本を参照のこと）が便利であるが，この方法は4次以上の行列式には使えない．（A34a）式もしくは（A34b）式によらざるを得ない．インターネット上には，成分の数字を入力すれば計算してくれるソフトがある（例えば，http://keisan.casio.jp/exec/system/1279265553）．また，エクセルにも行列式計算の関数＝MDETERM()が内蔵されている．

2つの行列式が同じ次数 $n$ を持つときには，その積を1つの $n$ 次の行列式で書くことができ，

$$\begin{vmatrix} a_{11} & a_{12} & \cdots & a_{1n} \\ a_{21} & a_{22} & \cdots & a_{2n} \\ \vdots & \vdots & \vdots & \vdots \\ a_{n1} & a_{n2} & \cdots & a_{nn} \end{vmatrix}\begin{vmatrix} b_{11} & b_{12} & \cdots & b_{1n} \\ b_{21} & b_{22} & \cdots & b_{2n} \\ \vdots & \vdots & \vdots & \vdots \\ b_{n1} & b_{n2} & \cdots & b_{nn} \end{vmatrix}=\begin{vmatrix} c_{11} & c_{12} & \cdots & c_{1n} \\ c_{21} & c_{22} & \cdots & c_{2n} \\ \vdots & \vdots & \vdots & \vdots \\ c_{n1} & c_{n2} & \cdots & c_{nn} \end{vmatrix} \tag{A35a}$$

ここで，右辺の $i$ 行，$j$ 列の成分 $c_{ij}$ は

$$c_{ij} = a_{i1}b_{1j} + a_{i2}b_{2j} + \cdots + a_{in}b_{nj} \equiv \sum_{k=1}^{n} a_{ik}b_{kj}$$

$$(i=1, 2, 3, \cdots, n; j=1, 2, 3, \cdots, n) \quad \text{(A35b)}$$

であって，これは第１の行列式の $i$ 行マトリックスと第２の行列式の $j$ 列マトリックスとの内積である．

(A35a) 式は次のように書ける．

$$\det \boldsymbol{A} \cdot \det \boldsymbol{B} = \det(\boldsymbol{AB}) \quad \text{(A35c)}$$

最後に，小行列と行列の階数と逆行列について述べよう．

ある $m \times n$ 行列 $\boldsymbol{A}$ から，いくつかの行といくつかの列を取り去って得られる行列を，$\boldsymbol{A}$ の小行列（submatrix）という．

行列 $\boldsymbol{A}$ において，$r$ 次の正方行列で０でない行列式をもつものが少なくとも１つあるが，$r+1$次の正方行列があったとしてもその行列式はすべて０である場合，$\boldsymbol{A}$ の階数（rank）は $r$ であるという．$\boldsymbol{A}$ の階数を rank$\boldsymbol{A}$ あるいは $r$ と表わす．

$m \times n$ 行列 A の階数 $r$ は，多くても $m$，$n$ のうちの小さい方を越えることはない．

$n \times n$ 正方行列 $\boldsymbol{A}$ の階数を $r$ とする．$\det\boldsymbol{A}=0$であるとき，またこのときに限って $r<n$ であるが，この場合 $\boldsymbol{A}$ は特異（または非正則）行列（singular matrix）であるという．また，$\det\boldsymbol{A} \neq 0$であるとき，またこのときに限って $r=n$ となるが，このとき $\boldsymbol{A}$ は正則行列（nonsingular matrix）であるという．

正則行列 $\boldsymbol{A}$（すなわち $\det\boldsymbol{A} \neq 0$）対して，次の式で定義される正方行列を逆行列（invertible matrix）といい，$\boldsymbol{A}^{-1}$で表す．

$$A^{-1} \equiv \frac{\boldsymbol{C}_{ij}^T}{\det \boldsymbol{A}} \equiv \frac{1}{\det \boldsymbol{A}} \begin{bmatrix} C_{11} & C_{21} & \cdots & C_{n1} \\ C_{21} & C_{22} & \cdots & C_{n2} \\ \vdots & \vdots & \vdots & \vdots \\ C_{1n} & C_{2n} & \cdots & C_{nn} \end{bmatrix} \quad \text{(A36)}$$

ここで，$C_{ij}$ は $\det\boldsymbol{A}$ における $a_{ij}$ の余因子（(A33) 式で定義）である．すなわち，逆行列 $\boldsymbol{A}^{-1}$は，A の成分 $a_{ij}$ をその余因子 $C_{ij}$ で置き換えてから転置行列を作り，それを $\det\boldsymbol{A}$ で割って得られる行列である．$\boldsymbol{A}^{-1}$と $\boldsymbol{A}$ には次の関係がある．

$$\boldsymbol{AA}^{-1} = \boldsymbol{A}^{-1}\boldsymbol{A} = \boldsymbol{I} \quad \text{(A37)}$$

ただし，I は $n$ 次の単位行列である（2.3.1の最後の文章参照）．

## 2.3.3 連立１次方程式

次のような $n$ 元連立１次方程式（a system of linear equations with $n$ unknowns）を考えよう．

$$\left.\begin{array}{l} a_{11}x_1+a_{12}x_2+\cdots+a_{1n}x_n=b_1 \\ a_{21}x_1+a_{22}x_2+\cdots+a_{2n}x_n=b_2 \\ \cdots\cdots\cdots\cdots\cdots\cdots\cdots\cdots \\ a_{m1}x_1+a_{m2}x_2+\cdots+a_{mn}x_n=b_m \end{array}\right\} \quad \text{(A38a)}$$

方程式の個数 $m$ と未知数の個数 $n$ は異なってもよい.

(A38a) 式を簡単のため，次のようにまとめて書くことできる.

$$\boldsymbol{Ax}=\boldsymbol{b} \quad \text{(A38b)}$$

ただし，$\boldsymbol{A}$ は，(A28) 式と同一であり，$\boldsymbol{A}$ を連立方程式の係数マトリックス (coefficient matrix) という．$\boldsymbol{x}$ は $x_1$, $x_2$, …, $x_n$ を成分とする列マトリックス，$\boldsymbol{b}$ は $b_1$, $b_2$, …, $b_m$ を成分とする列マトリックスである.

(A38b) 式において $\boldsymbol{b}=\boldsymbol{0}$ (すなわち，$b_1=b_2=\cdots=b_m=0$) のときは同次 (homogeneous), $\boldsymbol{b}\neq\boldsymbol{0}$のときは非同次 (nonhomogeneous) であるという.

(A38a) 式あるいは (A38b) 式は第６章「代謝工学」において出てくる比速度の連立１次方程式 (6.6a) あるいは (6.6c) 式と同一の形をしており，$\boldsymbol{A}$ は代謝量論係数マトリックスと同一の形である.

一般に連立１次方程式は,

１）解が１組あるもの,

２）不定解があるもの（解が無限にたくさんあるもの),

３）解がないもの,

の３種類に分かれる.

線形代数学では「解があるかどうか」の議論はその階数 (rank)（前述）で議論される. 階数を別の言い方をすると，$m\times n$ 行列 $\boldsymbol{A}$ の階数 rank$\boldsymbol{A}$ は，$\boldsymbol{A}$ の $n$ 個の列ベクトルの中の一次独立なベクトル の最大数に等しい.

(A38a) 式あるいは (A38b) 式が同次ならば，必ず自明な解 (trivial solution)：$\boldsymbol{x}=\boldsymbol{0}$ (すなわち，$x_1=x_2=\cdots=x_n=0$) を持つが，この解には我々はあまり興味がない.

連立１次方程式 (A38b) が解を持つ場合に，変数 $\boldsymbol{x}$ について，どんな値に決めても解が存在するような変数（不定解，indefinite solution）の個数を解の自由度 (degree of freedom) と呼ぶ．階数の定義から，係数マトリックス $\boldsymbol{A}$ が $m\times n$ 行列とすると，解の自由度 $F$ は $n-$rank$\boldsymbol{A}$ である．解の自由度が０ならば，自明でない解が一つ存在する.

方程式の個数と未知数の個数とが等しい（すなわち $m=n$）連立１次方程式で，さらに，係数マトリックスに逆マトリックスが存在する場合の連立１次方程式の解を求めるには，前述のサイト：http://keisan.casio.jp/exec/system/1278931746や，エクセルで行列式を求める関数 MDETERM()（前述）や逆マトリックスを求める関数 MINVERSE()を利用するとよい.

(A38a)，(A38b) 式の解をまとめると表A-5のようになる.

**表A-5** $n$ 元連立１次方程式（$\boldsymbol{Ax}=\boldsymbol{b}$）の解
（１次方程式の個数$=m$，未知数の数$=n$，$\boldsymbol{A}$ の階数$=r$）

| 場合 | | | 解 |
|---|---|---|---|
| $m=n$ | $\boldsymbol{b}=0$（同次） | $\det\boldsymbol{A}\neq 0$ | 自明な解だけに限る． |
| | | $\det\boldsymbol{A}=0$ | 自明な解の以外に不定解あり． |
| | $\boldsymbol{b}\neq 0$（非同次） | $\det\boldsymbol{A}\neq 0$ | １組の解：$\boldsymbol{x}=\boldsymbol{A}^{-1}\boldsymbol{b}$ あり[*1]． |
| | | $\det\boldsymbol{A}=0$ | 不定解あり．しかし，少なくとも１つの $\boldsymbol{D}_j\neq 0$ ならば，解はない[*2]． |
| $m<n$ | $\boldsymbol{b}=0$（同次） | | 一般には，自明な解以外に（$n-r$）個の任意定数を含む不定解があり．<br>$r=m$ ならば，自明な解だけに限る． |
| | $\boldsymbol{b}\neq 0$（非同次） | | 一般には，不定解あり． |
| $m>n$ | $\boldsymbol{b}=0$（同次） | | 一般には，自明な解以外の解は存在しない．<br>解がある場合は，システムは冗長性を持つ． |
| | $\boldsymbol{b}\neq 0$（非同次） | | 一般には，解は存在しない．<br>解がある場合は，システムは冗長性を持つ． |

同次（$\boldsymbol{b}=\boldsymbol{0}$）ならば，必ず自明な解，$\boldsymbol{x}=\boldsymbol{0}$（すなわち，$x_1=x_2=\cdots=x_n=0$）をもつ．
[*1] 解を求めるには，クラメルの公式やガウスの消去法がある．
[*2] $m=n$，$\boldsymbol{b}\neq\boldsymbol{0}$，$\det\boldsymbol{A}=0$，のときの $D_j$ は $\det\boldsymbol{A}$ の第 $j$ 列を $b_1, b_2, \cdots, b_n$ で置き換えて得られる行列式である．

階数や自由度（degree of freedom，言い換えると冗長性，redundancy）および解法としてのクラメルの公式（Cramer's theorem または Cramer's rule）やガウスの消去法（Gauss's elimination method）などの詳細は線形代数学の成書を参考にして欲しい．

# 3．単位と単位の換算

数学では，単位を問題としないが，実社会では，１，２の例外（無名数や無次元数）を除き，あらゆる変数と定数は必ず単位を持っている．生物反応工学分野でも例外ではない．したがって，総ての数値には必ずその後に単位を[ ]内に付記しなければならない．工学では単位のない「無次元数（dimensionless number)」を扱うことがあるが，この場合は[-]と表記する（例えば，レイノルズ数，$Dv\rho/\mu$，は無次元数である．$D$は代表径[m]，$v$は速度[$\mathrm{ms^{-1}}$]，$\rho$は密度[$\mathrm{kgm^{-3}}$]，$\mu$は粘度[$\mathrm{Pa \cdot s}$] = [$\mathrm{(Nm^{-2}) \cdot s}$] = [$\mathrm{\{(kgms^{-2})m^{-2}\} \cdot s}$]）．

## 3.1 国際単位系（SI）

長さ，質量，面積，体積などの単位は，以前は国ごとに異なっていた．しかし，それでは不便なので，次第に世界的に共通の単位系が採用されるようになり，1960年に，国際度量衡総会において，国際単位系（SI単位系．SIはLe Système International d'Unités，というフランス語の略．英語はInternational System of Units）が制定され，現在世界の多くの国々で広く使われている．我が国でも計量法やJIS（日本工業規格，Japanese Industrial Standardsの略）やJAS（日本農林規格，Japanese Agricultural Standardsの略）などでSIが採用されている．SIはメートル法を基礎にした単位系で，表A-6のような内容で構成されている．SI単位はSI基本単位とSI組立単位から成り立っている．SI単位系では，１つの量の単位は１種類に限られ，単位同士の間は特別な換算係数を用いる必要がないという利点がある．（ただし，SIでは時間の単位について，基本単位としてs（秒）のほかにmin（分），h（時），d（日）の併用を認めているので，時間の単位の換算については24や60のような換算係数を使う）．

**表A-6**　国際単位系（SI）の構成

| | | 名称 | 個数 | 表の番号 |
|---|---|---|---|---|
| SI | SI単位 | 基本単位（base units） | 7 | A-7 |
| | | 組立単位（derived units）*<br>・固有の名称と単位記号を持つ組立単位<br>・上述の組立単位以外の組立単位<br>（以前の補助単位２つも含む）<br>（固有の名称を持つ組立単位を含む） | <br>5<br>多数 | <br>A-8<br>A-9 |
| | SI単位の10の整数乗倍の接頭語（prefixes） | | 20 | A-10 |

＊詳細は第８版国際単位系日本語版（2006）およびISO 80000-1（2009）を参照のこと．Wikipediaの記事‘International System of Units’では固有の名称と記号で表される一貫性のあるSI組立単位として22種類記載されている．

表A-7にSI基本単位を示す．表A-8に固有の名称と固有の単位記号を持つSI組立単位を示す．また，SI組立単位は多数あるが，本書と関係が深い組立単位の例を表A-9に示す．また，体積の単位L（リットル，ℓは推奨されない．），質量の単位t（トン）もSIと併用してよい．

ppm（parts per million の略）は環境科学などで時として用いられるが，水中の濃度としては $mgL^{-1}$ にほぼ等しい．水の密度は1.000と見なして差し支えないので，水媒体の系では，$m^3$≒t，L≒kg，mL≒g，μL≒mg としてよい．

SIでは，表A-10のような，10の整数乗倍を示す接頭語を定めている．これは，ある量を表すとき数値が大きすぎたり小さすぎたりしないように，単位を適当な大きさに変えるためである．生化学や分子生物学や遺伝子工学では，μ，n，p など小さい接頭語がおなじみである．

**表A-7** SI基本単位

| 量 | 名称 | 記号 |
|---|---|---|
| 長さ | メートル | m |
| 質量 | キログラム | kg |
| 時間 | 秒 | s |
| 電流 | アンペア | A |
| 熱力学温度*1 | ケルビン | K |
| 物質量 | モル | mol |
| 光度 | カンデラ | cd |

*1 温度℃との関係は，K＝℃＋273.15

**表A-8** 固有の名称と固有の単位記号を持つSI組立単位

| 量 | 名称 | 記号 | 基本単位による定義 |
|---|---|---|---|
| 力 | ニュートン | N | $kgms^{-2}$ |
| 圧力*1 | パスカル | Pa | $Nm^{-2}=kgm^{-1}s^{-2}$ |
| エネルギー*2 | ジュール | J | $N\cdot m=kgm^2s^{-2}$ |
| 仕事率*3 | ワット | W | $Js^{-1}=kgm^2s^{-3}$ |
| セルシウス温度 | セルシウス度または度 | ℃ | 273.15K との差 |

*1 非SI系の圧力の単位は，atm（気圧），$kg/cm^2$，bar，mmHg（＝Torr），$mmH_2O$，psi がある．1 atm（気圧）≒0.1MPa≒100kPa＝1013[hPa]．
なお，ゲージ圧（gauge pressure）＝絶対圧－大気圧である．圧力容器（高圧ボンベやオートクレーブ，液クロとガスクロ）の圧力計の目盛りはゲージ圧である．

*2 仕事，熱量，電力量も同じ．
1 cal≒4.184J（1カロリー＝1グラムの水の温度を標準大気圧下で1℃上げるのに必要な熱量）．

*3 工率，動力，電力も同じ．J＝Ws である．

**表A-9** 組立単位の例

| 量 | 名称 | 記号 |
|---|---|---|
| 面積 | 平方メートル | $m^2$ |
| 体積 | 立方メートル | $m^3$ |
| 速度（速さ） | メートル毎秒 | $ms^{-1}$ |
| 加速度 | メートル毎秒毎秒 | $ms^{-2}$ |
| 密度*1 | キログラム毎立方メートル | $kgm^{-3}$ |
| （物質量の）濃度*2 | モル毎立方メートル | $molm^{-3}$ |
| 分子質量*3 | ダルトン | Da |
| 粘度*4 | パスカル秒 | Pa·s |
| 平面角 | ラジアン*5 | rad |
| 周波数*6 | ヘルツ | Hz |
| 表面張力 | ニュートン毎メートル | $Nm^{-1}$ |
| 比熱容量 | ジュール毎キログラム毎ケルビン | $Jkg^{-1}K^{-1}$ |
| 熱伝導率 | ワット毎メートル毎ケルビン | $Wm^{-1}K^{-1}$ |

*1 $1\ kgm^{-3} = 10^{-3}gcm^{-3}$

*2 $1\ molm^{-3} = 10^{-3}molL^{-1} = 10^{-3}$M（モラー）．なお，表A-11参照のこと．

*3 表A-11参照のこと．

*4 非SIでは，ポアズ．1 cP（centipoise）$= 10^{-3}$[Pa·s]．

*5 円の半径に等しい長さの弧の中心に対する角度．
円周は$2\pi$であるから，$360° = 2\pi$[rad]，$1° \fallingdotseq 0.0174533$[rad]，$1$[rad]$\fallingdotseq 57.29578°$．

*6 SIでは $s^{-1}$．

**表A-10** SI単位の10の整数乗倍の接頭語

| 大きさ | 名称 | 記号 | 大きさ | 名称 | 記号 |
|---|---|---|---|---|---|
| $10^{-1}$ | デシ | d | 10 | デカ | da |
| $10^{-2}$ | センチ | c | $10^2$ | ヘクト | h |
| $10^{-3}$ | ミリ | m | $10^3$ | キロ | k |
| $10^{-6}$ | マイクロ | $\mu$ | $10^6$ | メガ | M |
| $10^{-9}$ | ナノ | n | $10^9$ | ギガ | G |
| $10^{-12}$ | ピコ | p | $10^{12}$ | テラ | T |
| $10^{-15}$ | フェムト | f | $10^{15}$ | ペタ | P |
| $10^{-18}$ | アト | a | $10^{18}$ | エクサ | E |
| $10^{-21}$ | ゼプト | z | $10^{21}$ | ゼッタ | Z |
| $10^{-24}$ | ヨクト | y | $10^{24}$ | ヨッタ | Y |

単位の表記法：

一般に，どんな量の次元も基本量の次元の積で書ける
（例：$L^\alpha M^\beta T^\gamma I^\delta \cdots$，$\alpha$，$\beta$，$\gamma$，$\delta$，…は正か負かゼロの整数で，次元指数と呼ばれる）．

- 単位の積は空白（space）または中点（half-high dot）（·）で表す．（例：N m または N·m）
- 商は水平の線，斜線または負の指数で表す．（例：$\frac{m}{s}$，m/s，$ms^{-1}$）
- 多くの単位記号が混在するときは，括弧や負の指数を用いる．（例：$m\frac{kg}{(s^3A)}$ または $m\ kgs^{-3}A^{-1}$）
- 1つの表現のなかで斜線を複数回用いてはならない．（不適切例：$m\ kg/s^3/A$ または $m\ kg/s^3A$）

# 3.2
## 単位の換算

ある量の単位を別の単位に変えるための計算を単位の換算（conversion of units）という．SI だけを使っていても，単位の換算はきちんとできなければならない．
単位の換算は，つぎのようなステップでおこなう．

1）換算しようとする元の単位を構成しているそれぞれの単位について，元の単位＝換算係数×新しい単位，のように表す（換算係数が分からなければ，それを記載した本を参照するかインターネットなどで探す）．
2）これらを元の単位に代入する．
3）代入した式の数値の部分だけをまとめて計算し換算係数とし，また新しい単位の部分だけをまとめて，元の単位＝換算係数×新しい単位，の形に表わす．
例えば，$[kgm^{-2}h^{-1}]$ を $[gcm^{-2}s^{-1}]$ に換算するには，$1kg=10^3g$，$1m=10^2cm$，$1h=60\times60s$，であるから，

$$kgm^{-2}h^{-1}=10^3g(10^2cm)^{-2}(60\times60s)^{-1}$$
$$=2.78\times10^{-5}gcm^{-2}s^{-1}$$

化学，生化学，分子生物学，酵素工学，遺伝子工学，蛋白質工学などの分野で重要な単位とそれらの換算をまとめて，表A-11に示す．

表A-11 化学，生化学，分子生物学，酵素工学，遺伝子工学関連の単位と換算

| 項目 | SI | | 非 SI | |
|---|---|---|---|---|
| | 名称 | 記号あるいは単位 | 名称 | 記号あるいは単位 |
| ・分子量 (molecular weight) | | | | なし*1 |
| ・分子質量 (molecular mass) | ダルトン*2 (dalton) | Da | | |
| ・モル質量*3 (molar mass) | | g/mol | | |
| ・モル濃度 (molar conc.) | | mol/m$^3$ | モラー (molar) | M *4 |
| ・酵素量 | カタル*5 (katal) | cat | 酵素単位*6 (enzyme unit) | U |
| ・比活性 (specific activity) | | cat/kg-protein | | U/mg-protein |
| ・DNA 量 | | Da | 塩基対 (base pair) 数 | bp *7 |

*1 単位を付けてはいけない．分子量や原子量や式量は無名数である．

*2 2006年に SI 併用単位として採択された．正しい英語の発音は“ドルトン”．$^{12}$C（質量数12の炭素原子）の質量の1/12と定義され，1 Da = 1.660538782(83) × 10$^{-27}$kg．分子量に Da を付ければ，分子質量となる．Da は生物学や生化学，分子生物学，遺伝子工学において，DNA や蛋白質などの巨大生体高分子，蛋白質複合体，染色体，リボソーム，ミトコンドリア，ウイルス，など巨大複合体の質量を表わすのに用いられる．

*3 1 mol（アボガドロ定数 = 6.022 × 10$^{23}$個の分子）の質量をグラムで表した数値．原子量，分子量，式量に単位[g/mol]を付けると，その物質のモル質量となる．

*4 mole/L に等しい．

*5 1秒間に $n$ mol の基質の変化を触媒する酵素量を $n$[cat]とする．1[cat] = 6 × 10$^7$[U]．

*6 1分間に $n\mu$mole の基質の変化を触媒する酵素量を n[U]とする．1[U] = 1.67 × 10$^6$[cat]
（cat も U も，基質濃度や温度，pH など測定条件を明記すること．）

*7 1 bp ⇒ 660Da（1 kbp 位では1 bp ⇒ 635Da とする教科書もある．）．1 pmol of a 1 kbp DNA = 0.66$\mu$g．なお，DNA（ただし，純度は高いこと）の濃度を知るのに，波長260nm での吸光度を測定する場合，$OD_{260}$ of 1.0 ⇒ 50$\mu$g/mL となる．オリゴ DNA の場合は，この値より少し変わる．

# 索　　引

## か



## き



## く

## け



## こ



## さ

## し



## す



## せ

## そ



## た



## ち



## つ



## て

## ふ



## へ



## ほ



## ま



## み



## む

## A



## B



## C

## D

## E



## F



## G

## H



## I



## J

## K



## L

## M



## N



## O

## P



## Q



## R

## S



## T

## U



## V



## W



## X

## Y



## Z

〈著者略歴〉

**山根恒夫**（工学博士）

1964年　京都大学工学部工業化学科卒業
1966年　京都大学大学院工学研究科修士課程修了
1966年　京都大学工学部　助手
1979年　関西大学工学部　助教授
1982年　名古屋大学農学部　助教授
1990年　名古屋大学農学部　教授
2005年　名古屋大学名誉教授，
　　　　中部大学応用生物学部　教授
2012年　中部大学定年退職，
　　　　同大学客員教授（2014年まで）
この間，1974-1975年　ロンドン大学 UCL 校客員研究員

**中野秀雄**（博士（工学））

1991年　東京大学大学院工学系研究科化学工学専攻
　　　　博士単位取得後退学
1991年　名古屋大学農学部　助手
1995年　名古屋大学農学部　助教授
2005年　名古屋大学大学院農学研究科　教授

**加藤雅士**（博士（農学））

1987年　名古屋大学農学部卒業
1992年　東京大学大学院農学系研究科博士課程修了
1992年　名古屋大学農学部　助手
2004年　名古屋大学農学部　助教授（准教授）
2010年　名城大学農学部　教授
この間，1997年および1998年 英国ノッティンガム大学客員研究員

**岩崎雄吾**（博士（農学））

1995年　名古屋大学大学院農学研究科
　　　　博士後課程中退
1995年　名古屋大学大学院農学部助手
2001年　名古屋大学大学院生命農学研究科講師
2005年　名古屋大学大学院生命農学研究科助教授（准教授）
この間，2000-2001年 アメリカ農務省リサーチケミスト

**河原崎泰昌**（博士（農学））

1997年　名古屋大学大学院農学研究科博士後期課程
　　　　（食品工業化学専攻）修了
1997年　特殊法人理化学研究所基礎科学特別研究員
1998年　名古屋大学大学院生命農学研究科助手
2006年　静岡県立大学
　　　　食品栄養科学部助教授（准教授）
この間，2002-2004年テキサス大学オースティン校博士研究員

**志水元亨**（博士（農学））

2005年　九州大学大学院生物資源環境科学府博士課程
　　　　（森林資源科学専攻）修了
2005年　九州大学大学院農学研究院　特任助教
2007年　筑波大学生命環境科学研究科
　　　　生物機能科学専攻　常勤研究員
2009年　筑波大学生命環境科学研究科
　　　　生物機能科学専攻　日本学術振興会特別研究員
　　　　(PD)
2012年　名城大学農学部応用生物化学科　助教
2019年　名城大学農学部応用生物化学科　准教授

新版生物反応工学

2016年 9 月 1 日　初版　第 1 刷
2021年 8 月 30 日　初版　第 2 刷

著　者　山根恒夫　中野秀雄　加藤雅士
　　　　岩崎雄吾　河原崎泰昌　志水元亨
発行者　飯塚尚彦
制　作　株式会社 新後閑
発行所　産業図書株式会社
　　　　〒102-0072　東京都千代田区飯田橋 2-11-3
　　　　電話　03(3261)7821(代)
　　　　FAX　03(3239)2178
　　　　http://www.san-to.co.jp
装　幀　菅　雅彦



ISBN 978-4-7828-2617-1 C 3058　　印刷・製本　平河工業社